# 结构设计札记

## ——资深总工技术答疑与工程案例分析

古今强　陈　薇◎编著

U0254094

中国电力出版社

CHINA ELECTRIC POWER PRESS

## 内 容 提 要

本书以资深总工多年技术笔记为载体，以丰富的实际案例为支撑，对重点技术疑难问题进行了深入而透彻的剖析。内容涉及面广，涵盖了岩土勘察报告研读、地基基础设计、上部结构设计，以及目前结构设计参考书普遍忽视而一线结构师实际工作需要的"危大工程设计专篇"编制指引等方面。

本书内容丰富，除了对结构设计中执行规范的疑难、热点问题的透彻剖析以外，更有对设计规范尚未明确规定、设计人员容易忽视的众多重要技术问题的深入研讨，如"桩基正常使用与承载力检测边界条件差异""多层工业厂房可变荷载地震组合值系数的取值""如何考虑斜向风荷载"等，这在目前的结构设计参考书并不多见。

全书图文并茂，工程案例丰富而详尽、极具代表性，观点精辟独到，简明易懂，有较强的可读性和实操性。本书可供结构设计工程师、施工图审查人员、咨询从业者、甲方结构设计管理人员等阅读，也可供高等院校土木工程专业师生及相关工程技术人员参考使用。

**图书在版编目（CIP）数据**

结构设计札记：资深总工技术答疑与工程案例分析/古今强，陈薇编著. --北京：中国电力出版社，2025.1（2025.2 重印）. -- ISBN 978-7-5198-9306-4

Ⅰ. TU318

中国国家版本馆 CIP 数据核字第 2024D9F887 号

出版发行：中国电力出版社
地　　址：北京市东城区北京站西街 19 号（邮政编码 100005）
网　　址：http://www.cepp.sgcc.com.cn
责任编辑：王晓蕾　（010－63412610）
责任校对：黄　蓓　王小鹏
装帧设计：张俊霞
责任印制：杨晓东

印　　刷：北京雁林吉兆印刷有限公司
版　　次：2025 年 1 月第一版
印　　次：2025 年 2 月北京第二次印刷
开　　本：787 毫米×1092 毫米　16 开本
印　　张：16
字　　数：323 千字
定　　价：68.00 元

# 前 言

　　本书内容为作者多年个人技术笔记集锦，记录了作者在从业 30 多年中分析处理工程实际问题的所思所得，其中少部分内容曾以技术论文的形式公开发表，绝大部分内容在最近 10 多年间曾先后通过新浪博客、微信公众号等渠道与广大业界同行做过网上交流分享，反响较好。现适逢其会，对这些个人技术笔记进行梳理、提炼，按最新技术规范予以更新、完善，按一定的脉络整理而成本书，呈献给广大读者。

　　本书在写作风格上有以下特点：①目前结构设计类参考书大多数以某个特定主题来编写，如设计规范解读及应用、设计理论教材、结构设计优化等。本书尝试另辟蹊径，以资深总工程师在分析处理各类工程实际问题过程中的真知灼见为主线，对重点技术疑难问题进行透彻的剖析；例如在探讨"基础埋深突破规范要求"时（第 2.1 节～2.3 节），本书提供了 2 个已经建成、投入使用 10 多年的工程实例，详细介绍了案例中论证"基础埋深突破规范要求"可行性的具体方法和思路，并在此基础上进一步对当中的重要技术问题进行了深入的分析和探讨。②全书共有近 40 个案例，图文并茂，案例丰富而详尽，极具代表性，观点精辟独到，简明易懂，有较强的可读性和实操性。③全书主要有工程案例、专题技术问题分析、工程咨询意见、对通用规范条文的思辨以及对网友疑难问题的辨析等几类不同的题材。

　　2009 年发生了极为罕见的上海莲花河畔景苑 7 号楼整体倾覆事故，一栋 13 层住宅楼的上部结构看起来还算完好，却因桩基础失效而整体倾覆。这起严重事故在某种程度上折射出建筑结构设计过程的一些问题：一方面，在上部结构设计中投入了大量的时间和精力，可以把上部结构分析得很精准，设计得既经济又安全；另一方面，没有充足的时间、精力去认真仔细地研究岩土勘察报告和基础方案，只在设计后期匆匆地、机械被动地按岩土勘察报告提供的参数和建议进行地基基础设计，有时导致地基基础设计过于保守或安全度不足。有鉴于此，本书把较大的篇幅用在了地基基础方面，从资深总工的层面审视岩土勘察报告的研读、天然地基与复合地基、桩基础、基坑支护、沉降计算与沉降观测和地下水浮力等环节，结合众多的案例为读者提供实用的技术指引。这是本书有别于目前常见的结构设计类参考书的一大特点。

结构设计工作离不开执行技术规范。技术规范是工程实践经验教训和研究成果的总结，对同一个工程问题，不同的规范可能会有不同的规定，提供不同的解决方案。结构工程师一方面应尊重技术规范中包含的工程经验和研究成果，另一方面应注意各种规范方法的适用范围，分析其局限性，对比其地区性、合理性的差别，并在工程实践对其进行检验，不断改进和提高。本书各章对结构设计中执行规范的许多疑难、热点问题进行了深入的分析探讨，可供读者实际工作之需。

工程实际情况千变万化，任何技术规范都不可能为所有工程实际问题都提供完整的答案，需要工程技术人员发挥聪明才智，对规范条文融会贯通。本书除了对结构设计中执行规范的疑难、热点问题的透彻剖析以外，更有对设计规范尚未明确规定、设计人员容易忽视的众多重要技术问题的深入研讨，如桩基正常使用与承载力检测边界条件差异、多层工业厂房可变荷载地震组合值系数的取值、如何考虑斜向风荷载等。这在目前的结构设计参考书并不多见。需要说明，本书中关于设计规范尚未明确规定的技术问题的探讨性意见和建议，为作者的一己之见，敬请读者留意并结合具体工程的实际情况仔细甄别、审慎采纳；如日后有新规范出台涵盖了相关内容，还请以规范条文的规定为准。

前事不忘，后事之师。失败的案例也许比成功的案例更加宝贵，因为在其中往往能总结出值得吸取的经验和教训。本书中的案例并非全部为成功案例，其中在第 10 章中较为完整地记录了三起质量安全事故。这三起质量安全事故虽距今已二三十年，但时至今日仍有很大的警示意义，非常值得读者参考借鉴。与此同时，为避免不必要的麻烦、不必要的误会，本书中各个案例已尽量隐去了实际工程名称、具体工程地点等详细项目信息；如因个别案例所记载的某些负面信息造成误伤，实非作者之初衷，还请相关单位及人士见谅并海涵。

目前结构设计类图书中鲜有关于编制危大工程设计专篇的参考资料。2023 年 6 月 29 日，新浪微博@Kingckong 发了一条关于"危大工程设计专篇编制建议"的简短帖子，产生了累计超 4 万次的阅读量，这一定程度上反映了一线结构工程师对这方面参考资料的迫切需求。本书第 11 章结合实际案例，基于笔者日常审图以及作为专家参加危大工程专项施工方案评审、设计质量检查等工作的体会，整理、汇总和归纳了危大工程设计专篇的编制要点、容易遗漏的常规环节、从设计角度应认定为危大工程的特殊环节等内容，对读者实际工作有较大的参考价值。

本书绝大部分内容是关于结构计算和设计的，最后一节"11.6 施工配合——案例的启示"则收集了一些关于处理现场施工问题的案例，期望读者能从中得到启发，从而更好地完成配合施工的工作。毕竟结构设计人员如果仅仅懂得结构计算与设计，充其量只能算是一名结构设计师。一名合格的结构工程师，除了精于结构计算与设计以外，还应具备处理现场施工问题的综合能力。正如本书最后结语所言：结构工程师的核心价值在于以本身过硬专业知识去解决工程实际问题，这个核心价值不仅仅体现在办公室做结构计算与设计，也体现在现场处理施工问题。

本书以资深总工技术笔记为载体、以丰富的实际案例为支撑，对重点技术疑难问题进行了深入而透彻的剖析，以期抛砖引玉，启发读者培养敏锐的分析解决问题的综合能力。如果读者在读完本书后能有所收获、有所裨益，则本书的目的达到了。

由于作者水平所限，书中难免存在偏颇、片面甚至是谬误之处，恳请同行读者批评指正，也欢迎共同交流，改进提高！

古今强

2024 年 6 月于广州市郊

# 目 录

# 第1章 对岩土设计参数的研读与使用

## 1.1 岩土勘察报告提供的地基承载力是否可以商量

**网友疑问:**

碰到过这么一种情况:详细岩土勘察报告到手之前,勘察单位传过来一个中间资料。我们单位的总工认为其提供的地基承载力建议值低了,基础不好做,就与勘察单位沟通,提议其提高一点。后来正式版的详细岩土勘察报告居然真的就把地基承载力建议值提高了,这个承载力能商量的吗?怎么把握其真实性?

**答复:**

这位网友的问题比较典型、有代表性,通过讨论有助于加深认识岩土勘察报告所提供的建议参数在地基基础设计中的地位与作用。

地基承载力特征值 $f_{ak}$(包括桩基侧阻力极限值 $q_{sik}$、端阻力极限值 $q_{pk}$),如果是通过静载试验测定的,则一般能比较准确地反映地基(桩基础)的承载能力,除非是试验选点没有代表性或者试验操作有误、不符合规范要求,否则一般是没有商量的余地。

由于规范没有要求所有工程都必须通过静载试验来确定地基承载力,而静载试验费用一般较高,且需要耗费一定的时间,所以常规工程的岩土勘察报告大多只能通过地方经验间接推断地基承载力。既然是凭经验,水平有高低,对同样的勘探数据,不同的勘察单位,甚至同一单位中不同的岩土勘察报告编写人都有可能提出不同的地基承载力建议值。

注意这里是"建议值",需要报告的使用者自己作出必要的判断,有时确实需要与岩土勘察报告编写人进行沟通商量,这位网友上面提到的就是一个例子。也有网友给笔者反馈了另一个类似案例:其经手的某工程由一家外地的勘察单位提供岩土勘察报告,由于该勘察单位缺乏当地岩土工程经验,该工程岩土勘察报告提供的各土层地基承载力建议值都非常低,不符合当地已有的工程经验,甚至出现基岩层承载力比上面土层还低的不合理情况;经该网友与勘察单位沟通后,正式岩土勘察报告提供的基岩层承载力的建议值比原来提高了3倍。

通过地方经验间接推断地基承载力,通常有以下方法:①用土的抗剪强度指标 $c$、$\varphi$ 值代入《建筑地基基础设计规范》(GB 50007—2011)式(5.2.5),按静载试验的条件 $b = 0.5\text{m}$、$d = 0$,计算出地基承载力特征值 $f_{ak}$;②根据土层的物理力学试验指标(如含水量、液性指数等）查表确定 $f_{ak}$；③按原位测试数据（如标贯击数等）查表确定 $f_{ak}$。

对于上述第②③项，部分地方标准有提供相应的地方经验，也可以参考相关手册。例如，《简明岩土工程勘察设计手册（上册）》（林宗元，中国建筑工业出版社，2003），《岩土工程手册》（中国建筑工业出版社，1994），《工程地质手册》（第五版）（中国建筑工业出版社，2018），《岩土工程试验监测手册》（林宗元，中国建筑工业出版社，2005）等。

在使用岩土勘察报告前，应进行必要的研读和判断，具体详见本书第 1.2 节。

对于通过静载试验得到的地基承载力特征值 $f_{ak}$ 以及桩基侧阻力极限值 $q_{sik}$、端阻力极限值 $q_{pk}$，虽然一般情况下不容商量，但在采用这些岩土参数进行设计前，仍需要结合工程的具体边界条件进行必要的研读和判断，例如：

（1）通过浅层平板载荷试验得到的地基承载力并没有体现基础埋深和基础宽度的影响，设计时需按《建筑地基基础设计规范》（GB 50007—2011）第 5.2.4 条进行深度、宽度修正。

（2）通过深层平板载荷试验得到的地基承载力已体现基础埋深的影响，设计时仅需进行宽度修正。

（3）对桩基静载试验结果，如果正常使用与承载力检测的边界条件差异明显（如负摩阻力基桩、在自然地面检测承载力的地下室基桩、液化土层中的基桩等），应根据正常使用阶段的边界条件进行必要的修正，方可用来确定配桩数量，以避免承载力取值过大、配桩不足而偏于不安全；若是事后进行验证性检测桩承载力的，应根据承载力检测的边界条件，在设计文件提出所要达到的单桩极限承载力 $Q_{uk}$ 最低值，避免检测 $Q_{uk}$ 值取得过小，把承载力不符合要求的桩误判为合格，遗留工程隐患，具体详见本书第 3.1 节。

（4）按《建筑桩基技术规范》（JGJ 94—2008）第 5.3.6 条，根据土的物理指标与承载力参数之间的经验关系确定大直径桩（桩径 $d \geqslant 800mm$）单桩极限承载力标准值时，需考虑大直径桩侧阻力的尺寸效应系数 $\psi_{sik}$ 和端阻力的尺寸效应系数 $\psi_{pk}$。

当大直径桩的设计参数是通过工程桩进行静载试验测出的、而不是采用地区经验数值时，试验得出的侧阻力极限值 $q_{sik}$、端阻力极限值 $q_{pk}$ 直接反映了工程桩相应的尺寸效应，已经包含了规范所要求的尺寸效应系数 $\psi_{sik}$ 和 $\psi_{pk}$，故在这种情况下单桩竖向抗压极限承载力计算就无须再按《建筑桩基技术规范》（JGJ 94—2008）第 5.3.6 条重复考虑尺寸效应系数了。

## 1.2 对岩土勘察报告的研读与使用

岩土勘察与结构设计是工程建设过程中相对独立而又紧密联系的两个阶段，岩土勘察报告是勘察工作的最终文字成果，是结构设计和地基基础施工的重要依据。根据大量的资料统计分析，在建筑工程质量事故中地基基础事故所占的比重相当大，据有关单位对 43 起房屋发生不均匀沉降原因的分析得知，属于勘察设计不周者占 21%[1,2]。所以，如何在结构设计中研读和使用岩土勘察报告，避免因不当使用岩土勘察成果而造成设计产品遗留质量安全隐患或出现保守浪费，是确保结构设计安全和质量的关键。本节主要针对某些一线结构工程师不仔细研读岩土勘察报告、盲目按其进行设计的现象，提出一些相应的意见和建议[3]。

### 1.2.1 岩土勘察报告的常见问题

建设单位和勘察单位有责任和义务为设计单位提供准确反映工程场地实际情况、符合国家勘察规范要求的岩土勘察报告。这是正确使用岩土勘察报告进行结构设计的前提和基础。

然而在实际工作中，部分的岩土勘察报告是不能令人满意的。除了勘察单位技术水平参差不齐外，建设单位对岩土勘察工作不重视也是主要原因之一。参考文献 [4、5] 分别总结了岩土勘察报告中一些常见问题，笔者认为可归纳为以下四类：

（1）勘察实物工作量不足，未充分准确地反映场地复杂多变的地质情况。如钻孔稀疏，间距过大，超出规范规定；钻孔深度和主要土层的原状土试样或原位测试的数量等不满足规范要求。极个别岩土勘察报告甚至存在弄虚作假现象。

钻孔数量少、间距大、位置不合理的岩土勘察报告有部分是由结构工程师负责布孔的，这反映了基层结构工程师缺乏基本的勘察专业知识，需要加强学习。正确的做法应该是由结构工程师编制勘察任务书，就勘察的深度、广度和勘察方法、手段提出原则性要求，勘察单位的注册岩土工程师结合场地地质条件复杂程度制订勘察方案，并对勘察方案的质量、技术经济合理性负责，若设计方提供了布孔图可以作为布设主要依据。

（2）岩土工程分析评价有误。如饱和砂土的液化判别标准贯入锤击数临界值 $N_{cr}$ 计算有误；或场地存在较厚软土，其上为新近填土而形成大面积堆载，桩侧可能产生负摩阻力，但岩土勘察报告没有提醒设计单位注意，也无提供负摩阻力参数建议值。

（3）岩土参数分析选定有误，甚至出现严重错误。

**【例 1-1】** 广州某厂房工程的岩土勘察报告编制于 2000 年新旧规范过渡期间，编制人误将极限桩侧阻力、端阻力（$q_{sk}$ 和 $q_{pk}$）经验值作为桩侧阻力、端阻力特征值（$q_{sa}$ 和 $q_{pa}$）建议值，建议值比实际大了一倍；结构设计人员不加分析照用不误；幸好在施工图审查阶段被及时发现才避免了一起重大质量事故。

**【例 1-2】** 湖南某学院教学楼工程，岩土勘察报告建议采用人工挖孔桩，持力层为中风化泥质粉砂岩，埋深 2.9～9.3m，单轴饱和抗压强度标准值 8.6MPa，桩端阻力特征值建议 $q_{pa}=$ 2000kPa，地基承载力特征值建议 $f_{ak}=1200$kPa（考虑该岩易龟裂、崩解，当作浅埋基础时 $f_{ak}=600$kPa）。参照《全国民用建筑工程设计技术措施（结构）》，人工挖孔桩桩长 $L<6$m 或长细比 $L/D<3$ 的应按墩基础考虑，此工程存在人工挖孔桩及天然地基墩基础。由于中风

化岩地基承载力不作深度修正，承载力建议值在墩和桩分界点上不连续：对相同直径的桩，长度从 6m 减少到 5.9m，承载力减少了 40%。这显然不符合客观实际，建议的持力层地基承载力特征值偏低，造成保守浪费。

（4）地基基础建议方案有误。如迁就建设单位要求而不顾实际情况，只建议一种基础形式，其他基础形式一律不提，似乎只有这种基础形式最合理；又如偏于保守浪费，对埋深很浅、很厚的硬塑黏土层仍建议采用桩基础。

按照"先勘察、后设计、再施工"的基本建设程序，未经审查合格的岩土勘察报告不应作为初步设计和施工图设计的依据。但在实际工作中，有相当多的岩土勘察报告是与施工图一起报送审查机构进行平行审查，在这种情况下设计单位不得不依据未经审查合格的岩土勘察报告先行开展设计工作；部分甲方为赶项目进度，甚至会要求设计单位按照不完整的岩土勘察中间资料先行开始设计。对这些未经审查的岩土勘察报告，不经分析盲目采用可能会产生严重后果。

### 1.2.2　结构工程师阅读、使用岩土勘察报告的不良现象

（1）部分一线结构工程师对岩土勘察报告缺乏全面把握、准确判断的能力，在设计过程中也没有充足的时间认真仔细地研究岩土勘察报告，只在设计后期浏览一下岩土勘察报告的内容，而且只阅读岩土勘察报告的文字报告部分，没有仔细研究成果图表所提供的重要地质信息，就机械被动地按其提供的参数和建议进行地基基础设计。

（2）有的结构工程师疏忽大意，没有对复杂不利的地质情况采取有效措施。

【例 1-3】广东某酒店地处河口滩涂地带，分布有物理力学性质极差、厚达 23.5～32.7m 的欠固结淤泥。前期采用了插塑料排水带后分级加载进行软基处理。设计单位考虑场地开阔、经过软基处理而采用了放坡加搅拌桩止水的基坑支护方案。在基坑开挖时出现险情：靠河岸段土体显著位移，最高速率达 126.9mm/d；发生不同程度的工程桩位偏移，最大偏位达 1.61m。后来采取抢险措施才缓解了险情，12% 工程桩被破坏而需要补桩。这起事故有许多客观、主观原因，设计方面的原因包括：对复杂水文地质情况和河水压力问题估计不足，仅采取常规措施处理；在靠河岸段软基处理时间不足、没有软基处理整体效果检测数据的情况下，轻率地同意全面开挖基坑，造成土体失衡滑动；靠河岸段基坑设计考虑不周、没有采取挡土措施。

针对上述不良现象，结构工程师应重视并掌握适当方法去研读和使用岩土勘察报告。有条件的设计单位可设专人进行岩土勘察报告内部初审。

### 1.2.3　阅读、检查岩土勘察报告的步骤和方法

1. 岩土勘察报告的阅读

正确的方法是在阅读了文字报告部分、初步了解和认识了整个场地地质情况的基础上，

对照勘探点平面图、阅读地质剖面图和钻孔柱状图。如果在拟建工程的地区有相应的工程经验，一般不需要查阅物理、力学性指标统计表而仅凭土层名称就已经知道该土层的一些主要性质，否则通过物理力学性指标统计表中的土层参数（如含水量、液性指数、剪切指标、压缩指标、标贯击数等）也可以对土层物理力学性质有所了解。然后根据建筑物的荷载，选择基础类型和基础持力层，再根据所选择的持力层对照报告中土层物理力学指标与其他设计有关的地质参数，阅读报告结论，判断所提的岩土设计参数是否有遗漏、缺项。7度以上地震区还需要了解是否存在液化土层。最后再阅读地下水和土腐蚀性评价。

2. 岩土勘察报告的检查、判断

（1）岩土勘察成果的真实性。岩土勘察成果应具有真实性，否则会造成结构工程师分析、判断的错误，甚至酿成质量事故。一般可通过以下几方面对其进行分析：①计算每个钻机台班所完成的钻孔数和进尺数，检查其是否超出正常范围；②汇总每天的钻孔数和进尺数，检查各天的数量是否正常；③对照文字报告、钻孔柱状图和土工试验综合成果表，检查同一土层、同一土样的命名和状态特征是否一致，如有多处不一致则说明其现场取样的质量较差；④正式施工前选取有代表性的钻孔进行试打桩或开挖验槽，如发现实际情况与勘察资料有较大的差异时可要求补充勘察工作、探明情况。

（2）勘察实物工作量。

1）检查勘探点平面图，如发现勘察时所依据的规划总平面图已修改，应提请勘察单位相应修改勘探点平面图、反映现拟建房屋与钻孔平面位置关系，并检查是否存在无钻孔控制的区域、是否需要补充勘察工作。

2）检查勘探点平面图中钻孔的位置是否合理，取岩土样试验和原位测试孔的布置是否均匀。

3）查看工程地质剖面图，检查钻孔间距、深度是否满足规范的要求。

4）查看物理力学性指标统计表，检查取岩、土样试验和原位测试的数量是否满足规范的要求。

（3）岩土勘察报告的核心内容。首先应确定场地的稳定性和适宜性，对位于山坡、湖海岸边的工程应特别注意可能存在的地质灾害，然后判断持力层选择、地下室抗浮设防水位、地基承载力的合理性，最后按有关规范检查复核地基变形计算参数、地下水和抗震设计参数等核心内容的分析过程和结论。在此过程中应注意以下两点：

1）应按绝对高程来使用岩土勘察报告。应根据拟建基础底面的绝对高程，判断相应高程的地层作为持力层的可行性；单桩承载力应按有效桩长计算、扣减承台底面以上土的摩阻力；地下室的桩基进行静载试验时如地下室土方未开挖（桩顶位于自然地面），则其单桩承载力特征值应取试验值扣除地下室深度范围内的桩侧阻力。

有的岩土勘察报告采用假设高程，假设场地外某一相对固定点为高程±0.000点。这会对判断基础埋深、确定桩长带来困难，应要求有关单位重新换算成绝对高程。

2)《建筑地基基础设计规范》（GB 50007—2011）已取消了地基承载力表，强调采取荷载试验和地方经验。但岩土勘察报告通常还是采用查表法，也就是按土工试验指标（或原位测试数据）间接地确定地基承载力（往往取低值），而且按不同岩土参数确定的地基承载力也不尽相同，设计人员须根据相关地方规范结合个人经验判断其合理性。鉴于勘察现场取样质量参差不齐，建议首先用原位测试数据（如标贯击数）来判断，土工试验数据仅作参考。

（4）对现场地形、地貌和地质实际情况的调查了解。在收到岩土勘察报告后，应向建设单位了解一下场地实际的地形、地貌和地质情况，是否在岩土勘察工作以后对场地进行过开挖、回填、场地平整或地基处理（强夯、堆载预压等），是否与勘察时发生了很大的变化。如遇到这些情况，应请建设单位提供场地实际标高图、地基处理检测报告等资料，结合岩土勘察报告综合分析判断，最好再加上踏勘现场，避免闭门造车。

### 1.2.4　抓住工程地质信息重点，做好结构设计

1. 抗震设计

我国地震活动分布范围广，抗震设计是结构设计的主要内容之一。抗震设防地区的岩土勘察报告应提供抗震设防烈度、场地类别划分和可液化土液化判别等抗震设计参数。

（1）场地类别划分。《建筑抗震设计标准》（GB/T 50011—2010，2024 年版）依据覆盖土层厚度和代表土层软硬程度的土层等效剪切波速，将场地类别划分为四类（其中Ⅰ类分为Ⅰ₀、Ⅰ₁两个亚类）。有的岩土勘察报告既没有实测，也没有估算土层等效剪切波速，就随意划分场地类别；有的则没有按规范要求对层数超过 10 层或高度超过 30m 的建筑进行土层等效剪切波速的测量，仅按估算剪切波速数值判定场地类别。这样都容易造成场地类别的误判。

场地类别是抗震设计的重要参数，直接关系到结构计算时水平地震作用的大小。以常见的Ⅲ类和Ⅱ类场地为例，当结构自振周期位于地震反应谱曲线下降段（阻尼比 $\zeta = 0.05$，$T_g \leq T \leq 5T_g$）时，水平地震影响系数 $\alpha = (T_g/T)^{\gamma}\eta_2\alpha_{max} = (T_g/T)^{0.9}\alpha_{max}$，场地类别Ⅲ类和Ⅱ类的特征周期分别为 $T_{g3} = 0.45s$、$T_{g2} = 0.35s$（地震分组第一组），其水平地震影响系数比值为 $\alpha_3/\alpha_2 = (T_{g3}/T_{g2})^{0.9} = (0.45/0.35)^{0.9} = 1.254$，即同一结构Ⅲ类与Ⅱ类场地的水平地震作用可能会相差 25.4%。因此必须对岩土勘察报告的场地类别进行判断，采用正确的场地类别。

（2）饱和砂土和粉土的液化判别。饱和砂土和粉土在强烈地震作用下发生液化而失去承载能力，这是主要震害之一。《建筑抗震设计标准》（GB/T 50011—2010，2024 年版）具体

规定了地基抗液化措施，对液化判别有很详细的计算方法。

有的岩土勘察报告对 $N_{cr}$ 计算出现错误，计算结果偏小，对是否发生液化、液化严重程度出现判断错误。结构工程师如果不加分析复核，很容易被误导而采取错误的措施。

（3）不利地段对地震影响系数的放大作用。不利的地形部位对地震动力参数具有放大作用。《建筑抗震设计标准》（GB/T 50011—2010，2024 年版）规定位于局部突出地形的建筑地震影响系数应予以增大，其条文说明归纳出各种地形（包括山包、山梁、悬崖、陡坡）的地震作用放大系数计算公式，最多可增加 60%。

因此应注意从工程地质剖面图等检查是否存在局部突出地形。对条型突出的山嘴、高耸孤立的山丘、非岩石的陡坡、河岸和边坡边缘等不利地段，除考虑边坡支护、地基稳定性验算等环节外，进行主体结构计算分析时尚应对地震动力参数予以放大。

2. 地基基础设计

地基基础设计应满足承载力、稳定性和变形要求。这些要求涉及许多方面，必须紧扣岩土勘察报告的各项内容。下面列举几个值得注意且容易忽略的问题。

（1）地基变形验算与土的力学模量选用及压缩曲线。压缩模量 $E_s$ 由压缩固结试验（完全侧限的情况下）测得。按照《建筑地基基础设计规范》（GB 50007—2011）的简化分层总和法计算地基（桩基础）最终沉降量时应选用压缩模量 $E_s$。岩土勘察报告一般只提供 $p_1=100\text{kPa}$、$p_2=200\text{kPa}$ 时相对应的压缩模量 $E_{s1-2}$，而按照《建筑地基基础设计规范》（GB 50007—2011）计算地基最终沉降量所用的压缩模量 $E_{si}$ 应选取实际压力段（即土的自重压力至土的自重压力与附加压力之和的压力段）的模量，必须从土的压缩曲线中查取、计算。因此需要按照规范公式验算地基变形的工程，必须在勘察任务书中要求提交地基主要受力土层的压缩曲线。

除了结构工程师平常接触得最多的压缩模量 $E_s$ 以外，土的力学模量还有变形模量 $E_0$ 和弹性模量 $E_d$，三个力学模量的适用条件各不相同。本书第 5.2 节将结合一个案例进一步探讨。

（2）地下水和土腐蚀的防护。当地下水和地下水位以上的土对建筑材料具有腐蚀性时，应对地下构件采取相应的防护措施，包括限制混凝土水灰比、针对腐蚀类型采用相应品种水泥、增加混凝土保护层厚度、适当提高混凝土强度等级、受力钢筋采用环氧树脂涂层带肋钢筋、构件表面（如管桩焊接接桩处等）涂刷保护涂层等。具体可参考《混凝土结构设计标准》（GB/T 50010—2010，2024 年版）和《工业建筑防腐蚀设计标准》（GB/T 50046—2018）。

有的地区（如广州）地下水位普遍较高，考虑到地下水的毛细作用接近地表，地下水接受大气降水补给，两者联系密切，地下水中各离子一般与土中易溶盐离子类型相近，场地土的腐蚀性与水相似，所以普遍只取水样分析其腐蚀性，没有取土样进行分析，但是部分岩土勘察报告没有相应说明地下水位以上的土对建筑材料的腐蚀性，使设计人员忽视了对其腐蚀性的防护。

另外 Cl-Na(Ca) 型是地下水比较常见类型之一，离子浓度达到一定程度时在干湿交替的状态下对混凝土结构中钢筋具有腐蚀性。有的工程在勘察时地下水位很高、接近地面，设计人员就认为基础位于地下水以下，不属于干湿交替的状态，没有采取任何防护措施。他们忽略了地下水位季节变化并非在较短的勘察期间能够查明，设计工作年限内地下水位的升降更不可避免。

（3）地下室外墙的土压力。当挡墙在墙后土体的推力作用下不发生任何位移，墙后土体处于弹性平衡状态，这时作用于墙背上的土压力称为静止土压力 $e_0$。地下室外墙的土压力应按静止土压力计算。某些设计手册和设计人员误将地下室外墙的土压力取为主动土压力 $e_a$。当挡墙发生离开墙后土体方向的位移，墙体位移达到（0.1‰～0.5‰）$H$（$H$ 为挡墙的高度），墙后土体达到主动极限平衡状态，墙背上的土压力达到最小值，这时作用于墙背上的土压力才是主动土压力 $e_a$。主动土压力 $e_a$ 小于静止土压力 $e_0$。

（4）桩侧负摩阻力。由于桩侧负摩阻力的作用导致的事故时有发生，应引起结构工程师注意。只要桩侧土相对于桩向下位移，桩反过来阻碍了桩侧土的沉降，就有可能出现负摩阻力，如桩周存在欠固结土层、桩侧存在软土层且地面大面积堆载（包括新近填土）、桩基完工后桩侧土层中地下水位下降等。

对可能出现负摩阻力的桩基宜采取相应处理措施：①端承型基桩考虑桩侧负摩阻力对桩承载力和沉降的影响，将负摩阻力作为附加下拉荷载进行桩承载力设计；②设法减少桩侧土层沉降；③中性点以上的预制桩表面涂刷具有低软化点的沥青，减少负摩阻力的影响。

（5）对静力压桩机着地压力的限制。静力压桩机需要大量的配重，其着地压力一般介于66～120kPa，个别可高达 160kPa 甚至 180kPa 以上[6]。当场地软土层厚而埋深浅、表层土承载力低时，设计文件应对静力压桩机着地压力作出限制、避免着地压力超过表层土的承载能力，或适当处理表层土以提高其承载能力。

【例1-4】广州市某办公楼工程，表层土分布自上而下为：①0.1～0.5m 厚的松散人工填土；②2.2～5.0m 厚的淤泥（$f_{ak}<30kPa$）；③4.2～6.8m 厚的淤泥质砂土（$f_{ak}=40kPa$）。在静压管桩完工后检测发现超过半数断桩，其原因主要是压桩机的着地压力达 90kPa、超过表层土体承载能力，土体产生侧向塑性变形而引起水平位移，把已压桩推断破坏。最后决定改用钻孔桩进行补桩处理。

（6）岩土测试数据的离散性和代表值选用原则。一组正常的岩土测试数据数值中也会有较大的差异，具有较大的离散性，比常见的建筑材料如混凝土、钢材等测试数据的变异性大得多。这有两方面的原因：①岩石和土是自然形成的，其成分、结构和构造都是复杂、空间分布具有极大的不确定性；②由于取样、运输、样品制备，试验操作、计算取值等环节产生随机变异。

因此，单个岩土样的测试数据一般缺乏代表性，必须有一定数量的数据经数理统计才能得到代表值。岩土参数的代表值分别为标准值、平均值及特征值，选用原则如下：①承载力极限状态计算用的参数（如抗剪强度指标 $c$、$\varphi$ 值）应取标准值；②正常使用极限状态计算用的参数（如压缩模量 $E_s$）应取平均值；③荷载试验承载力应取特征值；④评价岩土性状的指标（如液性指数 $I_L$）应取平均值。

## 1.3　地基基础的设计理念

上部结构所用的是混凝土、钢材等人造材料，其材质相对均匀，性质相对稳定，结构体系、材料性能和构件尺寸等都是可控的，可在设计时选定，计算的边界条件明确，计算理论和技术成熟可靠，利用计算机可以把一般的常规上部结构分析得很精准，设计得既经济又安全。结构工程师在潜移默化中容易形成依靠计算，甚至养成"规范＋计算机分析"的习惯。

在地基设计时，工程师面对的土和岩石都是地质历史的天然产物，一般是碎散、不连续的，其物理力学性质和空间分布都十分复杂多变，不能事先选定和控制。勘察时利用有限的钻孔或原位测试所取得的土样或数据都具有相当大的偶然性，即使完全按规范要求进行勘察也可能只获得场地的部分地质信息。岩土测试数据数值有较大的离散性，而且试验条件不同试验结果各异，虽然经数理统计可以得到其代表值，但直接采用这些统计代表值仍有很大的风险，需要结合工程经验进行合理判断[7-9]。

另外，能完美模拟土各种性质的本构模型（应力—变形—强度—时间的关系）尚有待专家、学者去研究，目前还是大量采用经典土力学理论，用不同的模型去分析不同的问题：地基变形用基于线弹性的分层总和法计算，不涉及土的强度，有时甚至不计土的非线性变形；强度问题则采用摩尔—库仑强度理论的极限分析与极限平衡方法解决，不考虑土破坏前的变形和过程。由于计算理论、计算模型、计算参数与工程实际存在差异，计算结果与工程实际之间总存在或多或少的差别，需要综合判断。

因此地基基础设计应摒弃上部结构设计时形成的依赖定量分析的设计思想，强调定性分析与定量分析相结合，重视概念设计。定量计算一般只是一种估算，必须详细了解实际条件和过程，熟悉当地情况，在工程实践中不断积累数据和经验，对理论和参数进行合理的修正，坚持动态设计、信息化施工。

## 1.4　基于研读岩土设计参数的桩基础优化案例

为了方便读者进一步理解本章的内容，本节将提供一个基于研读岩土设计参数的桩基础优化案例[10]，在案例中经研读勘察报告，判断出其设计参数偏于保守、尚有潜力可挖，相应补充了基桩静载试验，获得了比较准确可靠的人工挖孔灌注桩设计参数；考虑了桩侧阻力对竖向抗压承载力的贡献，变更了桩端持力层，优化了桩长和桩身配筋，在满足承载力的前提下减少了人工挖孔灌注桩的施工难度、降低了造价，使项目恢复了正常施工。

### 1.4.1　工程概况

湖南省郴州市某住宅小区共有 37 栋高层住宅，原由北方某设计院（下文称"原设计单位"）于 2009 年完成设计。其中 21～24 号楼在 2010 年开始基础施工时遇到很大困难，被迫停工。笔者应甲方邀请参与了处理方案咨询，其后进行基础优化设计。本节将介绍其中 23、24 号楼人工挖孔灌注桩基础优化设计的情况；后续在第 2.1 节将继续介绍 21 号楼和 22 号楼的基础优化设计情况。

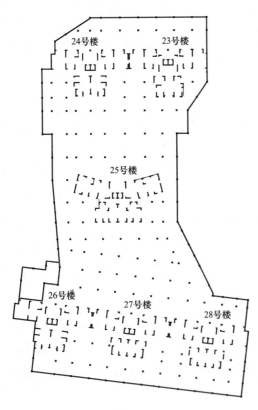

该住宅小区 23、24 号楼为 28 层剪力墙结构，结构总高度为 80.5m，建筑面积分别为 11764.5m² 和 12360.5m²，设计工作年限为 50 年，结构安全等级为二级，地基基础设计等级为乙级，抗震设防类别为标准设防类，基本地震烈度为 6 度，设计基本地震加速度为 0.05g，设计地震分组为第一组，上部剪力墙结构的抗震等级为三级，100 年一遇基本风压为 0.35kN/m²，建筑场地类别为Ⅱ类。地下水对混凝土结构无腐蚀，对钢结构有弱腐蚀性。设有一层地下室形成大底盘将 23～28 号住宅楼连为一体，见图 1-1。桩基施工前先开挖了地下室基坑，现场现状地面标高与地下室底板底设计标高基本持平，地下室底板面相对标高为 −4.600m。

图 1-1　23～28 号楼地下室平面图

### 1.4.2　地质情况和原基础方案

整个住宅小区的详细岩土工程勘察报告由

广东某勘察单位提供。详勘报告显示场地的上覆土层厚度不大，基岩为中风化灰岩，普遍埋深为10~15m。原设计23~24号楼采用人工挖孔灌注桩基础，以中风化灰岩为桩端持力层。

在施工23、24号楼前，由郴州市某勘察单位进行了超前钻补充勘察，补勘报告指出：

（1）按区域地质资料，拟建的23、24号楼场地位于一区域性压扭断裂F1上，此断裂活动年代较为久远，不属于全新世活动断裂，断裂本身对场地稳定性不构成影响。

（2）受断裂挤压及岩性影响，23、24号楼场地岩性杂乱破碎，稳定的中风化炭质泥岩埋深在均30m以下，上覆有厚20~30m的强风化炭质页（灰）岩，岩体结构构造大部分已遭破坏，遇水后易软化。受断层的影响，强风化炭质页（灰）岩中随机分布有夹层状、透镜体状的中风化灰岩夹层。在24号楼范围内还上覆一定厚度的土层。补勘报告建议的设计参数见表1-1和表1-2，典型地质剖面见图1-2。

（3）远离断裂带岩体结构逐渐变好、强度较高且层位基本稳定，大致以23~28号住宅楼地下室①~Ⓐ轴与①~Ⓑ轴之间的后浇带为界到25号楼地段，岩性以中风化砂岩、炭质砂岩为主，埋深在15m以内。

表1-1　　　　　　　　　　补勘报告提供的23、24号楼岩土层力学参数

| 层号 | 岩土名称 | 状态 | 压缩模量 $E_s$(MPa) | 变形模量 $E_0$(MPa) | 黏聚力 $c$(kPa) | 内摩擦角 $\varphi$(°) | 承载力特征值 $f_{ak}$(kPa) |
|---|---|---|---|---|---|---|---|
| ① | 填土 | 松散 | 3.0 | — | 10 | 10 | — |
| ② | 粉质黏土 | 可—硬塑 | 3.4 | — | 23 | 10 | 210 |
| ③ | 泥质页岩 | 全—强风化 | — | 19 | 26 | 15 | 220 |
| ④ | 炭质页（灰）岩 | 强风化 | — | 28 | 28 | 16 | 350 |
| ⑤ | 炭质泥岩 | 中风化 | | | | | 1000 |

表1-2　　　　　　　　　补勘报告提供的23、24号楼桩设计参数建议值　　　　　　　（kPa）

| 层号 | 岩土名称 | 人工挖孔灌注桩 | | 泥浆护壁钻（冲）孔灌注桩 | |
|---|---|---|---|---|---|
| | | 极限侧阻力 $q_{sik}$ | 极限端阻力 $q_{pk}$ | 极限侧阻力 $q_{sik}$ | 极限端阻力 $q_{pk}$ |
| ① | 填土 | — | — | — | — |
| ② | 粉质黏土 | 60 | 800 | 65 | 700~1200 |
| ③ | 泥质页岩 | 75 | 1200 | 80 | 1200 |
| ④ | 炭质页（灰）岩 | 90 | 1500 | 100 | 1500 |
| ⑤ | 炭质泥岩 | 岩石单轴天然抗压强度标准值 $f_{rk}=10.5$MPa | | | |

补勘报告与详勘报告对23、24号楼地质情况的描述出入很大，是否能按原基础设计方案实施存疑。为此现场曾选2根$\phi$1000桩进行试挖，挖至超过20m仍未到达原设计要求的中风化岩层，施工遇到很大困难，原基础方案若不作重大调整，将导致桩长过长、难以满足施工要求。

原设计单位曾尝试将基础修改为冲（钻）孔灌注桩，仍以中风化岩为持力层。施工单位选 3 根 $\phi$800 桩试冲，结果并不成功：3 根桩在施工过程中都出现不同程度的塌孔现象，耗时 7～15d 才完成 1 根桩，灌注桩身混凝土充盈系数达 2.1～2.7。工程被迫停顿下来，建设单位向笔者等咨询处理方案。

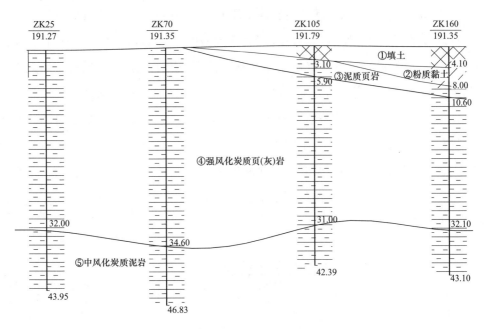

图 1-2　23、24 号楼典型地质剖面

### 1.4.3　基础优化设计方案

1. 方案比选分析

经过踏勘现场、与相关单位技术人员交流以及查阅原设计图纸、详勘报告和补勘报告等技术资料，确认详勘报告没有准确反映 23～24 号楼实际地质情况，导致按其设计的基础方案难以实施，因此按补勘报告对基础优化设计方案进行了分析。

23 号楼地质条件相对较好，第 4 层强风化炭质页（灰）岩层面位于自然地面，经过地基承载力的深宽修正后采用筏形基础是可能的；24 号楼地质条件相对较差，表层土经过地基承载力深宽修正后仍不满足要求。由于两幢大楼紧邻，中间仅留 300mm 宽变形缝，若两幢大楼采用不同的基础形式，则两楼相连处不论采用哪种基础形式，必定使其中一幢大楼存在较大沉降差，因此否决了筏形基础。

据了解，郴州当地有摩擦端承型人工挖孔灌注桩的成功案例，规范[11] 规定了保证发挥其侧阻力的技术措施，因此初步考虑改以第 4 层强风化炭质页（灰）岩为桩端持力层，采用摩擦端承型人工挖孔灌注桩，干作业挖孔同时避免了持力层遇水软化的风险。按原设计桩径、以表 1-2 参数初步估算，最少桩长为 26m，在地质条件较差的 24 号楼桩长就更大了。郴州当地施工班组一般只承接桩长 15m 以内的挖桩任务，桩长超过 20m 基本找不到施工班组愿意承接，改成摩擦端承型人工挖孔灌注桩似乎也不可行。

结合有关文献经验数据，对补勘报告进行研读、判断后，初步认为表 1-1 和表 1-2 的设计数据偏于保守，尚有潜力可挖。例如，干作业成孔的人工挖孔桩设计参数反而比湿作业的钻（冲）孔桩低，与规范经验规律不符；第 4 层强风化炭质页（灰）岩内摩擦角过小，一般应在 28°以上[12-14]；该层地基承载力特征值也偏小，按重型圆锥动力触探 $N_{63.5}=11.7$ 推算可取 480kPa[15,16]。因此，可选取有代表性的地段进行基桩静载试验，为安全而经济地设计人工挖孔灌注桩提供比较准确的参数。

2. 补充基桩静载试验

现场在地质条件相对较差的 24 号栋纯地下室选取了 3 根 $\phi1000$ 人工挖孔灌注桩，开挖桩长 20m，以第 4 层强风化炭质页（灰）岩为桩端持力层。由长沙某检测单位采用自平衡法进行基桩静载试验。

在试验桩的混凝土浇筑之前，先在桩身主筋上绑扎安装钢筋应变计，安装钢筋应变计的深度位置为不同土层之间的分界点。静载试验开始后，在桩身结构完好（无破损、混凝土无离析、无断裂现象）的前提下，在各级试验荷载作用下桩身混凝土的应变量等于桩身主筋所产生的应变量。通过量测预先埋置在桩体内的钢筋应变计读数，可以实测到各钢筋应变计在每级试验荷载下所得的应力—应变关系，从而推出相应桩截面的应力—应变关系，那么相应桩截面微分单元内的应变量也可求得。因此便可求得在各级试验荷载作用下的桩身轴力及轴力、摩阻力随荷载和深度变化的传递规律。

通过预先在桩体内埋置钢筋应变计，这次静载试验不但可以检测出基桩极限承载力，还能测量出桩极限侧阻力、极限桩端阻力等数据。根据检测结果推荐的设计参数见表 1-3。设计参数有较大提高，为后续的桩基础优化设计创造了有利条件。

表 1-3 　　　　　　　　　　静载试验报告推荐的人工挖孔灌注桩设计参数

| 层号 | 岩土名称 | 极限侧阻力 $q_{sik}$（kPa） | 极限端阻力 $q_{pk}$（kPa） |
| --- | --- | --- | --- |
| ① | 填土 | 30 | — |
| ② | 粉质黏土 | 70 | — |
| ③ | 泥质页岩（全-强风化） | 80 | — |
| ④ | 强风化炭质页（灰）岩 | 120 | 2400 |

### 1.4.4 基础优化设计要点

根据补勘报告、基桩静载试验报告以及原设计单位提供的基础荷载数据，以基础顶面为界对 23、24 号楼基础进行了优化设计，以 23～28 号楼地下室平面①～Ⓐ轴与①～Ⓑ轴之间的后浇带为设计范围边界，见图1-3。采用摩擦端承型人工挖孔灌注桩，桩径 $\phi 800$（扩大头 $\phi 1600$）和 $\phi 1000$（扩大头 $\phi 2000$），以第4层强风化炭质页（灰）岩为桩端持力层。桩身混凝土强度等级为C30（抗拔桩为C35），护壁混凝土强度等级为C30（抗拔桩为C35），承台混凝土强度等级为C35，采用HRB335钢筋。

1. 单桩竖向承载力的计算

经与基桩静载检测单位沟通了解，表1-3中桩极限侧阻力 $q_{sik}$ 是按名义桩径1000mm推算的，在优化设计时桩身周长 $u$ 也按名义桩径计算。另外工程桩虽然属于大直径桩，但设计参数是通过静载试验测出的，直接反映了工程桩极限侧阻力和极限端阻力的尺寸效应，表1-3中 $q_{sik}$ 和 $q_{pk}$ 已经包含了规范[11] 所要求的尺寸效应系数 $\psi_{sik}$ 和 $\psi_{pk}$，故优化设计时单桩竖向抗压极限承载力按式（1-1）计算（式中各符号定义见规范[11]）：

$$Q_{uk} = Q_{sk} + Q_{pk} = u \sum q_{sik} l_i + q_{pk} A_p \tag{1-1}$$

$\phi 800$ 单桩竖向抗压极限承载力 $Q_{uk} = 7700\text{kN}$，$\phi 1000$ 桩 $Q_{uk} = 11000\text{kN}$，均布置在塔楼范围。23～24号楼基础优化设计平面布置见图1-3。

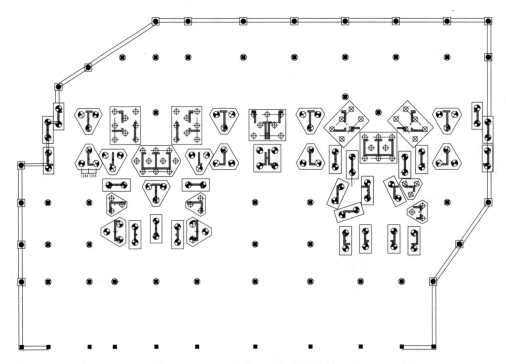

图1-3　23～24号楼基础优化设计平面图

2. 终孔原则和桩长的优化

（1）竖向抗压桩。原基础方案按端承桩进行设计，以中风化灰岩为桩端持力层，要求各桩进入桩端持力层的深度（下文用"$H_1$"表示）均为0.5m。

优化设计时考虑了桩侧阻力对竖向抗压承载力的贡献，当持力层岩面位于自然地面时竖向抗压桩 $H_1$ 值最大，为 12.9m。如果仍保持各桩 $H_1$ 值固定不变，则竖向抗压桩最大桩长将达 23m，仍不能满足郴州当地挖桩的可施工性要求。

鉴于人工挖桩过程相当于大直径超前钻，挖至持力层后每桩的上覆岩土层类型和厚度是可知的，可按所需的总侧阻力确定各桩的 $H_1$ 值和桩长。故对竖向抗压桩提出了如下挖桩终孔原则：①持力层岩面位于自然地面时，$H_1=12.9$m；②施工中记录每桩的上覆岩土层类型和厚度，并由施工方、监理方和建设方等签字确认；③根据施工记录，从承台底面起每遇1m 厚填土，$H_1$ 可减少 0.25m；每遇 1m 厚粉质黏土，$H_1$ 可减少 0.58m；每遇 1m 厚泥质页岩，$H_1$ 可减少 0.67m。例如，某桩遇 4m 粉质黏土、以下为强风化炭质页（灰）岩，则有效桩长＝粉质黏土厚度＋$H_1$＝4＋（12.9－4×0.58）＝14.6m。

上述终孔原则简单明了，可由施工方、监理方和建设方按此原则在现场直接确定终孔。确认终孔后可立即浇筑桩身混凝土，既不影响施工进度，又减少了各方的沟通时间成本。其第③点本质上就是按上覆岩土层侧阻力 $q_{sik}$ 的比例折减 $H_1$ 最大值。由此有效桩长控制在 12.9～17.9m 之间，在保证单桩承载力的前提下减少了桩长，满足了郴州当地可施工性要求。

（2）抗拔桩。在纯地下室部位，需要设置抗拔桩来抵抗地下水的浮力，桩径 $\phi$1000（扩大头 $\phi$2000），以第 4 层强风化炭质页（灰）岩为桩端持力层，单桩抗拔承载力特征值 $R_{at}=$ 1500kN。

原设计抗拔桩的终孔要求与抗压桩相同。经过复算后发现 $H_1$ 最大值取 6.6m 就可满足要求，而且纯地下室的上部荷载不大，不考虑地下水作用时对应的竖向抗压承载力需求不大，仅考虑扩大头端阻力已有很大的富余。因此优化设计中抗拔桩 $H_1$ 最大值取 6.6m，同样按上覆岩土层 $q_{sik}$ 的比例折减 $H_1$ 最大值，有效桩长控制在 6.6～14.7m 之间。

3. 桩身配筋的优化

（1）竖向抗压桩桩身配筋的优化。在地质条件相对较差的 24 号栋，竖向抗压桩采用比原设计更大的纵筋配筋率予以适当加强，纵筋等截面通长配置。在地质条件相对较好的 23 号栋，在满足规范构造要求的前提下，竖向抗压桩纵筋比原设计略有减少，长短筋间隔通长配置。

（2）抗拔桩桩身配筋的优化。验算桩身承载力时，发现原设计抗拔桩配筋不足。经分析估计是原设计没有将单桩抗拔承载力特征值 $R_{at}$ 乘以荷载分项系数转换成荷载设计值所致，因此对抗拔桩的配筋作必要的加强，并按规范[11] 要求验算其裂缝宽度。通过提高桩身混凝土强度等级至 C35、采用细而密的纵向钢筋等措施，使桩身最大裂缝宽度满足了规范[11] 限值要求（$\omega_{min}=0.3$mm）。

### 1.4.5　施工问题的处理

人工挖孔灌注桩的施工安全需引起高度重视，在设计文件中强调了"跳挖"等施工安全措施。

先前现场试挖的 2 根 $\phi1000$ 桩，既没有做扩大头，也没有浇筑桩身混凝土，开挖后放置已有一年时间。鉴于这 2 根桩持力层长期泡水，故要求继续开挖，直至穿越受泡水变软的影响范围后方可做扩大头，并要求继续开挖该 2 根桩前检查和修补破损的护壁，必要时加钢护筒。

### 1.4.6　案例经验总结

通过研读勘察报告及基桩检测试验等岩土设计参数，对基础方案进行优化设计，既降低了人工挖孔灌注桩施工难度，又降低了造价，使该工程恢复正常施工，基础施工已顺利完成并通过验收。为了监测桩基变形的进展情况，共设置了 31 个沉降观测点，沉降观测持续进行，直至结构封顶后沉降稳定才停止观测，总沉降量和差异沉降不大。该工程已竣工投入使用十多年，一直使用正常。

总结该工程的经验教训，以供类似工程参考：

（1）岩土工程勘察报告应准确反映工程场地实际情况，这是成功开展工程建设的前提。由于详勘报告资料不准，工程建设单位在工期和资金方面蒙受较大损失，如在详细勘察阶段适当加大在勘察费用和时间方面的投入，就有可能避免相关损失。

（2）仔细研读、正确使用岩土勘察报告（包括基桩静载试验报告的参数），是结构工程师应该具备的基本素质，也是该案例桩基础优化设计得以实施的关键。

（3）在复杂地质条件下补充基桩静载试验等原位测试工作，虽然需要投入一定的资金、耗费一定的时间，但相应地设计参数可以取得更经济合理，可以更有把握地降低工程造价，以较小的代价换取较大的效益。

（4）人工挖孔灌注桩施工易发生人身安全事故，现已逐渐被淘汰或限制使用，但其桩侧、桩底岩土层可直观查验，孔底可清理干净，质量可控性好，在适宜的条件下合理使用仍可创造较好的效益。

（5）人工挖孔灌注桩配合适当的技术措施，可以使其桩侧阻力充分发挥，因地制宜、适当利用将产生较好的效果。

（6）对类似该案例地质情况（上覆土层厚度变化很大、需要进入桩端持力层厚度较大）的灌注桩（人工挖孔或机械成孔），可参考以下终孔原则优化桩长，即：①先确定持力层岩面位于自然地面时进入桩端持力层的深度 $H_1$ 最大值；②根据超前钻或人工挖孔揭示的上覆土层情况，按上覆岩土层侧阻力 $q_{sik}$ 的比例折减 $H_1$ 最大值。

（7）通过预先在桩体内埋置钢筋应变计，静载试验不但可以检测出桩极限承载力，还能检测出桩极限侧阻力、极限端阻力等设计具体参数。

## 参 考 文 献

［1］ 王赫. 建筑工程质量事故分析与防治［M］. 北京：中国建筑工业出版社，2008.

［2］ 张述勇. 建筑工程质量事故分析与处理［M］. 北京：中国建筑工业出版社，1998.

［3］ 古今强，侯家健. 浅谈结构工程师对岩土勘察报告的研读与使用［J］. 建筑结构-技术通讯，2009(5)：16-19.

［4］ 广东省建设厅. 房屋建筑和市政基础设施工程施工图设计文件审查常见问题汇编［M］. 内部发行，2007.

［5］ SG109-1～SG 109-4 民用建筑工程设计常见问题分析及图示-结构专业（2005 年合订本）［S］. 北京：中国建筑标准设计研究院，2005.

［6］ 张明义. 静力压入桩的研究与应用［M］. 北京：中国建材工业出版社，2004.

［7］ 莫若楫，秦中天，等. 岩土工程中不确定因素的处理［C］// 建（构）筑物地基基础特殊技术. 北京：人民交通出版社，2004.

［8］ 顾宝和. 浅谈岩土工程的专业特点［J］. 岩土工程界，2007，10(1)：19-23.

［9］ 李广信. 岩土工程 50 讲——岩坛漫话［M］. 2 版. 北京：人民交通出版社，2010.

［10］ 古今强，侯家健. 人工挖孔灌注桩基础优化设计实例［J］. 建筑结构，2011，41(S1)：1298-1301.

［11］ JGJ 94—2008 建筑桩基技术规范［S］. 北京：中国建筑工业出版社，2008.

［12］ 林宗元. 简明岩土工程勘察设计手册（上册）［M］. 北京：中国建筑工业出版社，2003.

［13］ 陆培炎. 桩基设计方法［C］//陆培炎科技著作及论文选集. 北京：科学出版社，2006.

［14］ 陆培炎，等. 虎门大桥东锚碇区边坡开挖工程咨询报告［C］//陆培炎科技著作及论文选集. 北京：科学出版社，2006.

［15］ 《岩土工程手册》编委会. 岩土工程手册［M］. 北京：中国建筑工业出版社，1994.

［16］ 《工程地质手册》编委会. 工程地质手册［M］. 5 版. 北京：中国建筑工业出版社，2018.

# 第2章　天然地基与复合地基

## 2.1　基础埋深突破规范要求的天然地基优化设计案例

随着国民经济的高速发展，我国的高层建筑得到了迅速发展。建筑高度的增加，意味着结构所承受的水平荷载和竖向荷载增大，对地基基础的要求也相应提高。除了满足地基承载力以外，保证地基稳定性也是高层建筑结构设计不可或缺的内容。高层建筑的基础应有一定的埋置深度，以满足地基承载力、变形、稳定以及上部结构抗倾覆的要求，并有利于减少上部结构所受地震作用。

现行设计规范规定，在抗震设防区天然地基（岩石地基除外）或复合地基上的箱形和筏形基础埋置深度不宜小于建筑物高度的1/15；桩箱或桩筏基础的埋置深度（不计桩长）不宜小于建筑物高度的1/18。地基稳定性受地下水位高低、结构所受风荷载和地震作用大小、地质条件等诸多因素影响，基础埋置深度仅是重要因素之一。因此不宜拘泥于规范要求，且不能仅满足规范要求，应因地制宜、合理地分析确定基础埋置深度，有充足依据下可突破规范对基础埋深的要求。

### 2.1.1　工程概况

湖南省郴州市某住宅小区共有37栋高层住宅，原由北方某设计院（下文称"原设计单位"）于2009年完成设计。其中21号楼、22号楼和23～24号楼在2010年开始基础施工时遇到很大困难，被迫停工。笔者应甲方邀请参与了处理方案咨询，其后进行基础优化设计。本书第1.4节已介绍了其中23～24号楼人工挖孔灌注桩基础优化设计的情况，本节将继续介绍21号楼和22号楼的基础优化设计情况[1]。

该住宅小区21号楼和22号楼均为28层剪力墙结构，结构总高度为80.5m，建筑面积分别为14530m² 和14170m²。设计工作年限为50年，结构安全等级为二级，地基基础设计等级为乙级，抗震设防类别为标准设防类，基本地震烈度为6度，设计基本地震加速度为0.05g，设计地震分组为第一组，上部剪力墙结构的抗震等级为三级，100年一遇基本风压为0.35kN/m²，建筑场地类别为Ⅰ类。地下水对混凝土结构无腐蚀，对钢结构有弱腐蚀性。

### 2.1.2　地质情况和原基础方案

岩土勘察报告指出：①拟建场地东北侧约20m有一区域性压扭断裂F1通过，此断裂活动年代较为久远，不属于全新世活动断裂，断裂本身对场地稳定性不构成影响；②受断裂挤压及岩性影响，场地岩性杂乱破碎，只有部分钻孔揭露有稳定的第⑤层中风化泥灰岩，其埋深在均40m以下；③场地表面广泛分布有第③层强风化炭质页（灰）岩，层厚5.5~18.4m，其物理性质似碎石土类，但成分不均、软硬不均、遇水后易软化，每0.50~2.50m夹有中风化灰岩夹层，厚度一般在0.10~0.40m，最大1.50m，呈夹层状、透镜体状随机分布。

岩土勘察报告认为第③层强风化炭质页（灰）岩的承载力不足，建议采用冲（钻）孔灌注桩，设计参数见表2-1和表2-2，典型地质剖面见图2-1和图2-2。

表2-1　　　　　　　　　　　岩土勘察报告提供的参数（一）

| 层号 | 岩土名称 | 超重型圆锥动力触探试验锤数标准值 $N_{120}$ | 岩土层力学参数 | | | | | |
|------|----------|------|------|------|------|------|------|------|
| | | | 重度 $\gamma$ (kN/m³) | 压缩模量 $E_s$ (MPa) | 变形模量 $E_o$ (MPa) | 黏聚力 $c$ (kPa) | 内摩擦角 $\varphi$ (°) | 承载力特征值 $f_{ak}$ (kPa) |
| ① | 填土 | — | 18.0 | 3.2 | | 10 | 15 | — |
| ② | 粉质黏土 | — | 19.0 | 4.9 | — | 24 | 14 | 210 |
| ③ | 强风化炭质页（灰）岩 | 8.7 | 18.6 | — | 36 | 30 | 16 | 320 |
| ④ | 中风化炭质页（灰）岩 | 14.5 | — | — | 75 | | | 600 |
| ⑤ | 中风化泥灰岩 | | | | | | | 1500 |

表2-2　　　　　　　　　　　岩土勘察报告提供的参数（二）

| 层号 | 岩土名称 | 冲（钻）孔灌注桩设计参数 | |
|------|----------|------|------|
| | | 极限侧阻力 $q_{sik}$ (kPa) | 极限端阻力 $q_{pk}$ (kPa) |
| ① | 填土 | — | — |
| ② | 粉质黏土 | 60 | 800~1200 |
| ③ | 强风化炭质页（灰）岩 | 100 | 1500 |
| ④ | 中风化炭质页（灰）岩 | 180 | 2500 |
| ⑤ | 中风化泥灰岩 | 岩石单轴天然抗压强度标准值 $f_{rc}=10.1$MPa | |

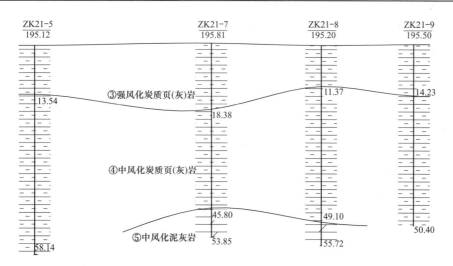

图2-1　21号楼典型地质剖面

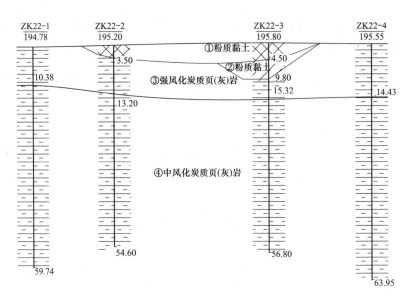

图 2-2　22 号楼典型地质剖面

原设计采用冲（钻）孔灌注桩，以第⑤层中风化泥灰岩为桩端持力层。施工单位在 21 号楼选 3 根 $\phi 800$ 桩试冲，结果并不成功：3 根桩在施工过程中都出现不同程度的塌孔现象，耗时 7～15d 才完成 1 根桩，灌注桩身混凝土充盈系数达 2.1～2.7。有关各方对桩终孔原则、施工进度、工程量结算等事宜产生了很大的分歧，工程被迫停顿下来。

### 2.1.3　基础优化设计方案

经过踏勘现场、与相关单位技术人员交流以及查阅原设计图纸和岩土勘察报告等技术资料，笔者等确认冲（钻）孔灌注桩不适合本工程的场地条件，需考虑其他基础形式。

能否利用浅层地基土的承载能力是本项目需要考虑的重点。结合有关文献经验数据[2-7]，对岩土勘察报告进行研读、判断后，初步认为表 2-1 和表 2-2 中第③层强风化炭质页（灰）岩的参数偏于保守，尚有较大的承载潜力：①其内摩擦角过小，一般应在 28°以上；②其地基承载力特征值也偏小，按超重型圆锥动力触探试验锤数标准值 $N_{120}=8.7$ 推算可取 640kPa、按文献 [8] 地基承载力弹塑性混合解估算可取 710kPa。

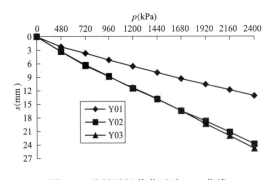

图 2-3　浅层平板载荷试验 $p$-$s$ 曲线

基于上述对岩土勘察报告的研读与判断，建设单位委托了长沙某检测单位，选取有代表性的地段进行浅层平板载荷试验，检测点高程 192.0m，目的是评定第③层强风化炭质页（灰）岩地基承载力、提供地基的变形参数。

浅层平板载荷试验的数据见表 2-3，$p$-$s$ 曲线见图 2-3。在试验最大荷载时 $p$-$s$ 曲线仍处于线性段，3 个试验点的沉降值均在规范容许范围内，$s/d = 0.015$ 所对应的荷载值均大于试验最大荷载的一半，第③层强风化炭质页（灰）岩 $f_{ak} > 1200\text{kPa}$。

表 2-3

浅层平板载荷试验数据汇总

| 试验点 | 压板直径 $d$(m) | 试验最大荷载 (kPa) | 总沉降量 (mm) | 回弹率 (%) | 变形模量 $E_0$ (MPa) | 承载力特征值 $f_{ak}$ (kPa) |
|---|---|---|---|---|---|---|
| Y01 | 0.8 | 2400 | 13.10 | 25.88 | 106.7 | >1200 |
| Y02 | 0.8 | 2400 | 23.78 | 19.22 | 58.7 | >1200 |
| Y03 | 0.8 | 2400 | 24.77 | 20.79 | 56.4 | >1200 |

浅层平板载荷试验结果印证了笔者等人先前对浅层地基土承载能力的判断，同时试验点 Y01 明显比其他 2 点显得"硬"，也说明岩土勘察报告评价该层"软硬不均"符合实际情况。单纯从地基承载力考虑，对 28 层剪力墙结构看似可采用墙下独立基础，但考虑到第③层"成分不均""软硬不均""遇水后易软化"等特点，为适应可能发生的局部地基不均匀沉降、降低施工扰动对承载力的不利影响，最后决定采用整体性强的筏形基础、以第③层强风化炭质页（灰）岩为持力层。

### 2.1.4 基础优化设计

根据岩土勘察报告、浅层平板载荷试验报告以及原设计单位提供的基础荷载数据，以基础顶面为界进行了基础优化设计。以 ETABS 软件进行计算分析，分别采用倒楼盖模型和考虑上部结构刚度的 Winkler 弹性地基梁板模型（整体刚度＋面弹簧法，参与工作的上部结构取 4 层[9]）。经分析对比，2 种模型的内力分布规律与内力需求较吻合，后者的内力需求略大于前者，而且更加符合结构实际受力情况，所以按后者的分析结果进行筏形基础的结构设计和沉降预测。

计算分析时，通过改变筏板外挑尺寸而调整其平面形心位置，进而控制上部竖向荷载偏心距 $e_y$。经试算，当筏板大部分区域外挑 600mm 时，$D+L$ 工况下的 $e_y$ 分别为 0.244m（21 号楼）和 0.035m（22 号楼），均满足 $e_y \leq 0.1W/A$ 的规范要求[9,10]（$W$ 为与偏心距方向一致的基础底面边缘抵抗矩，$A$ 为基础底面积）。

采用厚 1500mm 平板式筏形基础，混凝土强度等级 C40。选取不利位置进行筏板抗冲切和抗剪验算，验算结果均满足规范要求，且承载力富余度普遍超过 20%。

根据 ETABS 分析得到的内力分布进行平板式筏形基础的抗弯承载力计算，采用 HRB335 钢筋，双层双向 $\phi$25@180 配筋，在个别墙下底筋和跨度较大的板跨面筋配置附加筋。

筏形基础由 3 块矩形筏板块组成，其中 2 块斜交。基础配筋时各矩形筏板块内的钢筋按各自轴线方向布置；在斜交与正交板块相交处设置构造暗梁，斜交与正交板块的钢筋均伸入暗梁内锚固（见图 2-4 和图 2-5），简化了钢筋连接，方便施工。

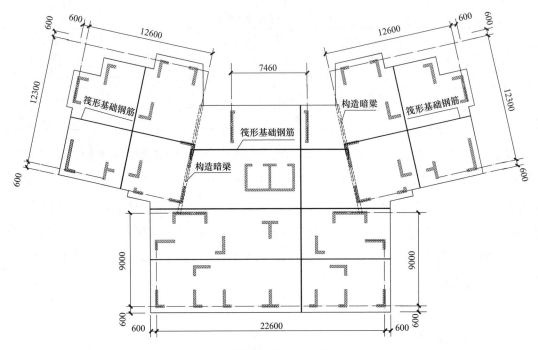

图 2-4　21 号楼筏形基础配筋示意图

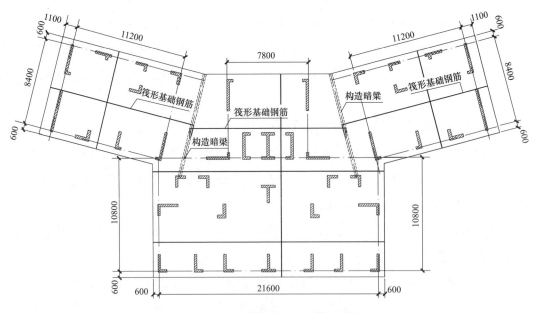

图 2-5　22 号楼筏形基础配筋示意图

### 2.1.5　关键技术问题的处理和分析

1. 不规则筏形基础的等效底面宽度

在分析地基稳定性和调整基床系数等环节都用到"基础底面宽度 $b$"这个计算参数，该工程基础为非矩形筏板，需要等效换算。用变形模量 $E_0$ 手工估算地基平均沉降[9,11] 时，要将不规则平面划分为多个矩形进行计算过于烦琐，需要适当简化。

参照文献［12］处理不规则桩基沉降计算的办法，按等面积、等长宽比等效换算为 34.72m×20.59m(21 号楼) 和 35.74m×18.16m(22 号楼) 的矩形筏板。

等效矩形综合反映了原基础底面大小和形状对地基的影响，以其宽度作为原基础的等效底面宽度用于分析地基稳定性和调整基床系数等环节是合理的。根据以往多个工程的计算对比，用变形模量 $E_0$ 估算平均沉降时以等效矩形替代原基础底面，可满足工程精度要求。

2. 基础埋置深度

(1) 问题的提出。原设计采用钻（冲）孔灌注桩基础，承台面标高 -2.80m，承台厚度普遍在 1600mm 以上，基础埋深大体上满足 1/18 建筑总高度（桩基础）的规范[9,10] 要求。

优化设计后改用天然地基，若按规范[9,10] 要求 1/15 建筑总高度取基础埋置深度 5.3m，则基础顶面标高需降低至 -3.80m，由此可能引起以下问题：①增加首层剪力墙的高度，不但可能降低其承载力，甚至改变了上部结构计算简图，导致与原设计单位的责任界面模糊不清；②原设计无地下室，建设单位为尽快复工、避免重新进行规划申报，决定优化设计后仍不设地下室，如机械地按规范[9,10] 要求决定基础埋置深度，势必增加无谓的土方开挖回填量、基坑支护的造价，工期也增加较多。

优化设计时，基础顶面标高仍取 -2.80m，相应基础埋深为 4.3m，略小于规范要求 5.3m。因此进行了地基稳定性验算，以论证其可行性。

(2) 分析的简化。该工程采用了"拟静力法"计算地震作用及其效应。现行设计规范[9,10] 采用总安全系数法验算抗滑移、抗倾覆和地基整体稳定性，作用于地基上的上部结构地震效应采用弹性中震工况。

基础宽度方向的水平荷载和倾覆弯矩较大，而基础底面边缘抵抗矩较小，故仅验算基础宽度方向的地基稳定性。

(3) 偏心、水平荷载作用下抗滑移稳定性和抗倾覆稳定性。

按规范[9,10] 要求，抗滑移安全系数需满足式（2-1）：

$$k = \frac{(F_k + G_k)\mu}{V_{yk}} > 1.3 \tag{2-1}$$

按规范[9,10] 要求，抗倾覆安全系数需满足式（2-2）：

$$k = \frac{F_k y + G_k y_0}{V_{yk} h + M_{yk}} > 1.6 \tag{2-2}$$

式中：$F_k$ 为 $D+L$ 工况上部结构传至基础顶面的竖向力标准值；$G_k$ 为基础自重和基础上的土重；$\mu$ 为基底摩擦系数，偏于安全取 $0.2$；$V_{yk}$ 为上部结构传至基础顶面的水平力标准值；$M_{yk}$ 为上部结构传至基础顶面的倾覆力矩标准值；$h$ 为基础厚度，该工程为 $1.5m$；$y$，$y_0$ 为分别是 $F_k$，$G_k$ 至基础外边缘点的距离。

（4）偏心、水平荷载作用下地基整体稳定性。按平面问题考虑，根据极限平衡理论的圆弧滑动分条法进行分析，采用了"理正岩土计算"软件中的"等厚土层土坡稳定计算"分模块建模计算，自动搜索最不利滑动面并计算出最小的整体稳定安全系数。计算简图见图 2-6。

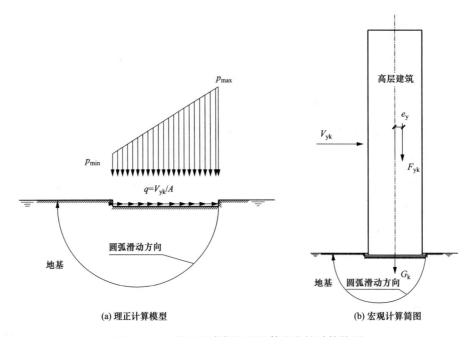

图 2-6　2.1 节工程案例地基整体稳定性计算简图

在地震工况下地基土强度一般高于静力状态下强度，因此采用静力状态下抗剪强度指标（$c$、$\varphi$ 值）分析地基整体稳定性通常是偏于安全的，岩土参数按表 2-1 输入计算模型图 2-6(a)。

验算时设定了滑动圆弧起点在基础外边缘点，土层分布选取了最不利钻孔 ZK21-7（见图 2-1）和 ZK22-3（见图 2-2）为代表，把基底压力和平均基底剪力输入到计算模型［见图 2-6(a)］，按瑞典条分法计算出地基整体稳定安全系数 $k_s$，并应满足 $k_s > 1.2$ 的规范[9,10] 要求。

（5）地基稳定性分析结论。经验算，该工程地基抗滑移、抗倾覆和整体稳定性等方面验算结果均满足要求（见表 2-4），而且地基承载力有很大的富余。基础埋置深度突破规范要求，取 $4.3m$ 完全可行。

| 栋号 | 上部结构传来荷载 | | | 抗滑移安全系数 | 抗倾覆安全系数 | 整体稳定安全系数 |
|------|-----------------|-----------------|----------------|--------|--------|--------|
| | $V_{yk}$(kN) | $M_{yk}$(kN·m) | $F_k$(kN) | | | |
| 21 号 | 5105 | 258，769 | 251，477 | 12.4 | 12.0 | 2.02 |
| 22 号 | 5186 | 255，056 | 247，196 | 11.8 | 10.5 | 1.84 |

表 2-4　　地基稳定性验算结果汇总

### 2.1.6　案例经验总结

通过研读岩土勘察报告、补充浅层平板载荷试验，利用浅层地基土承载能力，将原冲（钻）孔灌注桩基础优化为筏形基础，减少了施工难度并降低了成本，使该工程恢复正常施工。

本次基础优化设计通过了当地施工图审查并顺利实施。沉降实测结果显示，地基沉降不大且均匀，说明该工程在软硬不均场地中采用筏形基础、地基承载力留有余地的思路是成功、有效的。该工程已竣工投入使用十多年，一直使用正常。

关于该案例 2 栋塔楼沉降计算及后续沉降观测的情况，详见本书第 5.5 节。

## 2.2　基础埋深突破规范要求的复合地基设计案例

### 2.2.1　工程概况

某住宅楼盘 B09 地块由 H 栋（共 2 座）和 J 栋（共 4 座）组成，地上 17 层，1 层地下车库形成大底盘，塔楼采用剪力墙结构，纯地下车库采用框架结构。结构总高度为 60.8m（从地下车库底板面起计），总建筑面积 50755m²。设计工作年限为 50 年，安全等级为二级，结构重要性系数 $\gamma_0$＝1.0；基本风压 0.6kN/m²，地面粗糙度 B 类；抗震设防类别为丙类（标准设防类），抗震设防烈度为 7 度，设计地震分组为第一组，设计基本地震加速度值为 0.10$g$，场地类别为 II 类，场地特征周期为 0.35s。

根据岩土勘察报告，地下水对混凝土等建筑材料无腐蚀，稳定水位埋深约 0.5～1.2m，基岩为花岗片麻岩，基岩以上的岩土参数见表 2-5。采用 $\phi$500CFG 桩进行地基处理，桩身强度 C20，单桩承载力特征值 $R_a$＝1000kN，复合地基承载力特征值 $f_{spk}$≥300kPa。塔楼采用筏形基础，纯地下车库采用柱下独立基础加防水板，设置沉降后浇带以调节两者之间的沉降差。

表 2-5　　　　　　　　场 地 主 要 土 层 参 数

| 层号 | 土层名称 | 平均层厚（m） | 重度 $\gamma_s$(kN/m³) | 地基承载力特征值 $f_{ak}$(kPa) | 抗剪强度指标 | |
|------|---------|------------|----------|---------|---------|---------|
| | | | | | $c_s$(kPa) | $\varphi_s$(°) |
| 1 | 粉质黏土 | 1.61 | 19.2 | 190 | 28.2 | 12.0 |
| 2 | 中砂 | 0.66 | 18.0 | 80 | 0 | 24.0 |
| 3 | 粉质黏土 | 1.04 | 18.9 | 170 | 28 | 11.0 |

续表

| 层号 | 土层名称 | 平均层厚（m） | 重度 $\gamma_s$(kN/m³) | 地基承载力特征值 $f_{ak}$(kPa) | 抗剪强度指标 | |
|---|---|---|---|---|---|---|
| | | | | | $c_s$(kPa) | $\varphi_s$(°) |
| 4 | 淤泥质土 | 0.43 | 16.8 | 60 | 12.8 | 4.97 |
| 5 | 中砂 | 0.25 | 18.0 | 150 | 0 | 27.0 |
| 6 | 砂质黏性土（可塑） | 5.89 | 19.1 | 190 | 27.6 | 16.7 |
| 7 | 砂质黏性土（硬塑） | 7.19 | 19.1 | 250 | 33.8 | 20.0 |

### 2.2.2 问题的提出

该工程的室外地面南低北高，南面地坪的标高基本与地下车库底板面持平，地下车库仅北面侧壁需要挡土，地下车库平面图、剖面图见图 2-7 和图 2-8。基础埋置深度只能从地下车库底板面算起，各塔楼筏形基础埋置深度仅 $d=1.0$m，与规范[9,10] 规定有较大差距。

因已设有一层车库（半地下室），使用功能上也没有再增加地下空间的必要。单纯为了满足规范要求而增加开挖深度至 4m，势必增加土方开挖、基坑支护的造价，筏形基础完成后还要回填大量的土方，工期也增加较多。故需要分析复合地基稳定性，以评估减少基础埋置深度的可行性。

### 2.2.3 复合地基稳定性验算

本工程 J 栋 3 幢地质情况较差，靠近较低的室外地坪，故以该幢为例简要地介绍复合地基稳定性验算的情况，基础平面见图 2-9。采用 PKPM 系列软件 SATWE 从地下车库起对该塔楼建模进行结构分析，得出该塔楼筏形基础荷载标准组合如下：竖向荷载 $G=83247.61$kN，底部剪力 $V_y=4075.12$kN，倾覆弯矩 $M_y=160308.91$kN·m。另外，南北室外地坪存在高差，两侧分别按被动土压力和主动土压力计算，并假定由 6 幢塔楼的筏形基础平均分摊，由南北侧壁土压力差所产生的附加底部剪力 $V_s=846.10$kN。$D+L$ 工况下竖向荷载偏心距 $e_y=0.216$m$\leqslant$ $0.1W/A=0.1×981.72/430.73=0.228$m，$e_x=0.02$m$\approx0$，满足规范要求（$W$ 为与偏心距方向一致的基础底面边缘抵抗矩，$A$ 为基础底面积）。由于基础宽度方向的水平荷载和倾覆弯矩较大、而基础底面边缘抵抗矩较小，仅进行基础宽度方向的地基稳定性验算[13]。

1. 水平荷载作用下抗滑移稳定性

筏形基础与 CFG 桩之间从上到下设置了 100mm 厚素混凝土垫层和 200mm 厚褥垫层，褥垫层材料选用中砂、碎石（4∶6），碎石粒径 8～20mm。参考了地基土对挡土墙基底摩擦系数的规范建议值[10]，在此基础上考虑一些不利因素后再折减 20%，取基底摩擦系数 $\mu=0.2$。

抗滑移安全系数 $k=\dfrac{G\mu}{V_y+V_s}=\dfrac{83247.61×0.2}{4075.12+846.10}=3.38>1.3$，满足抗滑移稳定性的规范要求[9,10]。

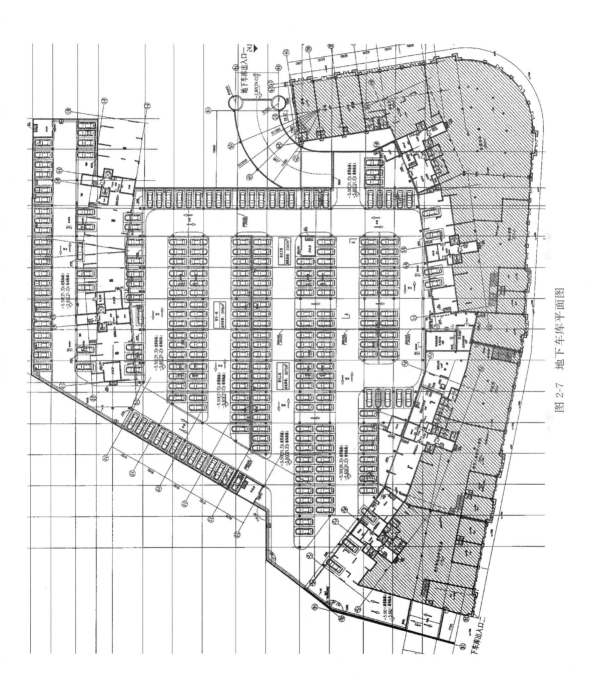

图 2-7 地下车库平面图

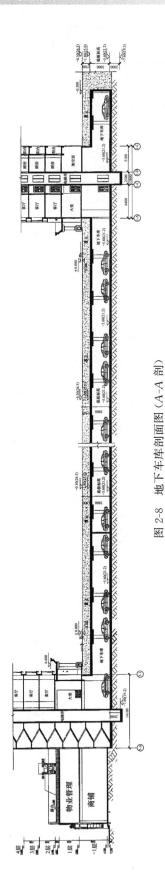

图 2-8　地下车库剖面图（A-A 剖）

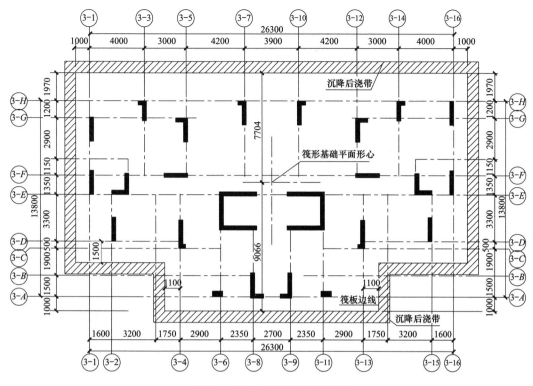

图 2-9　J 栋 3 幢筏形基础平面

**2. 偏心、水平荷载作用下抗倾覆稳定性**

$$抗倾覆安全系数\ k=\frac{Gy_0}{(V_y+V_s)d+M_y}=\frac{83247.61\times(7.704+0.216)}{(4075.12+846.10)\times1.0+160308.91}=3.99>$$

1.6，满足抗倾覆稳定性的规范要求[9、10]。

**3. 偏心、水平荷载作用下复合地基整体稳定性**

按平面问题考虑，根据极限平衡理论的圆弧滑动分条法进行分析，采用了"理正岩土计算"软件中的"复杂土层土坡稳定计算"分模块建模计算，该软件可以自动设定圆心和半径，自动搜索最不利滑动面并计算出最小的整体稳定安全系数。验算时设定了滑动圆弧起点为基础底面一边的角点，按照岩土勘察报告提供的抗浮设防水位、把计算的地下水位设在自然地面，使计算模型更符合实际。计算模型见图 2-10。

假定的圆弧滑动面一般经过 CFG 桩加固区和未加固区，土体分区采用了不同的抗剪强度指标：①未加固区采用天然地基抗剪强度指标，按表 2-5 原状土数据输入；②对于地基加固区，先根据加固区 CFG 桩置换率按《建筑地基处理技术规范》（JGJ 79—2012）第 7.1.5 条第 2 款算出加固区复合地基的承载力特征值 $f_{spk}$，然后根据 $f_{spk}$ 反算复合地基等效抗剪强度指标（具体反算方法参见本书第 4.1 节），推算结果见表 2-6；地基加固区的复合地基等效抗剪强度指标按表 2-6 数据输入。

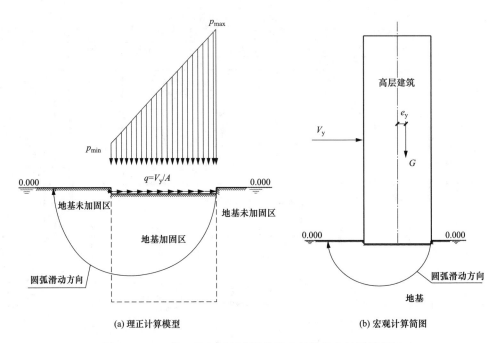

图 2-10　2.2 节工程案例所采用的地基整体稳定性计算简图

表 2-6　　　　　　　　　　　　　J 栋 3 幢复合地基主要土层参数

| 序号 | CFG 桩周土层名称 | 重度 $\gamma_k$ (kN/m$^3$) | 复合地基承载力特征值 $f_{ak}=f_{spk}$(kPa) | 复合地基等效抗剪强度指标 | |
|---|---|---|---|---|---|
| | | | | $c_k$(kPa) | $\varphi_k$(°) |
| 1 | 粉质黏土 | 19.3 | 410 | 85.5 | 12.0 |
| 2 | 中砂 | 18.2 | 310 | 35.8 | 24.0 |
| 3 | 粉质黏土 | 19.1 | 390 | 80.5 | 11.0 |
| 4 | 淤泥质土 | 17.1 | 300 | 78.8 | 4.97 |
| 5 | 中砂 | 18.2 | 370 | 36.3 | 27.0 |
| 6 | 砂质黏性土（可塑） | 19.2 | 410 | 70.7 | 16.7 |
| 7 | 砂质黏性土（硬塑） | 19.2 | 460 | 70.9 | 20.0 |

　　鉴于复合地基承载力和抗剪强度指标是经人工处理后形成的，受施工质量、工程监督等人为因素影响较大，具有更大的不确定性，而且在地震动下复合地基的动抗剪强度指标与静力状态下的岩土参数会有所不同，因此在设计阶段采用间接方法确定复合地基的等效抗剪强度指标、用于计算地基整体稳定性时，宜适当提高安全系数的下限（规范[9、10] 规定的地基整体稳定性最小安全系数为 1.2）。该工程地基整体稳定性安全系数下限取 1.4～1.5。

　　按照"不利原则"选取了软弱土层厚度最大的钻孔 ZK23 为代表，把基底压力和平均基底剪力输入到计算模型（见图 2-10），按瑞典条分法计算出整体稳定安全系数 $k_s$＝1.616＞1.4，满足复合地基整体稳定性要求。

4. 基础埋深分析结论

该工程经过了认真的分析，确认地基抗滑移、抗倾覆和整体稳定性等方面均满足规范要求，基础埋置深度 $d=1.0\mathrm{m}$ 是可行的。该次基础设计方案通过了当地施工图审查并顺利实施。该工程已竣工投入使用十多年，一直使用正常。

## 2.3 关于基础埋深突破规范要求相关问题的进一步探讨

本节将结合 2.1 和 2.2 节案例的成功经验，对论证基础埋深突破规范要求可行性的重要技术问题进一步探讨[13]。

### 2.3.1 论证基础埋深突破规范要求时，作用于地基上的上部结构地震效应取值

地震对建筑物的破坏作用是通过场地、地基和基础传递给上部结构的；同时场地与地基在地震时又给上部结构提供支承。建筑物在地震中的破坏形态可分为地基基础的破坏和地震动作用下上部结构的破坏[14,15]。现行规范[16] 采用"三水准设防目标、两阶段设计步骤"的抗震设计思想，即采用"小震不坏、中震可修、大震不倒"的设防目标：在设计第一阶段，对绝大多数结构进行多遇地震作用下的结构构件承载力验算和结构弹性变形验算，按规定采取抗震措施；在设计第二阶段，对一些特殊的结构进行罕遇地震下的弹塑性变形验算。

地基基础抗震设计比上部结构抗震设计要粗糙得多、原始得多。对地基基础抗震性能的了解远不如上部结构，考察地基基础震害困难重重，离不开开挖、钻探、试验，需要人力、经费和时间，难以大量进行，远不如考察上部结构震害来得直观和方便；地基基础的抗震验算，仍普遍采用不成熟的"拟静力法"，其理论基础、对待动力特点的考虑程度都与上部结构的抗震理论有较大的差距；再加上地基基础震害经验具有局限性，大多数是根据低层建筑和单层厂房等震害总结出来的[17]，高层建筑的地基基础很少经过强震考验，缺乏实践经验，所以高层建筑地基基础的抗震设计应留有更多的余地。

建议论证基础埋深突破规范要求时，作用于地基上的上部结构地震效应取值如下：

1. 采用弹性中震工况验算地基稳定性

现行规范[9,10] 采用总安全系数法来计算抗滑移、抗倾覆和地基整体稳定性，把作用与抗力均视为定值、不考虑其变异性，要求在极限状态下抗力与作用的比值不小于某个下限。多遇地震的重现期为 50 年，50 年内的超越概率达 63.2%。显然用超越概率如此高的地震作用计算出来的安全系数是令人怀疑的，也不能真实反映地基基础地震时的安全度。采用罕遇地震弹塑性时程最大值是相对合理的。

对于 2.1 和 2.2 节案例这样上部结构都比较简单而规则的项目，并不需要验算罕遇地震下的弹塑性变形。参考了某些工程罕遇地震下弹性与弹塑性模型基底总剪力时程对比（见图 2-11[18] 和图 2-12[19] ），弹塑性结构的基底总剪力随着地震的进程而不断降低，其最大值出现在地震早期的弹性阶段，考虑塑性变形后最大基底总剪力比弹性模型大致下降 50%。弹性地震反应谱实际也隐含了弹塑性反应谱的概念。因此建议对常规工程，可直接采用弹性中震工况验算地基稳定性，中震作用的设计反应谱最大值 $\alpha_{\max}$ 参见规范[20]。

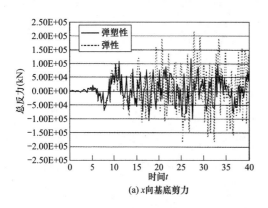

(a) $x$ 向基底剪力

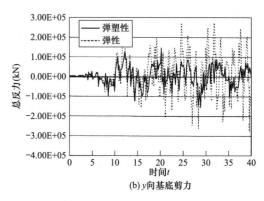

(b) $y$ 向基底剪力

图 2-11　厦门建发国际大厦罕遇地震下弹性与弹塑性模型基底总剪力比较[18]

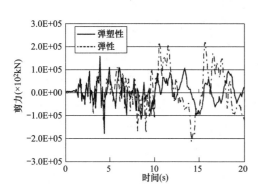

图 2-12　大连某超高层公寓罕遇地震下弹性与弹塑性模型 $X$ 向基底总剪力比较[19]

2. 采用多遇地震工况验算地基承载力特征值

现行规范[10] 对地基承载力实际上采用了容许应力法，按土抗剪强度指标确定的地基承载力特征值实际上是采用了临界荷载 $p_{1/4}$ 的修正公式，按平板载荷试验确定的地基承载力特征值实际上只是 $p$-$s$ 曲线上的比例界限、小于等于极限荷载值的一半。按多遇地震工况验算地基承载力特征值是合理的，地基的实际承载力仍有较大的潜力，可以应对更大的地震作用。

### 2.3.2　高层建筑地基整体稳定性的计算简图

在验算地基整体稳定性时，2.1 和 2.2 节案例均假定了圆弧滑动方向与水平荷载作用的方向相反（见图 2-6 和图 2-10）。某些文献则假定圆弧滑动方向与水平荷载作用的方向相同，见图 2-13。为了比较这两种计算简图的差别，采用它们分别计算不同水平荷载作用下 2.2 节案例中 J 栋 3 幢的地基整体稳定安全系数，汇总于表 2-7。

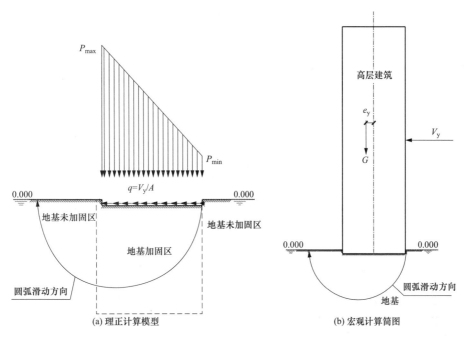

图 2-13 某些文献所采用的地基整体稳定性计算简图

| 表 2-7 | | | 两种计算简图的地基整体稳定安全系数对比 | | | | |
|---|---|---|---|---|---|---|---|
| 水平荷载<br>作用工况 | 不考虑水平<br>荷载作用 | 7度<br>小震 | 7度小震＋20%<br>风荷载 | 风荷载 | 8度<br>小震 | 7度弹性<br>中震 | 8度弹性<br>中震 |
| 底部剪力 $V_y$(kN) | 0 | 1417 | 1897 | 2396 | 2835 | 4075 | 8150 |
| 倾覆弯矩 $M_y$(kN·m) | 0 | 55760 | 74558 | 93992 | 111519 | 160309 | 320618 |
| 按图 2-13 的地基整体<br>稳定安全系数 | 2.369 | 2.808 | 2.894 | 2.987 | 3.098 | 3.346 | 6.118 |
| 按图 2-10 的地基整体<br>稳定安全系数 | 2.369 | 2.042 | 1.951 | 1.865 | 1.841 | 1.621 | 1.264 |

从表 2-7 数据对比不难看出，图 2-13 的计算模型不但严重高估了地基整体稳定安全系数，而且水平荷载作用越大、地基整体稳定安全系数反而越大，显然是不合理的。究其原因，图 2-13 模型把底部剪力当成滑动力似乎更为不利，但是受倾覆弯矩的影响，竖向荷载的滑动力臂减少了，高层建筑结构的剪重比一般只有几个百分点，综合效果必然导致了总滑动力矩反而减少，安全系数计算结果增大。另外还可以用宏观的概念进行比较，一般高层建筑更容易发生如图 2-10(b) 所示的地基整体失稳；类似图 2-13(b) 的地基问题，更多的是属于地基浅层滑动破坏而不是地基整体失稳。所以采用图 2-10 验算地基整体稳定性更为合理。

### 2.3.3　复合地基整体稳定性的影响因素

关于高层建筑的地基稳定性分析，已有文献分别从地基整体稳定性[21]、经典土力学理论[22] 和基底接触压力强度平衡条件[23] 等不同角度对相关问题进行了研究，相关的设计手册[24] 也有专门介绍地基稳定性验算。

然而已有的文献主要针对天然地基。我国地域广阔，软弱地基类别多、分布广。复合地基技术能够较好利用增强体和天然地基共同承担建筑物荷载的潜能，具有比较经济的特点，比较适合我国国情，近年在高层建筑中得到应用较多。与天然地基相比，复合地基具有其特殊性，虽然通过调整置换率可使基底加固区的地基承载力满足规范要求，但未加固区往往还存在软弱土层，有必要对高层建筑复合地基整体稳定性作进一步研究。

以 2.2 节案例中 J 栋 3 幢为算例，在满足地基承载力的前提下，分别改变基础埋置深度、地震作用、地下水位和地质条件，计算出各种条件下的复合地基整体稳定安全系数，汇总于表 2-8 和表 2-9 中。其中地质条件分别考虑了如图 2-14 所示的 3 种情况：ZK23 是 2.2 节案例中 J 栋 3 幢选用的实际最不利钻孔；模拟钻孔 1 和 2 代表广东地区比较常见的软弱地质情况，分别有 14m 厚淤泥质土和 17.5m 厚淤泥。

**表 2-8　　　　不同地下水位条件下的复合地基整体稳定安全系数**（地质条件按 ZK23）

| 地震作用 | 基础埋置深度（m） | 地下水位 | |
| --- | --- | --- | --- |
| | | 位于自然地面 | 位于危险圆弧滑动面以下 |
| 7 度弹性中震 | $d=1.0$ | 1.621 | 1.972 |
| | $d=4.0$ | 2.047 | 2.406 |
| 8 度弹性中震 | $d=1.0$ | 1.264 | 1.472 |
| | $d=4.0$ | 1.439 | 1.603 |

**表 2-9　　　　不同地质条件下的复合地基整体稳定安全系数**（地下水位在自然地面）

| 地震作用 | 基础埋置深度（m） | 地质情况 | | |
| --- | --- | --- | --- | --- |
| | | ZK23 | 14m 厚淤泥质土 | 17.5m 厚淤泥 |
| 7 度弹性中震 | $d=1.0$ | 1.621 | 1.297 | 1.093 |
| | $d=4.0$ | 2.047 | 1.560 | 1.269 |
| 8 度弹性中震 | $d=1.0$ | 1.264 | 1.066 | 1.001 |
| | $d=4.0$ | 1.439 | 1.224 | 1.110 |

从表 2-8 和表 2-9 可见：①基础埋置深度对复合地基的整体稳定性有显著影响，增加基础埋置深度确实有助提高复合地基的整体稳定性；②较高的地下水位可明显降低复合地基整体稳定安全系数，计算分析时应按实际情况考虑地下水位的影响；③复合地基整体稳定安全系数随着高层建筑所受地震作用（风荷载）的增大而降低；④未加固区的不良地质情况会严重影响复合地基的整体稳定性，完全有可能出现整体稳定极限状态，即使地基承载力和基础埋置深度完全满足规范要求，复合地基整体稳定安全系数仍有可能远低于规定的下限（1.4～1.5）。

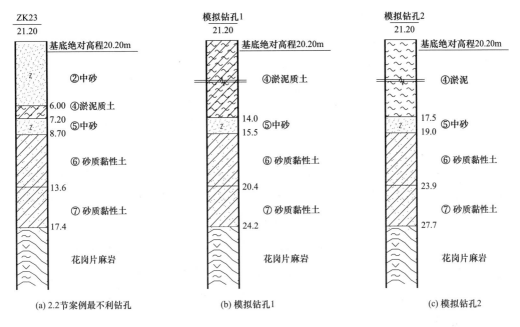

图 2-14　对比分析所采用的三个地质钻孔

### 2.3.4　结论和建议

张在明等以两栋分别为 15 层和 25 层的高层建筑[21] 为算例，针对北京地区常见的土质条件研究高层建筑地基整体稳定性与基础埋深的关系，指出在水平地面和地层水平分布的前提下，即使高层建筑的基础埋置深度小于规范要求，只要满足地基承载力要求，便可满足天然地基的整体稳定性要求。韩小雷等运用经典土力学理论对高层建筑天然地基的稳定性进行了大量的计算和分析[22]，也得到了类似的结论。2.1 节案例也印证了这个结论。

抗震设防区的高层建筑地基稳定性，本质上是地震动下地基、基础与高层建筑结构的相互作用问题，对复合地基情况更加复杂。本节采用了实用的简化方法（即用"拟静力法"计算地震作用及其效应，用静力状态下的岩土参数来分析地基稳定性），以实际工程为例，对相关问题进行了分析和讨论，得出了以下结论和建议：

（1）现行设计规范采用总安全系数法来计算抗滑移、抗倾覆和地基整体稳定性，宜采用罕遇地震下弹塑性时程分析最大值；对简单而规则的高层建筑，也可采用弹性中震工况验算地基稳定性。

（2）应采用合理的计算简图分析高层建筑地基整体稳定性（见图 2-6 和图 2-10）。

（3）用规范方法确定地基承载力是工程界长期实践积累的宝贵经验和财富。通过地基承载力推算复合地基等效抗剪强度指标，具有一定的可靠度和合理性，可用于复合地基整体稳定性验算，也可用来复核以其他方法确定的抗剪强度指标。具体方法参见本书第 4.1 节。

（4）复合地基抗滑移、抗倾覆计算比较简单，而且容易满足要求。复合地基整体稳定性则受地下水位高低、结构所受风荷载和地震作用大小、地质条件等诸多因素影响，基础埋置深度仅是重要因素之一。即使地基承载力和基础埋置深度均满足规范要求，在高烈度设防地区、未加固区存在不良地质的情况下，复合地基整体稳定安全系数仍有可能远低于规定的下限，应根据工程实际情况进行复合地基整体稳定性分析。随着计算机的推广使用，分析复合地基整体稳定性不存在太大的困难，对保证工程安全度十分必要。

地基稳定性受地下水位高低、结构所受风荷载和地震作用大小、地质条件等诸多因素影响，基础埋置深度仅是重要因素之一。当工程项目有实际需求时，应如本书第 2.1 节、第 2.2 节那样进行认真、细致的分析，在确认地基抗滑移、抗倾覆和整体稳定性等方面均满足规范要求前提下，方可适当突破基础埋深的规范要求。

对建筑桩基工程，当需要基础埋深突破规范要求时，同样需要验算桩的水平承载力以及在设防烈度地震和罕遇地震下桩基础竖向承载力验算。关于在设防烈度地震和罕遇地震下桩基础竖向承载力安全度的把控原则，可参考本书第 3.2 节。

## 2.4　单向偏心荷载作用下地基承载力验算的控制因素

专业期刊《岩土工程界》2009 年第 2 期刊登了王小群撰写的《关于土力学中几个值得商榷的问题》[25] 一文。该文第一部分对基底平均压力的计算进行了比较详细的讨论，认为现行多数教材"没有说明基底压力重分布时的平均压力的计算，只有基底最大压力的计算"不妥，并认为不准确计算这种情况下的平均压力"将可能出现地基设计承载力偏低，给工程带来危险"。

对该文以上观点，笔者不敢苟同，本节以基底形状为矩形的常见情况进行讨论[26]。

### 2.4.1　应力重分布时基底压力的控制因素

根据《建筑地基基础设计规范》（GB 50011—2011）第 5.2.2.3 条，当偏心荷载作用时，基础底面的压力应符合下式要求（式中符号意义见规范[10]）：

$$p_k \leqslant f_a \tag{2-3}$$

$$p_{kmax} \leqslant 1.2 f_a \tag{2-4}$$

当偏心距 $e > L/6$（$L$ 为力矩作用方向基础底面边长；$e$ 为合力偏心距，即合力作用点至基础底面中心点的距离）时，基底压力出现重分布，见图 2-15。当最大压力为 $p_{kmax} = 1.2 f_a$ 时，平均压力 $p_k = (p_{kmax} + p_{kmin})/2 = (p_{kmax} + 0)/2 = 0.6 f_a < f_a$。

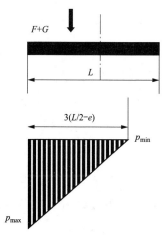

图 2-15　基底压力重分布[26]

也就是说，应力重分布时最大压力 $p_{kmax}$ 是控制因素，最大压力满足式（2-4），则平均压力必然满足式（2-3），完全没有必要如文[26] 那样细究平均压力的具体数值和计算方法。这也可能是现行多数教材"没有说明基底压力重分布时的平均压力的计算，只有基底最大压力的计算"的原因。

### 2.4.2　基底平均压力成为控制因素的条件

如上文，基底平均压力成为控制因素时基底没有发生应力重分布，故有（式中符号意义见规范[10] ）：

$$p_k = (F+G)/(Lb) \tag{2-5}$$

$$p_{kmax} = (F+G)/(Lb) + M/W = (F+G)(1+6e/L)/(Lb) \tag{2-6}$$

将式（2-3）中"$\leqslant$"改为"$=$"，并将式（2-5）、式（2-6）代入式（2-3）、式（2-4）可得：

$$(F+G)/(Lb) = f_a \tag{2-7}$$

$$(F+G)(1+6e/L)/(Lb) \leqslant 1.2 f_a \tag{2-8}$$

将式（2-7）代入式（2-8）可得：$e \leqslant L/30$。

也就是说，当 $e \leqslant L/30$ 时，平均压力 $p_k$ 是控制因素，若平均压力满足式（2-3），则最大压力必然满足式（2-4）。

### 2.4.3　结语

对工程问题，应分清主要矛盾和次要矛盾，把握好关键因素，才能认清问题的本质。

此外，《建筑地基基础设计规范》（GB 50011—2011）第 5.2.5 条中根据土的抗剪强度指标确定地基承载力计算公式，有"偏心距 $e \leqslant 0.033b$"的前提条件；其条文说明指出"根据土的抗剪强度指标确定地基承载力计算公式，条件原为均布压力。当偏心距 $e \leqslant 0.033b$ 时，可用该式计算"。本节第 2 部分内容正是这个"偏心距 $e \leqslant 0.033b$"前提条件的推导过程，可供对这个前提条件的来源感兴趣的读者参考。

## 2.5　强腐蚀地质条件下的地基处理方案——以某软基处理工程为例

某楼盘位于广东省阳江市，地下水对混凝土具有中等～强腐蚀性，为此项目特定的工程条件，是制约地基处理方案比选的主要因素之一。设计方先后提出了 3 个室外排水管道软基处理方案，2012 年笔者以甲方顾问的身份对该 3 个室外排水管道软基处理方案提出了咨询意见。现摘录其中值得借鉴的咨询意见，供读者参考。

### 2.5.1　地下水腐蚀的防护建议

按该工程勘察报告中 ZK68 和 ZK235 号钻孔地下水的水质分析试验结果（见表 2-10），

地下水呈酸性，对混凝土具有中等～强腐蚀性。地下构件应采取有效的防护措施，建议执行《工业建筑防腐蚀设计标准》（GB/T 50046—2018）的有关规定。

表 2-10　　　　　　　　　　　　地下水的水质分析试验结果

| 孔号 | 分析项目 | 指标 | | 水对混凝土结构的腐蚀性 | | | 水对钢筋混凝土结构中钢筋的腐蚀性 | |
| --- | --- | --- | --- | --- | --- | --- | --- | --- |
| | | 单位 | 含量 | Ⅱ类环境 | 强透水性地层 | 弱透水性地层 | 长期浸水 | 干湿交替 |
| ZK68 | $SO_4^{2-}$ | mg/L | 2.22 | 微 | — | — | — | — |
| | pH 值 | pH | 5.58 | — | 弱 | 微 | — | — |
| | $Mg^{2+}$ | mg/L | 2.49 | 微 | — | — | — | — |
| | $NH_4^+$ | mg/L | 0.15 | 微 | — | — | — | — |
| | 侵蚀性 $CO_2$ | mg/L | 27.39 | — | 弱 | 微 | — | — |
| | $HCO_3^-$ | mmol/L | 0.101 | — | 中 | — | — | — |
| | $Cl^-$ | mg/L | 22.1 | — | — | — | 微 | 微 |
| ZK235 | $SO_4^{2-}$ | mg/L | 154.19 | 微 | — | — | — | — |
| | pH 值 | pH | 4.35 | — | 中 | 弱 | — | — |
| | $Mg^{2+}$ | mg/L | 22.32 | 微 | — | — | — | — |
| | $NH_4^+$ | mg/L | 0.6 | 微 | — | — | — | — |
| | 侵蚀性 $CO_2$ | mg/L | 66.23 | — | 强 | 中 | — | — |
| | $HCO_3^-$ | mmol/L | 0.020 | — | 中 | — | — | — |
| | $Cl^-$ | mg/L | 55.83 | — | — | — | 微 | 微 |

D700～D1000 排水管设计是采用机制Ⅱ级钢筋混凝土承插管，建议在其外表面涂刷防腐蚀涂层，涂层的做法可参考《工业建筑防腐蚀设计标准》（GB/T 50046—2018）。DN300～DN600 排水管设计是采用 HDPE 管，已基本满足防腐蚀的需要，可不另作处理。

### 2.5.2　已有 3 个软基处理设计方案的对比

1. 水泥土搅拌桩

根据有关研究和工程实践，当地下水的 pH 值过低时，土壤呈酸性，将严重影响水泥水化反应的进行，水泥水化的不完善将阻碍水泥与土颗粒发生一系列的物理—化学反应，导致用水泥加固土的效果较差。因此行业标准《建筑地基处理技术规范》（JGJ 79—2012）第 7.3.2 条和广东省标准《建筑地基处理技术规范》（DBJ/T 15—38—2019）第 8.1.2 条都规定："（水泥土搅拌桩）在腐蚀性环境中以及无工程经验的地区使用时，必须通过现场和室内试验确定其适用性"。

鉴于本工程地下水 pH 值为 4.35～5.58，呈酸性，对混凝土具有中等～强腐蚀性，在未通过现场试验确定其适用性前，不建议采用水泥土搅拌桩。

2. 素混凝土灌注桩

此方案是软土场地中排水管道地基的常用处理方法。但在该工程地质条件下，因灌注桩无法在外表面涂刷防腐涂层，需解决防腐蚀处理问题，以及在淤泥层中施工素混凝土灌注桩中常见的颈缩问题。此外在C3线似乎不具备施工的空间。

3. 预制混凝土方桩

此方案也是软土场地中排水管道地基的常用处理方法，可以通过在外表面涂刷防腐涂层解决防腐蚀问题。由于当地无专门厂家生产，如采用此方案需要现场预制，占用空间，影响施工进度。此外在C3线只有4.5m的楼距，似乎不具备预制混凝土方桩沉桩所需的施工空间。

### 2.5.3　几点意见和建议

根据岩土勘察报告提供的数据，按最不利情况估算（9m淤泥、上面再填最多4m土，取淤泥压缩模量试验最小值$E_s$＝1.2MPa），最大地面沉降量约60mm。软基处理目的主要是减少地基不均匀沉降对排水管道的不利影响，宜根据地质情况、施工空间等具体情况，对不同的线路采用不同的处理方法。具体建议如下：

1. C3线

C3线只有4.5m的楼距（见图2-16），道路两侧的既有建筑物极大地限制了管道软基处理的施工空间。与此同时，该路只是支路、平时车流不大，上面的填土堆载只局限在4.5m的宽度范围，对下面4m厚的淤泥影响有限，建议C3线管道采用天然地基，并适当增加管道坡度以应对局部潜在的过大沉降。

2. 其余线路

其余线路宽度至少有8m，管道软基处理的

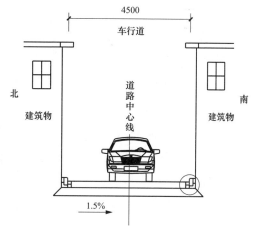

图2-16　C3线4.5m道路标准横断面

施工空间基本不受限制，可以根据现场具体情况采取以下措施：

（1）200mm×200mm 或 250mm×250mm 预制方桩。按标准图集《预制混凝土方桩》（20G361）现场预制，考虑地下水的腐蚀性，宜适当增加钢筋的保护层厚度，在方桩外表面涂刷防腐涂层。

（2）素混凝土灌注桩（$D$＝400mm）。考虑地下水的腐蚀性，建议：①混凝土强度等级提高到C40；②适当增加腐蚀余量，例如直径400mm的桩，基于混凝土腐蚀的因素，按直径350mm的桩来考虑承载力；③有可靠施工技术措施防止素混凝土灌注桩在淤泥层中出现缩颈。

（3）预应力混凝土管桩。其优点是有厂家现货供应，少占用施工场地进行预制，可加快施工进度；缺点是造价高一些。考虑地下水的腐蚀性，建议桩径不小于400mm，在管桩外表面涂刷防腐涂层，在桩底灌封底混凝土。

（4）木桩（$d=100$mm）。适合加固深度小于 6m（从管底算起）的区段。为防腐蚀和防虫，在施工前需在外表面涂刷沥青。

（5）天然地基。在淤泥厚度不大于 3m 的区段，考虑到后期沉降量不大（约 20mm），可不做专门的加固，宜适当增加管道坡度以应对局部潜在的过大沉降。

## 2.6　地基处理后地基抗震验算怎样做

**网友疑问：**

请问复合地基或地基处理后怎样进行地基抗震验算？《建筑抗震设计标准》（GB/T 50011—2010，2024 年版）第 4.2.3 条没有提到啊！

**答复：**

除了这位网友提及的情况以外，对于地基持力层下面有软弱土层这种情况，《建筑抗震设计标准》（GB/T 50011—2010，2024 年版）也没有规定地基土承载力特征值调整系数应怎样取值。工程实际情况千变万化，技术规范不可能穷尽所有工程问题，需要工程技术人员因地制宜，采取相应对策。

引述《建筑抗震设计标准》（GB/T 50011—2010，2024 年版）第 4.2.2、4.2.3 条的条文说明如下："在天然地基抗震验算中，对地基土承载力特征值调整系数的规定，主要参考国内外资料和相关规范的规定，考虑了地基土在有限次循环动力作用下强度一般较静强度提高和在地震作用下结构可靠度容许有一定程度降低这两个因素"。

《建筑抗震设计标准》（GB/T 50011—2010，2024 年版）式 4.2.3 中的参数 $\zeta_a$（地基抗震承载力调整系数），实际上是考虑了以下 2 方面的潜力：①动荷载下地基承载力比静荷载下高；②地震是小概率事件，地基的抗震验算安全度可适当减低。

对这位网友的问题，笔者建议根据不同情况分别对待：

（1）对强夯、排水固结法等地基处理，由于地基土的力学性能在处理前后有很大的改变，可在强夯、排水固结法等地基处理后重新地基检测，根据处理后地基土的力学性状指标按《建筑抗震设计标准》（GB/T 50011—2010，2024 年版）表 4.2.3 条直接决定 $\zeta_a$ 值。

（2）对换填等地基处理（包括普通地基持力层下面有软弱土层的情况），如果基础底面积由软弱下卧层决定，宜根据软弱下卧层的性状按《建筑抗震设计标准》（GB/T 50011—2010，2024 年版）表 4.2.3 条决定 $\zeta_a$ 值；否则按上面较好土层性状决定 $\zeta_a$ 值。

（3）对采用水泥搅拌桩、CFG 桩等复合地基，由于一般竖向增强体的置换率都比较小，原天然地基土的性状占主导地位，可以按场地原状土的性状决定 $\zeta_a$ 值。

当然，在工程实操中也有不少人直接取 $\zeta_a$ 值为 1.0，这是偏于安全的简化做法。

## 2.7 平整场地整体开挖 10m 后，地基承载力能否考虑 10m 的深度修正

**网友疑问：**

地基承载力 $f_a$ 与原状土自重应力和建筑物附加应力之间的关系是怎样的？有个假设是这样的，挖除了 10m 后的原状土整平，$f_a$ 的取值只是按地勘取值吗？$f_a$ 的深度修正无法考虑原状土的影响，这个是不是有点不合适？

**答复：**

第一个问题：地基承载力由基础宽度、基础埋深和黏聚力等 3 项组成，读者可以查看《建筑地基基础设计规范》（GB 50007—2011）的地基承载力计算公式（5.2.3）。基础埋深的影响主要体现在地基受荷时基础旁边的超载阻止了地基土的隆起，从而提高了实际承载力。

《建筑地基基础设计规范》（GB 50007—2011）附录 C 和附录 D 是 2 种不同的压板试验，附录 D 中的深层平板载荷试验已经反映了基础旁边超载的影响，故对其试验结果不能再进行深度修正，就是这个原因。

第二和第三个问题：——①这种情况确实不能按埋深 10m 进行深度修正，因为正常使用阶段基础旁边没有 10m 土的超载；②原状土的影响不是通过深度修正来反映，而是在土的地质历史中上面 10m 土的超压使得它的抗剪强度指标（$c$、$\varphi$ 值）更高（与没有这 10m 土的超压相比较），直接反映在土工试验参数中；③需要提醒，如果土工试验参数是在挖除了 10m 之前就取样做的，则开挖后原状土应力松弛，实际抗剪强度指标 $c$、$\varphi$ 值可能会有所下降，设计选用参数时可能需要考虑适当的折减。

以上是针对该网友提出的"平整场地整体开挖 10m"情况进行分析。如果是因房屋设有地下室而局部开挖 10m、采用筏板基础（或者柱下独基＋厚度 350mm 以上的防水板）等整体性强的基础，则基础旁有 10m 土的超载反压，对地基承载力提高有帮助，是可以考虑 10m 的深度修正的。

### 参 考 文 献

[1] 古今强，侯家健，陈学伟. 高层住宅基础优化设计实例 [J]. 广东土木与建筑，2011，18(11)：15-19.

[2] 林宗元. 简明岩土工程勘察设计手册（上册）[M]. 北京：中国建筑工业出版社，2003.

[3] 陆培炎. 桩基设计方法 [C]//陆培炎科技著作及论文选集. 北京：科学出版社，2006.

[4] 陆培炎，等. 虎门大桥东锚碇区边坡开挖工程咨询报告 [C]//陆培炎科技著作及论文选集. 北京：科技出版社，2006.

［5］ 《岩土工程手册》编委会. 岩土工程手册［M］. 北京：中国建筑工业出版社，1994.

［6］ 《工程地质手册》编委会. 工程地质手册［M］. 5 版. 北京：中国建筑工业出版社，2018.

［7］ 林宗元. 岩土工程试验监测手册［M］. 北京：中国建筑工业出版社，2005.

［8］ 陆培炎，徐振华. 地基强度与变形的计算［C］//陆培炎科技著作及论文选集. 北京：科学出版社，2006.

［9］ JGJ 6—2011 高层建筑箱形与筏形基础技术规范［S］. 北京：中国建筑工业出版社，2011.

［10］ GB 50007—2011 建筑地基基础设计规范［S］. 北京：中国建筑工业出版社，2011.

［11］ JGJ/T 72—2017 高层建筑岩土工程勘察标准［S］. 北京：中国建筑工业出版社，2017.

［12］ 刘金砺，高文生，邱明兵. 建筑桩基技术规范应用手册［M］. 北京：中国建筑工业出版社，2010.

［13］ 古今强. 高层建筑复合地基稳定性分析［C］//第二十一届全国高层建筑结构学术交流会论文集. 北京：中国建筑科学研究院，2010.

［14］ 龚思礼. 建筑抗震设计手册［M］. 2 版. 北京：中国建筑工业出版社，2002.

［15］ 叶列平，方鄂华. 关于建筑结构地震作用计算方法的讨论［J］，建筑结构，2009，39（2）：1-7.

［16］ GB/T 50011—2010 建筑抗震设计标准（2024 年版）［S］. 北京：中国建筑工业出版社，2024.

［17］ 国家建委建筑科学研究院地基基础研究所，地基基础震害调查与抗震分析（唐山地震调查报告）［M］. 北京：中国建筑工业出版社，1978.

［18］ 李亚明，路岗，熊向阳，等. 厦门建发国际大厦动力弹塑性时程分析［C］//第二十届全国高层建筑结构学术交流会论文集. 北京：中国建筑科学研究院，2008.

［19］ 陆道渊，安东亚，李承铭，等. 大连某超高层公寓动力弹塑性时程分析［J］，建筑结构，2009，39（S1）：545-549.

［20］ JGJ 3—2010 高层建筑混凝土结构技术规程［S］. 北京：中国建筑工业出版社，2010.

［21］ 张在明，陈雷. 高层建筑地基整体稳定性与基础埋深关系的研究［J］，工程勘察，1994（6）：2-4＋12.

［22］ 韩小雷，季静，李立荣. 地震作用下高层建筑箱（筏）基础埋深的探讨［J］，华南理工大学学报（自然科学版），2000，28（9）：93-98.

［23］ 黄清猷. 箱形与筏形基础埋置深度计算［J］. 建筑结构，2001，31(10)：3-8.

［24］ 钱力航. 高层建筑箱形与筏形基础的设计计算［M］. 北京：中国建筑工业出版社，2003.

［25］ 王小群. 关于土力学中几个值得商榷的问题［J］. 岩土工程界，2009，12（2）：17-19.

［26］ 古今强. 也谈单向偏心荷载下地基承载力验算的控制因素——对"关于土力学中几个值得商榷的问题"的商榷意见［J］. 岩土工程界，2009，12(7)：10.

# 第3章 桩 基 础

## 3.1 桩基正常使用与承载力检测的边界条件差异

### 3.1.1 引言

单桩竖向承载力特征值 $R_a$ 是设计阶段确定所需要桩数的参数，桩基承载力检测得到的参数是竖向极限承载力标准值 $Q_{uk}$。规范[1~3] 规定 $R_a$ 与 $Q_{uk}$ 之间的关系如式（3-1）所示，即桩基需要取安全系数 2：

$$R_a = Q_{uk}/2 \tag{3-1}$$

式（3-1）中"2"其实只是表观安全系数，因为基桩正常使用阶段与承载力检测的边界条件或多或少存在差异。只是通常认为安全系数取 2 已足够大了，可以抵消各种不确定因素的不利影响（包括边界条件的差异）。

在某些特殊工程条件下，基桩正常使用阶段与承载力检测边界条件的差异是非常显著的，如不加分析、直接按式（3-1）确定 $R_a$，将有可能导致承载力取值过大、配桩不足而偏于不安全。下文列举三种典型情况，期望引起业界的重视，采取必要的措施以保证桩基安全度[4]。

### 3.1.2 负摩阻力基桩

1. 工程实例

【例 3-1】[5] 哈尔滨市某小区取暖锅炉房建在厚度为 4~16m 的杂填土地基上。为减少地基的不均匀沉降，决定用桩基础穿过杂填土层，桩尖进入承载力较高的土层 2m；先进行桩基静载试验，试桩结果单桩承载力远远大于设计荷载，后进行桩基施工。建筑投入使用仅 6 个月发现墙体出现大量斜裂缝，地面也出现明显沉陷和裂缝，墙体最大裂缝达 20mm，墙体裂缝出现在对应杂填土层厚度较大处。事故分析认为测桩数据无误，由于地基杂填土填筑时间短、欠固结，锅炉房排灰道漏水加速其固结，对工程桩产生的负摩阻力起到了主要的不利作用，由于填土厚度不均匀，使桩基产生了不均匀沉降。

【例 3-2】[6] 20 世纪 80 年代末，广东省江门市某七层房屋采用 $\phi$450 沉管灌注桩基础，设计单桩承载力 400kN，桩基施工完成后进行静载试验，桩承载力满足设计要求。在结构封顶并完成第一、二层墙体砌筑时，上部结构作用于桩基的荷载也只是每桩 200kN，远小于设计单桩承载力。但此时在楼梯间出现严重的裂缝，裂缝从一层贯通到顶层，把建筑物分为两块，其中一块沉降达 35cm，另一块达 15cm。事后用水电效应法和 PDA 动力测桩法进行了桩承载力补充检测，结果仍满足设计要求。事故分析反映，场地内有平均厚度 9m 的软土层，其含水量 $w=60\%$，孔隙比 $e=1.6$，在其上面填土约 4m，造成大面积堆载约 79.2kPa，填土后仅 2 个月即开始打桩；按软土压缩模量 $E_s=0.55\text{MPa}$ 估算，其固结沉降约为 130cm，由此对工程桩产生了较大的负摩阻力，使建筑物产生较大的沉降，桩尖进入了软硬不同的土层则造成了建筑物两部分产生较大的沉降差异。

2. 有关问题讨论

从工程实例可见，即使进行了静载试验，如果忽视了边界条件的差异，还是有可能导致严重的桩基工程事故。静载试验无法准确地测试负摩阻力基桩在正常使用阶段的承载力，原因在于：①桩周土沉降大于基桩的沉降，是产生桩负摩阻力的根本原因；②地基土的固结沉降是个极其缓慢的过程，可以是几个月甚至是几年；③静载试验时荷载是在极短时间（如24h）内全部施加到桩顶上，施加的荷载也远大于使用阶段（至少是其 2 倍），试验时桩的沉降速度将远大于负摩阻力土层的固结沉降速度，负摩阻力土层与桩的相对位移是向上，试桩时负摩阻力土层也提供了正摩阻力。

负摩阻力基桩静载试验结果不但没有反映负摩阻力的不利影响，反而将中性点以上地基土负摩阻力转化为正摩阻力，边界条件差异明显，不能准确地反映负摩阻力基桩在正常使用阶段的承载力。两者的边界条件对比见图 3-1。

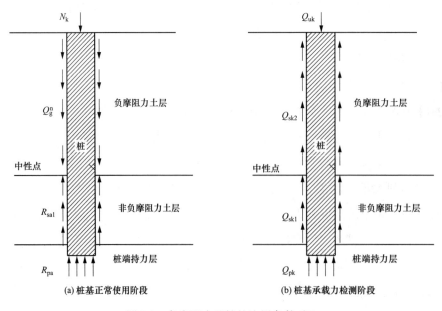

图 3-1　负摩阻力基桩的边界条件对比

3. 设计建议

（1）设计前采用静载试验测定了 $Q_{uk}$。此 $Q_{uk}$ 值包含了中性点以上负摩阻力土层的极限正侧阻力。根据《建筑桩基技术规范》（JGJ 94—2008）第5.4.3条的取值原则，无论对端承桩还是摩擦桩，确定 $R_a$ 时均是取中性点以上侧阻力为零。因此不能直接按式（3-1）确定 $R_a$，而应按式（3-2）计算 $R_a$。

$$R_a = (Q_{uk} - Q_{sk2})/2 \tag{3-2}$$

式中：$Q_{sk2}$ 为中性点以上负摩阻力土层的总极限正侧阻力标准值［见图 3-1(b)］。

（2）事前没有采用静载试验测定 $Q_{uk}$、设计采用岩土勘察报告提供的经验参数确定桩承载力。这种情况尚应在设计文件提出桩基检测时所要达到的 $Q_{uk}$ 最低值。按《建筑桩基技术规范》（JGJ 94—2008）第5.4.3条进行验算时，$R_a$ 不包含中性点以上负摩阻力土层的极限正侧阻力，根据承载力检测的边界条件，检测的 $Q_{uk}$ 最低值应计入此项，按式（3-3）计算。

$$Q_{uk} = 2R_a + Q_{sk2} \tag{3-3}$$

4. 算例

计算简图见图 3-1，桩端承为主，承载力检测阶段负摩阻力土层的总极限正侧阻力标准值 $Q_{sk2}=400\text{kN}$，正常使用阶段负摩阻力土层产生的下拉荷载为 $Q_g^n=200\text{kN}$，非负摩阻力土层可提供的岩土抗力特征值为 $R_{sa1}+R_{pa}=1300\text{kN}$（相应的总极限值为 $Q_{sk1}+Q_{pk}=2600\text{kN}$），上部结构传至桩顶的荷载标准组合效应为 $N_k=1000\text{kN}$。

（1）根据图 3-1(b) 所示的承载力检测边界条件，负摩阻力土层发挥正的侧阻力，所以试验得到的结果应该是 $Q_{uk}=Q_{sk1}+Q_{pk}+Q_{sk2}=2600+400=3000\text{kN}$。

（2）桩竖向承载力验算：根据《建筑桩基技术规范》（JGJ 94—2008）第5.4.3条的取值原则，无论对端承桩还是摩擦桩，确定 $R_a$ 时均是取中性点以上侧阻力为零，取 $R_a=R_{sa1}+R_{pa}=1300\text{kN}$。根据《建筑桩基技术规范》（JGJ 94—2008）式（5.4.3-2），$N_k+Q_g^n=1000+200=1200<R_a=1300$，桩竖向承载力满足要求。

（3）按文中式（3-3）计算 $Q_{uk}$ 试验最低值，$Q_{uk}=2R_a+Q_{sk2}=2\times1300+400=3000\text{kN}$，与第（1）点的计算结果相同；如按式（3-1）反算，$Q_{uk}=2R_a=2\times1300=2600\text{kN}$，小于第（1）点的计算结果。这说明，事后进行验证性桩承载力检测，若试验最低值 $Q_{uk}$ 按式（3-1）反算，则会取值过小，有可能把承载力不符合要求的工程桩误判为合格，遗留工程安全隐患。

### 3.1.3 在自然地面检测承载力的地下室基桩

随着高层建筑和地下空间开发利用的发展，基坑越来越深、越来越大。基坑开挖支护与工程桩的成桩、承载力检测是相互制约的。若先开挖基坑后成桩、检测承载力，工程桩的边界条件差异不大，但基坑支护结构的使用期限不得不延长，挤土桩的挤土效应以及锤击桩的振动都不利于基坑支护结构的安全，此外采用基坑内支撑支护者、工程桩成桩作业的空间受限制。因此有时候不得不采用"先在自然地面成桩并检测承载力、后开挖基坑"的施工顺序，对此需要密切关注工程桩边界条件的差异。

1. 工程实例

【例 3-3】[7,8] 山东菏泽某高层住宅楼工程，地上 22 层、地下 2 层，桩筏基础，钻孔灌注桩设计桩长 28m，桩径 600mm，单桩承载力特征值 2200kN，基坑开挖段深度为 6.80m。桩基正式施工前，在自然地面先施工了 3 根试验桩，试验桩总长 32.150m（从自然地面算起），在自然地面进行了单桩竖向承载力静载试验，在基坑开挖至设计桩顶标高后又对其中 2 根桩进行了坑底静载试桩复测，承载力检测结果对比见表 3-1。

表 3-1    自然地面测桩与基坑底测桩结果对比

| 桩号 | 桩径（mm） | 自然地面测桩 $Q_{uk}$ 值（kN） | 基坑底测桩 $Q_{uk}$ 值（kN） |
|---|---|---|---|
| 58 号 | 600 | ≥4900 | 4410 |
| 71 号 | 600 | ≥4900 | 3080 |

2. 讨论及设计建议

从表 3-1 可见，在自然地面检测得到的 $Q_{uk}$ 明显高估了地下室基桩正常使用阶段的承载能力，需要根据相应的边界条件予以调整。由于在设计阶段尚不确定工程桩的施工顺序和检测方案，应就"先开挖后成桩"和"先成桩并检测、后开挖"两种施工顺序分别采取不同的设计措施，具体建议如下：

（1）如果设计前先通过自然地面静载试验测定 $Q_{uk}$ 的，宜采取专门的技术手段来消除基坑开挖段桩侧摩阻力的影响，如松动开挖区土法、活桩头短桩试验法、双套筒试桩法等。如没有采取专门的测试手段予以处理，则不能直接按式（3-1）确定 $R_a$，而应按式（3-4）。若是在基坑底测定了 $Q_{uk}$，则与常规情况无异，可直接按式（3-1）确定 $R_a$。

$$R_a = (Q_{uk} - Q_{sk3})/2 \tag{3-4}$$

式中：$Q_{sk3}$ 为基坑开挖段土层的总极限侧阻力标准值。

（2）如果设计前没有通过静载试验测定 $Q_{uk}$、设计时采用岩土勘察报告提供的经验参数确定桩承载力，除按规范[2,3] 计算 $R_a$、确定桩数外，尚应在设计文件同时提出"自然地面测桩"和"基坑底测桩"两种情况下所要达到的 $Q_{uk}$ 最低值。对"自然地面测桩"，$Q_{uk}$ 按式（3-5）计算；对"基坑底测桩"，可按式（3-1）反算 $Q_{uk}$。

$$Q_{uk} = 2R_a + Q_{sk3} \tag{3-5}$$

### 3.1.4　液化土层中的基桩

**1. 规范要求简述**

《建筑抗震设计标准》（GB/T 50011—2010，2024 年版）第 4.4.3 条提出了液化土层中低承台桩基抗震验算的相关要求，要分别验算主震和余震时的桩基竖向承载力[9]：

（1）地震（主震）时土体尚未完全液化，但土体刚度明显降低，故基桩承载力仍按地震作用下提高 25％取用，但应对液化土层的摩阻力做适当折减。

（2）地震后液化土中的超静水孔隙压力需要较长时间消散，地面喷水冒砂在震后数小时发生，并可能持续一两天。在此过程中，液化土层完全丧失承载力。由于主震后有余震发生，故余震的地震作用按水平地震影响系数最大值的 10％采用，基桩承载力仍按地震作用下提高 25％取用，但应扣除液化土层的全部桩侧阻力和承台下 2m 深度范围内非液化土层的桩侧摩阻力。

**2. 讨论及设计建议**

液化土中基桩需要验算三种工况的竖向承载力，三种工况下的桩顶作用效应以及基桩承载力取值各不相同，汇总对比于表 3-2。

表 3-2　　　　　　　　　　液化土中基桩需要验算的三种工况

| 工况 | 地震影响系数 | 土层液化程度 | 单桩竖向承载力特征值取值原则 |
|---|---|---|---|
| 非抗震 | 0 | 未发生液化 | 计入液化土层的全部桩侧阻力（下文简称此工况下单桩竖向承载力特征值为"$R_{a1}$"） |
| 主震 | 按《建筑抗震设计标准》（GB/T 50011—2010，2024 年版）表 5.1.4-1 确定 | 液化土层尚未完全液化，但土体刚度明显降低 | 提高 25％取用，但应对液化土层的摩阻力做折减，折减系数见《建筑抗震设计标准》（GB/T 50011—2010，2024 年版）表 4.4.3（下文简称此工况下单桩竖向承载力特征值为"$R_{a2}$"） |
| 余震 | 取《建筑抗震设计标准》（GB/T 50011—2010，2024 年版）表 5.1.4-1 中数值的 10％ | 液化土层完全液化，完全丧失承载力 | 提高 25％取用，但应扣除液化土层的全部桩侧阻力和承台下 2m 深度范围内非液化土层的桩侧摩阻力（下文简称此工况下单桩竖向承载力特征值为"$R_{a3}$"） |

很显然，基桩静载试验结果不能反映土层地震液化的不利影响，其边界条件仅对应于非抗震工况的 $R_{a1}$。建议设计采取以下措施：

（1）如果设计前先通过静载试验测定了 $Q_{uk}$，按式（3-1）只能确定 $R_{a1}$，验算非抗震工况桩基竖向承载力。验算主震和余震工况的桩基竖向承载力时，必须按《建筑抗震设计标准》（GB/T 50011—2010，2024 年版）也就是表 3-2 的取值原则修正后确定 $R_{a2}$ 和 $R_{a3}$。

（2）如果设计前没有通过静载试验测定 $Q_{uk}$、设计时采用岩土勘察报告提供的经验参数确定桩承载力，则按表 3-2 的原则分别计算确定 $R_{a1}$、$R_{a2}$ 和 $R_{a3}$，以及对应的桩顶作用效应，进行三种工况的桩基竖向承载力验算。此外尚应在设计文件提出桩基检测时所要达到的 $Q_{uk}$ 最低值。不论是由哪个工况决定配桩数量，桩基检测 $Q_{uk}$ 最低值均应该用 $R_{a1}$ 按式（3-1）反算，即 $Q_{uk} = 2R_{a1}$。

### 3.1.5 结论建议

静载试验是规范[1~3] 推荐确定单桩竖向承载力的首选方法，是常规桩基设计中评价承载力最为可靠的方法。即使如此，对静载试验结果也应进行必要的研读判断，对边界条件差异明显者，应根据正常使用阶段的边界条件进行必要的修正，方可用来确定配桩数量，以避免承载力取值过大、配桩不足而偏于不安全；若是事后进行验证性检测桩承载力的，应根据承载力检测的边界条件，在设计文件提出所要达到的 $Q_{uk}$ 最低值，避免检测 $Q_{uk}$ 值取得过小，把承载力不符合要求的桩误判为合格，遗留工程隐患。

## 3.2 关于设防烈度地震和罕遇地震下建筑桩基础竖向承载力的探讨

现行规范[2,3,10] 仅有非抗震工况和多遇地震（小震）工况的桩竖向承载力验算规定。随着建筑结构规模和难度增大，基于设防烈度地震（中震）或罕遇地震（大震）分析的性能化设计逐渐增多。当这些项目采用桩基础时，如何控制好中震、大震下桩基竖向承载力的安全度值得深入探讨。

（1）桩基础是高层建筑和超高层建筑的主要基础形式之一。《建筑工程抗震性态设计通则》（CECS：160—2004）与《超限高层建筑工程抗震设计指南》[11] 仅分别提出了性能化设计和超限抗震设计中地基基础的抗震设计原则，超限高层建筑工程项目是否需要、如何进行中震、大震下桩基竖向承载力验算，成为关注的焦点，超限高层建筑工程抗震设防专项审查时通常也只含糊地要求"高宽比较大时应注意复核地震下地基基础的承载力和稳定"。

（2）《建设工程抗震管理条例》（国令第 744 号）第十六条规定："位于高烈度设防地区、地震重点监视防御区的新建学校、幼儿园、医院、养老机构、儿童福利机构、应急指挥中心、应急避难场所、广播电视等建筑（下文简称"两区八类建筑"）应当按照国家有关规定采用隔震减震等技术，保证发生本区域设防地震时能够满足正常使用要求"。与《建设工程抗震管理条例》相配套的《基于保持建筑正常使用功能的抗震技术导则》（RISN-TG046—2023）在第 3.3.4 条规定："地震时保持正常使用功能建筑地基基础的设计和抗震验算，应满足本地区设防地震作用的要求"，但其对应的条文解析中仅对天然地基在中震下地基承载力验算作出了说明，对中震下桩基础承载力验算只字未提。当"两区八类建筑"采用桩基础时，对如何进行中震下桩基竖向承载力验算缺乏明确的技术指引。

鉴于超限高层建筑工程以及"两区八类建筑"都是比较重要的，对桩基承载力的要求也高，首先必须遵循《建筑工程抗震性态设计通则》（CECS：160—2004）与《超限高层建筑工程抗震设计指南》[11] 的抗震设计原则，采取《建筑桩基技术规范》（JGJ 94—2008）第3.4.6条中的各项构造措施，在此基础上有必要控制好中震、大震下桩基竖向承载力的安全度，尤其是在基本风压较小的高烈度区。

本节将尝试以桩基竖向承载力安全系数为控制目标，提出中震和大震工况下桩基竖向承载力验算的简化方法，供进一步地探讨和研究[12]。

### 3.2.1　建筑桩基震害与其抗震设计计算方法现状

建筑桩基的震害主要有[9,13]：①桩身承载力或桩周、桩端岩土抗力的安全储备较少，在发生较大地震时上部结构过大的水平惯性力引起桩—承台连接破坏、浅部桩身的剪压、剪弯破坏，或者导致桩端持力层破坏、整个桩基出现不容许的沉降或不均匀沉降；②由于土层的地震反应，软硬土层界面处出现较大的剪切变形，导致穿过界面的桩身发生弯曲或剪切破坏；③桩周可液化土层或饱和软黏土层在地震作用下，摩阻力急剧下降，造成单桩承载力不足，整个桩基出现不容许的沉降或不均匀沉降；④桩基附近土体由于地震中常出现的土坡滑动、挡土墙位移或堆载失效等原因而发生流动，桩身受到侧向挤压而造成弯折、错位或损伤，液化土层侧向扩展与流滑也会造成类似破坏。

桩基与土的共同作用相当复杂，地震动力问题更加如此。关于桩基在地震作用下的工作情况分析与抗震设计计算，目前尚无成熟、完善的理论与方法可依。现行常规的做法是：以经验指导为主，辅加以静代动的验算，再加上构造措施予以保证。

本节讨论的中震、大震下桩基竖向承载力验算配合构造措施，可预防第①种桩基震害。为避免第②种破坏，需按《建筑与市政工程抗震通用规范》（GB 55002—2021）第3.2.3条采取加强桩身纵筋和箍筋的构造措施。在可靠判别土层液化可能性的基础上，按《建筑抗震设计标准》（GB/T 50011—2010，2024年版）第4.4.3条折减液化土层摩阻力，可应对第③种震害。对于第④种震害的预防，涉及周围土体抗震稳定性验算，并非桩基设计本身所能完全解决；对坡地岸边桩基可参考《建筑桩基技术规范应用手册》[9] 进行桩基整体稳定性抗震验算。

### 3.2.2　现行规范中桩基竖向承载力的安全度

1. 地基（桩基）承载力设计的 3 种设计理论

地基承载力设计中有3种理论，即正常使用极限状态的容许承载力理论，承载能力极限状态的承载力理论——单一安全系数法，以及承载能力极限状态的承载力理论——分项系数法（也称分项安全系数法）。对应的表达式见式（3-6）、式（3-7）和式（3-8）：

$$容许承载力理论 \quad p \leqslant f_a \tag{3-6}$$

安全系数法　　$p \leqslant f_u/K$　　　　　　　　　　　　　　　　　　　　(3-7)

分项系数法　　$S \leqslant R$　　$S = \gamma_S S_k$　　$R = R_k/\gamma_R$　　　　　　　(3-8)

式中：$p$ 为基底压力；$f_a$ 为容许承载力（承载力特征值）；$f_u$ 为极限承载力；$K$ 为安全系数；$S$ 和 $S_k$ 分别为荷载效应的设计值和标准值；$R$ 和 $R_k$ 分别为抗力的设计值和标准值；$\gamma_R$ 和 $\gamma_S$ 分别为抗力和荷载效应的分项系数。

单桩承载力由桩周岩土抗力和桩身承载力双控。在现行规范[2,3,10] 中，按桩周岩土抗力确定单桩承载力采用的是"安全系数法"，按桩身承载力确定单桩承载力采用的是"分项系数法"。下文将规范[2,3,10] 中桩身承载力确定单桩承载力转换成"安全系数法"的形式，以便进行安全度的比较。

2. 非抗震工况桩基竖向承载力的安全度

(1) 按桩周岩土抗力确定单桩承载力特征值 $R_a$。按《建筑地基基础设计规范》（GB 50007—2011）附录 Q 第 Q.0.11 条和《建筑桩基技术规范》（JGJ 94—2008）第 5.2.2 条，单桩竖向承载力特征值 $R_a$ 的安全系数不小于 2。

按《建筑地基基础设计规范》（GB 50007—2011）第 8.5.5 条和《建筑桩基技术规范》（JGJ 94—2008）第 5.2.1 条：①群桩在荷载作用下的平均竖向力需满足 $N_k \leqslant R_a$（不考虑承台效应，下同），将式（3-1）代入并整理可得 $Q_{uk}/N_k \geqslant 2.0$，即群桩平均竖向承载力安全系数不应小于 2.0；②在偏心荷载作用下，群桩桩顶最大竖向力需满足 $N_{kmax} \leqslant 1.2R_a$，同样将式（3-1）代入并整理可得 $Q_{uk}/N_{kmax} \geqslant 2/1.2 \approx 1.67$，即群桩中的最小安全系数不应小于 1.67。

(2) 按桩身承载力确定单桩承载力。按《建筑地基基础设计规范》（GB 50007—2011）第 8.5.11 条，桩身承载力应满足式（3-9）：

$$Q \leqslant A_p f_c \varphi_c \qquad\qquad (3-9)$$

式中：$Q$ 为相当于荷载基本组合时的单桩竖向力设计值；$f_c$ 为混凝土轴心抗压强度设计值；$A_p$ 为桩身横截面积；$\varphi_c$ 为工作条件系数，非预应力预制桩取 0.75，预应力桩取 0.55～0.65，灌注桩取 0.6～0.8。

取荷载综合分项系数 $\gamma_S = 1.35$，工作条件系数平均值 $\varphi_c = 0.67$，代入式（3-9）并整理，得式（3-10）：

$$A_p f_c / Q_{kmax0} \geqslant 2.01 \qquad\qquad (3-10)$$

式中：$Q_{kmax0}$ 为非抗震工况荷载效应标准组合下桩顶最大竖向力标准值。

《建筑桩基技术规范》（JGJ 94—2008）第 5.8.2 条的公式、第 5.8.3 条的参数与《建筑地基基础设计规范》（GB 50007—2011）略有不同，但其安全度总体上与《建筑地基基础设计规范》（GB 50007—2011）相当。从式（3-10）可见，当以桩身保持弹性为控制目标时，桩身承载力安全系数大体也达到 2，与岩土抗力安全系数相匹配。

3. 小震工况下桩基竖向承载力的安全度

（1）按桩周岩土抗力确定单桩承载力特征值 $R_a$。按《建筑抗震设计标准》（GB/T 50011—2010，2024 年版）第 4.4.2 条和 4.4.3 条，小震工况下允许单桩承载力特征值提高 1.25 倍，即安全系数降为非抗震的 0.8 倍：单桩承载力安全系数不小于 1.6；群桩平均安全系数不小于 1.6，最小安全系数不应小于 1.33。

（2）按桩身承载力确定单桩承载力。根据《建筑抗震设计标准》（GB/T 50011—2010，2024 年版）第 5.4.2 条，小震工况下桩身承载力可以除以承载力抗震调整系数 $\gamma_{RE}$，式（3-10）变成了式（3-11）：

$$(A_p f_c / \gamma_{RE}) / Q_{kmax1} \geqslant 2.01 \tag{3-11}$$

式中：$Q_{kmax1}$ 为小震工况荷载效应标准组合下桩顶最大竖向力标准值。

按"轴压比不小于 0.15 的柱"取 $\gamma_{RE} = 0.80$，代入（3-11）整理后得式（3-12）：

$$A_p f_c / Q_{kmax1} \geqslant 1.61 \tag{3-12}$$

从式（3-12）可见，当以桩身保持弹性为控制目标时，小震工况下桩身承载力安全系数大体也达到 1.6，与岩土抗力安全系数相匹配。

4. 现行规范中桩基竖向承载力安全度小结

总结以上分析，现行规范仅有非抗震工况和多遇地震（小震）工况的桩竖向承载力验算规定，其桩基竖向承载力安全系数汇总于表 3-3。

表 3-3　　　　　　　　　　现行规范不同工况下的桩基竖向承载力安全系数

| 工况 | 桩身承载力安全系数 $K_1$ | 单桩岩土抗力安全系数 $K_2$ | 群桩中单桩岩土抗力安全系数 | |
|---|---|---|---|---|
| | | | 平均岩土抗力安全系数 $K_2$ | 最小岩土抗力安全系数 $K_3$ |
| 非抗震 | 2.01 | 2.0 | 2.0 | 1.67 |
| 小震 | 1.61 | 1.6 | 1.6 | 1.33 |

### 3.2.3　中震、大震下桩基竖向承载力验算的建议方法

1. 建筑桩基的抗震设防目标

为与上部结构抗震设防目标相适应，并考虑到桩基震后修复的困难性，《建筑桩基技术规范应用手册》[9] 提出了建筑桩基抗震设防目标如下：中震时不能损坏，无需修理即可使用；大震时容许部分受损但不能完全失效。

上述设防目标适合于标准设防类（丙类）建筑。参照文献［14］的思路，特殊设防类（甲类）和重点设防类（乙类）建筑的设防目标应适当提高，建议为：中震时桩身尽可能保持弹性，无需修理即可使用；大震时桩身尽可能不屈服，容许个别桩受损但不能完全失效。

2. 中震、大震下桩基竖向承载力验算的简化方法

(1) 基本思路。安全系数反映了桩基承载力的安全程度。从表3-3可见，不同荷载工况下桩竖向承载力安全系数取值并不相同，单桩非抗震工况安全系数不小于2，小震时安全系数降为1.6。因此可以把安全系数作为控制指标，由于中震和大震发生的概率依次比小震递减，安全系数下限也可依次比小震低，建议取值见表3-4，桩基抗震设防类别的差别可在桩身材料强度取值中体现。

**表 3-4**                 **中震和大震桩基竖向承载力安全系数取值建议**

| 工况 | 桩身承载力安全系数 $K_1$ | 单桩岩土抗力安全系数 $K_2$ | 群桩中单桩岩土抗力安全系数 | |
|------|------|------|------|------|
| | | | 平均岩土抗力安全系数 $K_2$ | 最小岩土抗力安全系数 $K_3$ |
| 中震 | 1.2~1.4 | 1.2~1.4 | 1.2~1.4 | 1.2 |
| 大震 | 1.0 | 1.0 | 1.0~1.1 | 1.0 |

(2) 丙类建筑的验算。验算结构构件承载力通常采用分项系数法，建议验算中震和大震下桩身承载力时改用安全系数法，应满足式（3-13）的要求：

中震 $\qquad \varphi A_p f_{ck}/Q_{kmax2} \geqslant K_1$ $\qquad\qquad$ (3-13a)

大震 $\qquad \varphi(A_p f_{ck} + 0.9 f_{stk} A_s)/Q_{kmax3} \geqslant K_1$ $\qquad$ (3-13b)

式中：$\varphi$ 为桩身稳定系数，通常取1.0，对于高承台基桩、桩身穿越可液化土或不排水抗剪强度小于10kPa的软弱土层的基桩，可按《建筑桩基技术规范》（JGJ 94—2008）第5.8.4条确定；$Q_{kmax2}$ 和 $Q_{kmax3}$ 分别为中震和大震工况荷载效应标准组合下桩顶最大竖向力；$f_{ck}$ 为混凝土抗压强度标准值；$f_{stk}$ 为钢筋极限强度标准值；$A_s$ 为桩身纵向主筋截面积。

轴心竖向力作用下，桩周岩土抗力应满足式（3-14）：

中震 $\qquad Q_{uk}/Q_{k2} \geqslant K_2$ $\qquad\qquad\qquad$ (3-14a)

大震 $\qquad Q_{uk}/Q_{k3} \geqslant K_2$ $\qquad\qquad\qquad$ (3-14b)

式中：$Q_{uk}$ 为单桩竖向极限承载力标准值；$Q_{k2}$ 和 $Q_{k3}$ 分别为中震和大震工况荷载效应标准组合下桩顶平均竖向力。

偏心竖向力作用下，桩周岩土抗力除满足式（3-14）外，尚应满足式（3-15）：

中震 $\qquad Q_{uk}/Q_{kmax2} \geqslant K_3$ $\qquad\qquad\quad$ (3-15a)

大震 $\qquad Q_{uk}/Q_{kmax3} \geqslant K_3$ $\qquad\qquad\quad$ (3-15b)

中震工况下不容许桩基损坏，应全部满足式（3-13a）、式（3-14a）和式（3-15a）。大震工况下容许部分桩受损，不满足式（3-13b）和（3-15b）的桩判断为受损，然后用剩余的桩计算桩顶平均竖向力 $Q_{k3}$，判断是否满足式（3-14b）。

(3) 甲类、乙类建筑的验算。中震和大震下，桩身承载力应满足式（3-16）的要求：

中震 $\qquad \varphi A_p f_c/Q_{kmax2} \geqslant K_1$ $\qquad\qquad$ (3-16a)

$$大震 \quad \varphi(A_p f_{ck} + 0.9 f_{yk} A_s)/Q_{kmax3} \geqslant K_1 \qquad (3\text{-}16b)$$

式中：$f_{yk}$ 为钢筋屈服强度标准值。

中震和大震下桩周岩土抗力同样应满足式（3-14）和式（3-15）的要求。

中震工况下不容许桩基损坏，桩身保持弹性，应全部满足式（3-14a）、式（3-15a）和式（3-16a）。大震工况下不满足式（3-15b）和式（3-16b）的桩可判断为受损桩，柱下独立桩承台不应容许出现桩损坏，桩筏要控制损坏桩数量在 20% 以内，然后用剩余的桩计算桩顶平均竖向力 $Q_{k3}$，判断是否满足式（3-14b）。

### 3.2.4　相关问题的讨论

当设计工作年限不是常规的 50 年时，可以参照文献［15］对地震设计参数进行修正，体现设计工作年限的影响，这样处理后仍可直接按本节建议的方法控制中震、大震下桩基竖向承载力的安全度。

中震、大震工况下，上部结构所考虑的地震倾覆力矩大增，不排除出现边桩受拉的情况。对此可用同样的理念控制桩基抗拔承载力安全度，安全系数按表 3-4 数值，中震工况宜采用钢筋屈服强度标准值 $f_{yk}$，大震工况宜采用钢筋极限强度标准值 $f_{stk}$。

需要指出，本节所探讨的中震和大震桩基竖向承载力安全系数其实只是表观安全系数，因为静载试验测定 $Q_{uk}$ 用的是相对慢速加载，加载条件与地震快速加载有所区别，桩身材料强度和桩周岩土抗力在地震动荷载作用下会与静力状态表现有所不同，具体工程的地质情况更是千差万别，桩基础安全度的把握也可能因人而异。因此，本节的简化方法所涉及的安全系数及桩身材料强度取值有继续探讨的必要，对特别重要的工程宜采用更加精确的方法进行分析。建议相关规范进一步补充这方面的试验和研究，提供设计建议，以解决工程建设的实际需要。

## 3.3　嵌岩桩竖向承载力规范计算方法的讨论

本节所讨论的嵌岩桩，是指桩端嵌入中等风化或微风化基岩中的桩，其桩端岩体能取样进行单轴抗压试验；通常是机械成孔、人工挖孔的灌注桩，或者是预钻成孔后植入管桩[16]等。对于桩端支承于全风化、强风化岩中的桩，由于不能取岩样成形，其强度不能通过单轴抗压试验确定，本节不作具体讨论。

嵌岩桩具有承载力高、沉降小、群桩效应低的特点，是高层建筑的主要基础形式之一。单桩竖向承载力是最基本的设计参数，静载试验是规范[2-3] 推荐确定单桩竖向承载力的首选方法。然而嵌岩桩单桩承载力大，静载试验费用高，一般难以直接压至极限荷载，某些工程受设备或现场条件限制甚至无法进行静载试验，因此对其承载机理的研究尚不够深入。除重大工程外，一般仅采用规范提供的经验参数法估算其承载力。下文将对比常见的嵌岩桩承载力规范计算方法，并对相关问题进行讨论[17]。

### 3.3.1 嵌岩桩竖向承载力的四种规范计算方法

综合归纳 11 本国家、行业和地方标准，估算嵌岩桩竖向承载力共有四类规范方法，见表 3-5。四类规范方法有很大的差异，其差别要点汇总于表 3-6。

表 3-5  嵌岩桩竖向承载力的四种规范计算方法

| 计算方法 | 规范方法出处 | 规范计算公式 | 采用类似计算方法的地方标准 |
|---|---|---|---|
| 地基规范法 | 国家标准《建筑地基基础设计规范》（GB 50007—2011）第 8.5.6 条第 5，6 款及第 5.2.6 条 | $R_a = q_{pa}A_p = \psi_r f_{rk}A_p$<br>式中：$q_{pa}$ 为持力岩层端阻力特征值；$\psi_r$ 为折减系数，对完整岩体可取 0.5，对较完整岩体可取 0.2～0.5 | 湖北省标准[18]<br>浙江省标准[19] |
| 公路规范法 | 行业标准《公路桥涵地基与基础设计规范》（JTG 3363—2019）第 6.3.7 条 | $R_a = R_{sa} + R_{ra} + R_{rp} = \dfrac{1}{2}\zeta_s u_s \sum_{i=1}^{n} q_{sik}l_i + u_r \sum_{i=1}^{n} C_{2i}f_{rsi}h_{ri} + C_1 f_{rk}A_p$<br>式中：$R_{sa}$、$R_{ra}$、$R_{rp}$ 分别为土的总侧阻力特征值、嵌岩段总侧力特征值、持力岩层总端阻力特征值；$\zeta_s$ 为覆盖层土的侧力发挥系数，根据桩端 $f_{rk}$ 确定；$C_1$ 为端阻力发挥系数，由清孔情况、岩石破碎程度等因素确定，对完整、较完整岩体可取 0.6，对较破碎岩体可取 0.5，对破碎、极破碎岩体可取 0.4；$C_{2i}$ 为第 $i$ 层岩层侧阻力发挥系数，由清孔情况、岩石破碎程度等因素确定，对完整、较完整岩体可取 0.05，对较破碎岩体可取 0.04，对破碎、极破碎岩体可取 0.03；$f_{rsi}$ 为桩侧第 $i$ 层中风化、微风化岩层的岩石单轴抗压强度标准值 | 广东省标准[20]<br>贵州省标准[21] |
| 高层勘察标准法 | 行业标准《高层建筑岩土工程勘察标准》（JGJ/T 72—2017）第 8.3.12 条 | $Q_u = Q_{sk} + Q_{rs} + Q_{rp} = u_s \sum_{i=1}^{n} q_{sik}l_i + u_r \sum_{i=1}^{n} q_{sir}h_i + q_{pr}A_p$<br>式中：$Q_{sk}$、$Q_{rs}$、$Q_{rp}$ 分别为土的总极限侧阻力标准值、嵌岩段总极限侧阻力标准值、持力岩层总极限端阻力标准值；$q_{sir}$ 为桩身全断面嵌入第 $i$ 层中风化、微风化岩层的极限侧阻力；$q_{pr}$ 为基岩持力层的极限端阻力标准值 | 福建省标准[22] |
| 桩基规范法 | 行业标准《建筑桩基技术规范》（JGJ 94—2008）第 5.3.9 条及对应条文说明 | $Q_u = Q_{sk} + Q_{rs} + Q_{rp} = Q_{sk} + Q_{rk} = u_s \sum_{i=1}^{n} q_{sik}l_i + u_r \zeta_s f_{rk}h_r + \zeta_p f_{rk}A_p = u_s \sum_{i=1}^{n} q_{sik}l_i + \zeta_r f_{rk}A_p$<br>式中：$Q_{rk}$ 为嵌岩段总极限阻力标准值；$\zeta_s$，$\zeta_p$，$\zeta_r$ 分别为嵌岩段侧阻力系数、嵌岩段端阻力系数、嵌岩段侧阻和端阻综合系数，与嵌岩深径比 $h_r/d$、岩石软硬程度和成桩工艺有关，具体取值见规范[3] 原文 | 贵州省标准[21]<br>重庆市标准[23] |
| 备注 | 为了便于比较，本节公式对相同的参数采用同一符号，使用时宜对照各本规范的原文。上述公式中相同符号的含义如下：$R_a$ 为单桩竖向承载力特征值；$A_p$ 为桩端截面积，对扩底桩取扩底截面积；$f_{rk}$ 为桩端岩石单轴抗压强度标准值；$Q_u$ 为单桩竖向极限承载力标准值；$u_s$ 为桩身在土层中的周长；$q_{sik}$ 为桩侧第 $i$ 层土的极限侧阻力标准值；$l_i$ 为桩周第 $i$ 层土的厚度；$u_r$ 为桩身在岩层中的周长；$h_{ri}$ 为桩身全断面嵌入第 $i$ 层中风化、微风化岩层内的长度 | | |

表 3-6　　　　　　　　　　　　四种规范计算方法之间的差别要点

| 差别要点 | 地基规范法 | 高层勘察规程法 | 公路规范法 | 桩基规范法 |
|---|---|---|---|---|
| 基岩风化程度 | 未风化、微风化、中风化 | 中等风化、微风化-未风化岩 | 中风化、微微化-未风化岩（其中对中风化层为持力层的情况，$C_1$，$C_2$ 应分别乘以 0.75 的折减系数） | 没有规定 |
| 基岩坚硬程度 | 硬质岩 | 软岩、较软岩、较硬岩、坚硬岩 | 极软岩、软岩、较软岩、较硬岩、坚硬岩（当 $f_{rk}<2MPa$ 时按常规摩擦桩计算） | 极软岩、软岩、较软岩、较硬岩、坚硬岩 |
| 基岩完整程度 | 完整及较完整 | 破碎、较破碎、较完整、完整 | 极破碎、破碎、较破碎、较完整、完整 | 完整及较完整 |
| 入岩深度 | 嵌入完整和较完整的未风化、微风化、中风化硬质岩体的最小深度，不宜小于 0.5m | 没有规定 | 当入岩深度不超过 0.5m 时，$C_1$ 应乘以 0.75 的折减系数，$C_2=0$ | 对于嵌入倾斜的完整和较完整岩的全断面深度不宜小于 0.4d 且不小于 0.5m；倾斜度大于 30% 的中风化岩，宜根据倾斜度及岩石完整性适当加大嵌岩深度；对于嵌入平整、完整的坚硬岩和较硬岩的深度不宜小于 0.2d，且不应小于 0.2m |
| 基岩的层数 | 没有规定 | 桩端可以嵌入岩性或风化程度不同的多个岩层中 | 桩端可以嵌入岩性或风化程度不同的多个岩层中 | 桩端仅可以嵌入岩性和风化程度相同的单个岩层 |
| 桩端沉渣厚度 | 无沉渣 | 50～100mm（当沉渣厚度小于 50mm 时，其极限端阻力可乘以 1.1～1.2 取值） | 桩径不超过 1.5m 时沉渣厚度 50mm 以内，桩径超过 1.5m 时 100mm 以内 | 对泥浆护壁成孔灌注桩，端承型桩沉渣厚度 50mm 以内，摩擦型桩沉渣厚度 100mm 以内 |
| 成桩工艺 | 没有规定 | 冲（钻）孔灌注桩、无沉渣的挖孔桩 | 钻孔灌注桩、挖孔桩（对钻孔桩，$C_1$，$C_2$ 应降低 20% 采用） | 适用于泥浆护壁成桩，对于干作业成桩（清底干净）和泥浆护壁成桩后注浆，$\zeta_r$ 应乘以 1.2 取值 |
| 是否考虑覆盖层土的侧阻力 | 完全不考虑 | 考虑 | 根据桩端 $f_{rk}$ 值大小考虑 | 考虑 |
| 是否考虑嵌岩深径比效应 | 不考虑 | 不考虑 | 不考虑 | 考虑 |
| 计算结果 | 单桩竖向承载力特征值 | 单桩竖向极限承载力标准值 | 单桩竖向承载力特征值 | 单桩竖向极限承载力标准值 |

### 3.3.2　对嵌岩桩岩土勘察报告的研读

仔细研读、正确使用岩土勘察报告，是做好结构设计的关键环节之一，其步骤和方法见本书第 1.2 节。四类规范计算方法都是直接或间接以基岩的 $f_{rk}$ 推算嵌岩段的桩承载能力，因此对拟采用嵌岩桩的工程，应重点检查勘察报告对基岩持力层的勘察和评价是否到位，包括：

（1）是否评定了基岩的坚硬程度、完整程度和基本质量等级。从表3-6可知，该评价结论为各种规范计算方法是否适用的主要依据。

（2）勘探孔是否已钻入预计嵌岩面以下3～5倍桩径，并穿过溶洞、破碎带，到达稳定地层。

（3）基岩持力层 $f_{rk}$ 试验值是否具有足够的代表性。一方面应采取不少于6组的岩样进行单轴抗压强度试验，另一方面岩样应取自预计桩端深度范围。有的场地上部基岩裂隙发育而取样困难，用于单轴抗压强度试验的岩样取自该岩带的下部，甚至取样深度已接近钻孔终孔深度。对此有必要要求勘察单位取上部的破碎岩样补充做点荷载试验，或根据地方经验对基岩持力层的 $f_{rk}$ 设计取值作适当折减。

### 3.3.3　注意规范方法适用条件，避免嵌岩桩设计误区

从表3-6可见，嵌岩桩竖向承载力四类规范方法有很大的差异。笔者认为，其差异可能是源于地区、行业习惯和统计数据来源的不同。按照我国技术标准体系的特点，列入规范的方法、公式一般都有一定的实测数据、成功的工程经验予以支持，是比较成熟可靠的。

根据有关研究[24-28]，各种规范方法的嵌岩桩竖向承载力估算结果都普遍偏于安全，个别情况下有较大的富余，因此不存在哪种方法更好的问题。具体使用时需注意规范方法的适用条件、配套的施工要求（如成桩工艺、桩端沉渣厚度等）和调整系数的正确取值，因地制宜地合理选择采用。下面就一些相关问题进行分析讨论。

1. 是否可以采用地基规范法估算嵌入软岩的嵌岩桩承载力

按《建筑地基基础设计规范》（GB 50007—2011）表4.1.3，硬质岩 $f_{rk}>30$ MPa。对嵌入完整、较完整硬质基岩的嵌岩桩，地基规范法提供了只计端阻力的单桩承载力简化计算公式。

有些工程师没有注意到地基规范法的适用条件。例如文献［24］记载了一个嵌岩桩承载力实测值与地基规范法估算值对比的实例，该工程实测值与估算值见表3-7；原文未交代桩端持力层 $f_{rk}$ 值和完整程度，按表3-7中的地基规范法估算值反算，基岩 $f_{rk}$ 值低于30MPa、不属于硬质岩，并不满足用地基规范法估算嵌岩桩承载力的前提条件，该文研究结论有误。

表3-7　文献［24］试桩结果与规范估算值对比

| 桩号 | 桩径（m） | 实测单桩承载力特征值（kN） | 地基规范法估算单桩承载力特征值（kN） | 按 $\psi_r=0.5$ 反算桩端持力层 $f_{rk}$ 值（MPa） | 按 $\psi_r=0.2$ 反算桩端持力层 $f_{rk}$ 值（MPa） |
|---|---|---|---|---|---|
| zh6 | 1.8 | 18940 | 8648 | 6.8<30 | 17.0<30 |
| zh7 | 2.5 | 23340 | 27240 | 11.1<30 | 27.7<30 |
| zh8 | 2.5 | 34200 | 27240 | 11.1<30 | 27.7<30 |
| zh12 | 1.8 | 39100 | 18872 | 14.8<30 | 37.1 |

又如文献［25］记载了另一个嵌岩桩承载力实测值与规范估算值对比的实例，该文按目前已废止的《建筑地基基础设计规范》（GBJ 7—89）相关规定进行估算。若从现行《建筑地基基础设计规范》（GB 50007—2011）的角度来看，该工程基岩 $f_{rk}$ 值仅为 10MPa、低于桩身混凝土强度 C25，也是不满足用地基规范法估算嵌岩桩承载力的前提条件。

地基规范法的意义在于硬质基岩强度超过了桩身混凝土强度，嵌岩桩承载力以桩身强度控制，不必要再计入侧阻、嵌岩阻力等不确定因素。这种情况下，用何种规范方法估算岩土对嵌岩桩的支承阻力其实并不重要，重点在于保证桩身强度，不必做桩端扩底，也没有必要过分追求嵌岩深度；提高单桩承载力的有效途径是增大桩径、提高桩身材料强度以及在施工中确保桩身质量、减少桩端沉渣厚度。

2. 设计阶段是否可以采用高层勘察标准法

高层勘察标准法本来是供勘察阶段估算单桩竖向极限承载力的。作为全国性的行业标准，考虑到我国地域宽阔、岩石性状变化大，《高层建筑岩土工程勘察标准》（JGJ/T 72—2017）提供的嵌岩段桩侧阻力、桩端阻力范围值较大，可靠性相对较低。

该法实际上是传统桩基设计概念的延续，直接建立嵌岩段桩侧阻力、桩端阻力与基岩风化程度、完整程度和软硬程度之间的经验关系，利用这种关系预估单桩承载力。当与地方经验相结合，该法估算结果的可靠性比较高，如福建地方标准[22] 提供的中风化岩桩侧阻力、桩端阻力范围值就较小，可用于福建地区常规嵌岩深径比的嵌岩桩工程。

3. 建筑工程是否适合采用公路规范法

公路规范法在我国交通部门广泛采用，对大多数建筑行业的工程师而言则比较陌生，但在广东地区建筑工程应用较多，广东省标准[20] 一直沿用此法，多年实践证明是安全可靠的。

公路规范法也是传统桩基设计方法的延续，根据基岩风化程度、完整程度建立嵌岩段桩侧阻力、桩端阻力与基岩 $f_{rk}$ 之间的比例关系。其优点是适用条件宽松、范围广，例如下文提到的两种基岩特殊情况都可以用公路规范法很方便地估算出桩承载力。其缺点是没有考虑嵌岩深径比对桩侧阻力、端阻力分摊比例的影响，公式中端阻力与嵌岩深度无关、侧阻力随嵌岩深度无限增加，是与实际不符的。当嵌岩深径比较大或需要详细考虑嵌岩桩侧阻力和端阻力分摊比例时，宜采用桩基规范法。

4. 桩基规范法的有关问题

理论及试验表明，在竖向荷载作用下，桩侧阻力较桩端阻力先发挥，且嵌岩段的侧阻力相当大，嵌入中、微风化基岩一定深度后桩底压力已很小。

现已废止的《建筑桩基技术规范》（JGJ 94—94）引入嵌岩段侧阻力、端阻力系数反映了这一现象，但该规范参数在 $h_r/d \geqslant 5$ 时嵌岩段总极限阻力反而减少，似乎不合理。《建筑桩基技术规范》（JGJ 94—2008）修改了嵌岩段侧阻力、阻力修正系数，克服了旧版规范的上述问题，比较符合嵌岩桩的竖向承载性状。

以下就两种特殊情况下如何运用桩基规范法进行分析讨论。

（1）桩端中（微）风化基岩能取样测定 $f_{rk}$ 值、完整程度为破碎、较破碎。根据前文的定义，这种情况仍属于嵌岩桩。《建筑桩基技术规范》（JGJ 94—2008）对此存在以下问题：

1）该规范表 5.3.5-1 和表 5.3.5-2 提供了传统桩基设计方法的经验参数，其中仅有强风化岩层的参数，似乎暗示对中（微）风化基岩就可以按嵌岩桩模式进行计算。

2）该规范第 5.3.9 条则规定，仅完整、较完整的基岩方可按嵌岩桩模式进行计算。

3）对风化程度为中（微）风化，完整程度为破碎、较破碎的基岩，该规范没有清晰的设计指引。

鉴于基岩完整程度只是定性评价指标，多数勘察报告判定完整程度并不十分严谨，笔者认为，只要中（微）风化基岩能取样测定 $f_{rk}$ 值，即使勘察报告判定其完整程度为破碎、较破碎，仍可采用桩基规范法。

建议考虑岩层破碎的影响，对嵌岩段侧阻和端阻综合系数 $\zeta_r$ 适当折减，折减系数可参考《公路桥涵地基与基础设计规范》（JTG 3363—2019）中 $C_1$、$C_2$ 在基岩不同完整程度下的比例关系，对较破碎基岩建议折减系数取 0.8～0.85，对破碎基岩建议取折减系数 0.6～0.65。此外应重视桩基沉降问题，建议对桩端沉渣厚度提出更加严格的要求，施工期间加强沉降观测、以监控桩基沉降的发展。

（2）桩端嵌入岩性或风化程度不同的多个岩层。《建筑桩基技术规范》（JGJ 94—2008）对嵌岩段总极限阻力作了如下简化计算（式中符号意义见规范[3]）：

$$
\begin{aligned}
Q_{rk} &= Q_{rs} + Q_{rp} \\
&= \zeta_s f_{rk} \pi d h_r + \zeta_p f_{rk} \frac{\pi}{4} d^2 \\
&= \left[ \zeta_s \frac{4h_r}{d} + \zeta_{rp} \right] f_{rk} \frac{\pi}{4} d^2 \\
&= \zeta_r f_{rk} \frac{\pi}{4} d^2
\end{aligned}
\tag{3-17}
$$

式（3-17）推导过程中嵌岩段侧阻力和端阻力采用了相同的 $f_{rk}$ 值，说明《建筑桩基技术规范》（JGJ 94—2008）的简化计算公式仅适用于桩端嵌入岩性和风化程度相同的单一岩层。

当地面以下第一个中（微）风化岩层厚度较小或 $f_{rk}$ 值较低时，为满足承载力要求嵌岩桩往往需要穿越该岩层、进入下一层岩性或风化程度不同的岩层（见图 3-2）。对这种情况，《建筑桩基技术规范》（JGJ 94—2008）的简化计算公式反而容易造成认识上的混乱，如图 3-2 中的嵌岩深度 $h_r$ 应该取 $h_{r1}$，$h_{r1}+h_{r2}$ 还是 $h_{r2}$？基岩 $f_{rk}$ 值是取 $f_{rk1}$，$f_{rk2}$ 还是加权平均？

如用桩基规范法计算嵌岩段有多个岩层的情况，建议不采用《建筑桩基技术规范》（JGJ

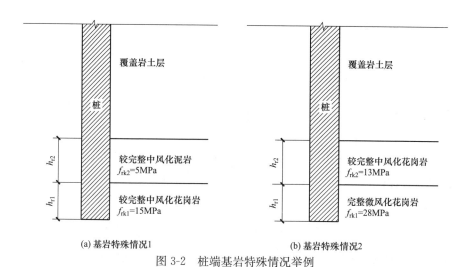

(a) 基岩特殊情况1　　　　　　　　(b) 基岩特殊情况2

图3-2　桩端基岩特殊情况举例

94—2008）第5.3.9条的简化计算公式，而按下面公式直接计算嵌岩段侧阻力和端阻力（式中符号意义见规范[3]）：

$$Q_u = Q_{sk} + Q_{rs} + Q_{rp} = u_s \sum_{i=1}^{n} q_{sik} l_i + u_r \sum_{i=1}^{n} \zeta_{si} f_{rki} h_{ri} + \zeta_p f_{rk} A_p \qquad (3\text{-}18)$$

式（3-18）中各嵌岩段侧阻力系数 $\zeta_{si}$、端阻力系数 $\zeta_p$ 可参阅《建筑桩基技术规范》（JGJ 94—2008）第5.3.9条条文说明的表9，查表时嵌岩总深度 $h_r$ 可按下式计算，即 $h_r$ 从地面以下第一个中风化岩面起计（如中风化岩层缺失则从第一个微风化岩面起计）：

$$h_r = \sum_{i=1}^{n} h_{ri} \qquad (3\text{-}19)$$

### 3.3.4　结语

结构设计没有唯一解，在保证安全的前提下可用解可以有很多。技术规范是工程实践经验和教训的总结，因此对同一个工程问题，不同的规范可能会有不同的规定，提供不同的解决方案。结构工程师一方面应尊重技术规范中包含的工程经验，另一方面应注意各种规范方法的适用范围，分析其局限性，对比其地区性、合理性的差别，并在工程实践对其进行检验，不断地改进和提高。

# 3.4　嵌岩桩最小桩长问题

——答《嵌岩桩竖向承载力规范计算方法的讨论》[17] 读者问

**❓ 网友疑问：**

有幸拜读了您2011年9月发表在《建筑结构·技术通讯》上的论文《嵌岩桩竖向承载力规范计算方法的讨论》，感觉所涉范围全面，分析深刻有独立见解，使我受益良多。

现有一事，在我们这里还存在异议，即嵌岩桩的桩长，一方认为只要桩嵌入完整岩层内 $1d$ 以上即是桩，而不必考虑总桩长是否够 6d 或 6m（依据为规范承载力计算公式及一些嵌岩桩实验背景资料）；另一方则认为总桩长必须够 6d 或 6m，否则就不是桩，承载力就要折减（依据来自于传统上对桩的认识）。请不吝赐教，谢谢。

> **答复：**

首先感谢这位网友对该文的关注，也很好奇想了解他是来自什么地区的。因为有些地区是不可能采用嵌岩桩的，如上海规范《地基基础设计规范》（DGJ 08-11—2018）里面就没有嵌岩桩承载力计算的内容。

这位网友提的问题，本质上就是嵌岩桩究竟要符合哪些基本条件才能体现出桩的工作特征，可以按嵌岩桩的规范公式估算承载力，如不满足就只能按浅基础的模型计算地基承载力。

由于桩与浅基础的承载和破坏机理不同，因而承载力的计算模式也不一样，计算结果自然就有很大的差别了。这位网友的问题，迄今为止前人没有进行过系统研究，因此应该说是没有唯一的答案，因为它涉及的影响因素很多，包括所采用的嵌岩桩承载力规范公式的类型、基岩的性质（软岩还是硬岩、完整程度如何等）、上覆土层的情况、桩身强度（受桩身材料强度和施工质量控制）等。不信的话，不妨在百度输入"最小桩长""嵌岩桩最小桩长"等关键字进行搜索，就会发现对此问题是众说纷纭。这也没什么好奇怪的，因为人对客观事物的认知能力是有限的，对影响因素众多的复杂事物更是如此。

关于桩与浅基础的承载和破坏机理的不同，在高大钊教授的专著《岩土工程勘察与设计》[29] P364～367 对此有详细的解释，有兴趣的读者可以阅读一下。

2003 版《全国民用建筑工程设计技术措施（结构）》[30] 第 3.11.1 条第 5 款、2009 版《全国民用建筑工程设计技术措施（地基与基础）》[31] 附录 H 第 H.0.1 条第 5 款，对这个问题人为设定了界限："人工挖孔桩……桩长小于 6m 及 $L/D \leq 3$ 时按墩基础设计"。这样简单的规定，导致在桩长 6m 左右基础承载力出现了跳跃突变，不符合基础承载力连续渐变的客观规律，可能导致思想认识上的混乱。

从桩端阻力和桩侧阻力深度效应的试验研究结果来分析桩的最小长径比 $1/d$ 的要求，可以参考《建筑桩基技术规范应用手册》[9] P375："……对于均匀土层中桩的长径比不应小于 7，对于软土和松散土层，长径比不应小于 10，且桩端进入相对硬土层不应小于 1～2d，桩直径 $d$ 不应小于 250mm。当不符合上述条件，其承载力不能按《规范》极限端阻力和极限侧阻力取值计算，而应按浅基础承载力理论计算，简化方法就是对基底承载力特征值 $f_{ak}$ 进行深度修正"。

基于上面的讨论，按该网友问题的基本条件，假设基岩是中风化岩，单轴抗压强度标准值为 $f_{rk}$，基岩完整程度为完整，桩径为 $d$，桩长 1d（其中土层厚度和嵌岩深度各 0.5d，且大于 0.5m），施工方法是泥浆护壁的钻孔桩、无沉渣。分别用四种不同的方法分别估算该基础的承载力特征值如下（下文计算过程各式中符号意义、计算系数取值详见本书表3-5）：

（1）按桩模型计算时不考虑上覆土层的摩擦力；因无具体地区经验数据，也不计算高层勘察规程法的结果。

（2）按浅基础模型计算，地基承载力特征值 $f_a = \psi_r f_{rk} = 0.5 f_{rk}$。

（3）如果基岩是硬质岩（$f_{rk} > 30\text{MPa}$），用地基规范法计算嵌岩桩 $R_a = \psi_r f_{rk} A_p = 0.5 f_{rk} A_p$，换算成地基承载力特征值 $f_a = R_a / A_p = 0.5 f_{rk}$。如果基岩是软质岩（$f_{rk} \leqslant 30\text{MPa}$），不符合采用地基规范法计算嵌岩桩 $R_a$ 的前提条件。

（4）用公路规范法计算嵌岩桩 $R_a = 0.8 \times 0.75 (c_1 f_{rk} A_p + c_2 f_{rk} u_s h_r) = 0.42 f_{rk} A_p$，换算成地基承载力特征值 $f_a = R_a / A_p = 0.42 f_{rk}$。

（5）用桩基规范法计算嵌岩桩 $Q_u = \zeta_p f_{rk} A_p = 0.8 f_{rk} A_p$，换算成地基承载力特征值 $f_a = R_a / A_p = Q_u / 2 / A_p = 0.4 f_{rk}$。

最后总结一下，以上第（2）～（5）通过不同的途径、采用不同的方法来确定地基承载力，在相同的条件下得到多个解。产生这种情况的原因是人们对客观世界的认识总存在局限性，采用的手段和方法也会不同，由于对实际情况把握的差异，产生判断和决策上的差异，因此而形成不同的结果。在基岩浅埋的情况下，用桩模型与浅基础模型估算基础承载力可能差异不大。在基岩浅埋的情况下，笔者认为按浅基础进行设计、减少基础进入基岩深度，可能更经济合理。

## 3.5 桩身压屈效应和桩负摩阻力的叠加问题

《建筑桩基技术规范》（JGJ 94—2008）强调了桩身压屈效应和负摩阻力效应的重要性，分别在第3.1.3条第2款和5.4.2条提出相关要求，并在第5.8.4条和5.4.3～5.4.4条分别提供了计算方法。桩身压屈效应是使桩身承载力下降，需要乘以桩身稳定系数进行折减；负摩阻力效应是使桩身承受向下的附加荷载。

### 3.5.1 设计相关问题

需要考虑桩身压屈效应的场合往往也需要考虑负摩阻力效应。例如，广州地区很多场地有较厚的淤泥，其工程性质较差（含水量 $w = 60\% \sim 100\%$，直接快剪指标 $c = 3 \sim 5\text{kPa}$，$\varphi = 1° \sim 3°$），有可能符合需要验算桩身压屈效应的条件；同时场地平整在其上往往有几米厚的新近回填松散填土，往往也需要考虑负摩阻力的不利影响。是否需要把两者的不利影响叠加考虑，即对桩身承载力乘以桩身稳定系数进行折减，同时桩身还要另外附加负摩阻力？如果这样算下来，桩数可能比以往要增加不少。

### 3.5.2　讨论及设计建议

判断是否需要叠加桩身压屈效应和负摩阻力的不利影响，应分析两者是否会同时发生的。在工程的前期，桩侧的淤泥还没有固结，不存在桩周土层沉降超过基桩沉降的情况，不需要考虑负摩阻力；同时淤泥性质较弱，对桩身受压失稳的约束能力不足，应考虑桩身稳定性问题。在工程的后期，桩侧的淤泥固结逐步达到稳定，桩周土层沉降超过基桩沉降，桩负摩阻力达到峰值，应计入负摩阻力的不利影响；但此时淤泥性状已大大改善，对桩身受压失稳的约束能力也有很大提高，桩身稳定系数甚至可取1.0。可见两者的最大值不是同时发生的。在桩负摩阻力逐渐增加的过程中，桩身压屈效应逐渐减弱。

建议设计时按《建筑桩基技术规范》（JGJ 94—2008）第5.8.4条和第5.4.3～第5.4.4条分别单独复核桩身压屈效应和负摩阻力的不利影响，并适当留有余地[32]。

## 3.6　是否可以突破《建筑桩基技术规范》（JGJ 94—2008）规定的最小桩距

### 3.6.1　规范条文引述

《建筑桩基技术规范》（JGJ 94—2008）第3.3.3条第1款提出了基桩的最小中心距（见表3-8），当施工中采取减小挤土效应的可靠措施时，可根据当地经验适当减小。

表 3-8　　　　　　　　　　　　　桩 的 最 小 中 心 距

| 土类与成桩工艺 | | 排数不少于3排且桩数不少于9根的摩擦型桩桩基 | 其他情况 |
|---|---|---|---|
| 非挤土灌注桩 | | 3.0$d$ | 3.0$d$ |
| 部分挤土桩 | | 3.5$d$ | 3.0$d$ |
| 挤土桩 | 非饱和土 | 4.0$d$ | 3.5$d$ |
| | 饱和黏性土 | 4.5$d$ | 4.0$d$ |
| 钻、挖孔扩底桩 | | 2D 或 D+2.0m（当D>2m） | 1.5D 或 D+1.5m（当D>2m） |
| 沉管夯扩、钻孔挤扩桩 | 非饱和土 | 2.2D 且 4.0$d$ | 2.0D 且 3.5$d$ |
| | 饱和黏性土 | 2.5D 且 4.5$d$ | 2.2D 且 4.0$d$ |

注　$d$—圆桩直径或方桩边长；$D$—扩大端设计直径；当纵横向桩距不相等时，其最小中心距应满足"其他情况"一栏的规定；当为端承型桩时，非挤土灌注桩的"其他情况"一栏可减小至2.5$d$。

### 3.6.2　对规范条文的理解

《建筑桩基技术规范》（JGJ 94—2008）的上述规定基于两个因素：有效发挥桩的承载力和成桩工艺。

对照现已废止的《建筑桩基技术规范》（JGJ 94—1994），JGJ 94—2008 对挤土桩和部分挤土桩的最小中心距普遍增加了 $0.5d$，反映出现行规范对挤土效应的重视。

在软土中采用挤土桩，可能产生挤土效应，造成地面隆起，邻近建筑物上抬、下沉和开裂，邻近管线变形、开裂，拉断已沉桩的接头等工程问题。规范的基桩最小中心距所考虑的因素之一就是成桩工艺。对于非挤土桩而言，无需考虑挤土效应问题；对于挤土桩，为了减小挤土的负面效应，在饱和黏性土和密实土层条件下，桩距应适当加大。

《建筑桩基技术规范》（JGJ 94—2008）仅以成桩工艺分类规定基桩最小中心距，似乎并不全面。成桩方法只是其中一个影响因素，挤土效应的控制性因素是桩的面积置换率（即入土桩的总截面积与建筑物底面积之比）。例如，采用轻钢结构屋面的大跨度结构，就算采用预应力混凝土管桩等挤土桩，由于结构自重轻、桩数少，总体桩的面积置换率低，挤土效应一般不明显。建议对面积置换率在 1‰～2‰ 以内的挤土桩，基桩最小中心距可适当放宽。

### 3.6.3　挤土效应与桩距

部分挤土桩、挤土桩在成桩过程中，不可避免地对周围环境（包括桩本身）造成一定的不利影响。以静压预制桩为例，挤土桩在沉入饱和黏性土，特别是饱和软土地基的过程中会对周围环境产生影响，这种挤土效应影响主要表现在以下 4 个方面[33]：

（1）压桩时桩周土层被压密并挤开，使土体产生水平移动和垂直隆起，可能造成邻近已压入的桩产生上浮、桩位偏移和桩身翘曲折断，进而造成邻近建筑物破坏、管线断裂、道路不能正常使用等。

（2）压桩使土中超孔隙水压力升高，造成土体破坏。未破坏的土体也会因超孔隙水压力的不断传播和消散而蠕变，也会导致土体垂直隆起和水平位移。

（3）压桩过程中桩周土被剧烈扰动，土的原始结构遭到破坏，土的工程性质发生改变。

（4）压桩后桩周土体中孔隙水压力会缓慢消散，土体会再固结，可能使桩侧受到向下的负摩阻力的作用。一般认为静压桩没有打桩那样剧烈的振动，引起的超孔隙水压力也没有打桩那样高，所以其挤土效应的程度与打入桩有所差别。

对于部分挤土和挤土桩，在成桩过程挤土效应随桩距减小而加剧。在采取有效减小挤土效应的技术措施的前提下，部分挤土桩、挤土桩的最小桩距可根据其减挤效果，将表 3-8 的最小桩距相应减小 $0.5d～1.0d$，但尽量不小于 $3d$。

### 3.6.4　降低挤土效应的技术措施

仍以静压预制桩为例，有效降低挤土效应的技术措施包括以下方面[33]：

（1）预钻排水孔。在桩基施工的区域周边钻双排孔，孔深根据饱和土层情况定，孔径可为250mm，孔距500mm左右。钻排水孔的作用是疏排孔深范围内的地下水，降低孔隙水压力，达到减小土体位移的目的。

（2）开挖防挤沟（缓冲沟）。当压桩场地与既有建筑物的距离较近，或与道路及地下管线距离较近时，为保护管线，可在桩基施工区域与管线之间开挖了防挤沟，沟宽和深度可取1.5~2.0m。

（3）控制打桩速率。在实际打桩过程中，应控制每天的最多沉桩根数；每天进行测斜和水平位移测试。如发现位移量较大，则减少沉桩根数，甚至停止沉桩1~2d，合理控制打桩速率，使土体留有时间释放内力。

（4）合理安排打桩顺序。在各种防治措施中，合理的压桩顺序是最经济实用的。实际施工时，应该朝向建筑物的相反方向打桩，因先打桩有"遮帘"作用，这样做可削弱后排桩的挤土效应，减少土体位移。即先打场地周边的桩，再由四周向中心打桩。这样，在打中心部位的桩时，场地周围挤土效应较小。但这种方法的代价是可能发生"桩塞"现象，后续的桩较难压下，影响沉桩。有时为避免某一侧的交通干道或建筑物受影响而产生移动，可以按从这一侧向另一侧的顺序压桩。如果有些工程四周都被保护对象，或四周都没有被保护对象，则压桩顺序原则上从中心向外围进行，即先从中心施压中部桩，最后向外围施压四周最外侧桩。这样安排的好处是中部桩施工后有较长的时间释放挤土应力和向外排水，可减少已沉入桩的上浮、偏位的可能性。

（5）钻孔取土。由于浅层的挤土效应比较明显，因此可采用钻孔取土来减小挤土效应。钻孔的直径宜略小于桩径，深度可取桩长的1/3。可视挤土实际情况，对部分桩取土或全部桩取土。

（6）设置排水砂井。打砂井同设置防挤孔一样，能明显加速孔隙水压力消散，减少土体的挤压位移及隆起，且砂井穿过透水层或静力触探贯入阻力较大的土层后，有利于超孔隙水压力的消散。静力压桩的挤土效应大小与地基土的分布、组成及桩径、布桩形式、成桩数量、周围建筑的结构形式等密切相关，但如何消除压桩引起的超孔隙水压力，或如何减少超孔隙水压力的累计上升，是预防挤土效应的关键。砂井可为超孔隙水压力消散提供排水通道，加速其消散，使塑性区内的土体产生体积压缩；防挤孔可释放深层土体挤压应力，两者的作用均比较明显。

### 3.6.5 桩侧阻力的群桩效应与桩距

桩侧阻力只有在桩与土之间产生一定的相对位移才能充分发挥。当桩距过小时，桩间土的竖向位移因相邻桩的影响而增大较多，桩与土之间的相对位移随之而减少，导致桩侧阻力不能充分发挥，从而群桩的承载力小于单桩承载力之和。这是群桩效应的表现之一。

根据黏性土、粉土、砂土中的钻孔桩群桩试验，当桩距小于 $3d$ 时，侧阻力由于桩与桩之间的相互作用而有所降低。这种效应在黏性土中相对更明显。据美国、英国相关规范的规定，当桩距不小于 $3d$ 时，桩基承载力不考虑群桩效应。鉴于以上情况，《建筑桩基技术规范》（JGJ 94—2008）规定了最小桩距（见表3-8），同时对于群桩基础承载力确定不计侧阻和端阻的群桩效应。这样处理方便设计，也不会留下安全隐患。

当设计中由于平面受限，桩距不得不小于 $3d$ 时，桩侧阻力因相互影响而降低，其基桩承载力特征值可将总侧阻力乘以侧阻折减系数后确定，侧阻折减系数可按《建筑桩基技术规范应用手册》[9] P388 的方法确定。

### 3.6.6　结论与建议

工程实践中确有把桩距做得很小的，比如基坑支护的排桩方案，桩与桩之间净距只有 $100\sim200\mathrm{mm}$。对于建筑桩基础而言，基于有效发挥桩的承载力、成桩工艺等两个因素，在满足一定条件下是可以突破《建筑桩基技术规范》（JGJ 94—2008）规定的最小桩距的：

（1）当采取了降低挤土效应的有效措施时，部分挤土桩、挤土桩的最小桩距可根据其减挤效果，将规范规定的最小桩距相应减小 $0.5\sim1.0d$，但尽量不要小于 $3d$。

（2）设计中由于平面受限，桩距不得不小于 $3d$ 时，应考虑群桩效应而折减基桩的侧阻力。

（3）即使是挤土效应不明显的桩型（如机械成孔灌注桩），如桩距过小，也应提出有效减小相互影响的技术措施（如跳钻）。因为2根桩靠得太近，旁边钻桩时会对周边的土有扰动，如在影响范围内有未凝固的桩混凝土，就容易导致桩身混凝土出现缺陷。

## 3.7　新老不同桩型的桩间距及承载力取值问题

**网友疑问：**

有一个改造工程，老桩是 $300\mathrm{mm}\times300\mathrm{mm}$ 的预制方桩，桩长8m，由于场地及承载力原因新桩拟采用 $800\mathrm{mm}$ 桩径的钻孔灌注桩，桩长15m左右。现在新老桩桩间距最小的实际只有 $600\mathrm{mm}$ 左右。另外由于距离新桩老桩太近，也不打算利用它的承载力了，就当它不存在。那这样的话，新桩的承载力可否按照正常的桩来估算呢？

**答复：**

《建筑桩基技术规范》（JGJ 94—2008）第5.1.1条给出了桩顶作用效应的计算公式，基本假定为：①承台为绝对刚性，受力矩作用时呈平面转动，不产生挠曲；②桩与承台为铰接相连，只传递轴向力、水平剪力，不传递力矩；③各桩的支承刚度和桩身的截面积相同；④忽略承台变位时承台与土体接触面上产生的法向力和切向力（摩阻力）。

《建筑桩基技术规范应用手册》[9] P77给出了该规范公式的推导过程，有兴趣的读者可以阅读一下。大多数的新建工程一般同一个承台采用相同的桩径和桩长。

在某些特殊情况下（如这位网友提及的改造工程），桩基中包含不同桩径、桩长，与上述假定第③点不相符，不能直接采用《建筑桩基技术规范》（JGJ 94—2008）第5.1.1条的桩顶作用效应计算公式。对此，《建筑桩基技术规范应用手册》[9] P386-387以基桩应力的基本公式为基础进行推导出桩顶作用效应的计算公式，摘录如下：

（1）对变桩径桩基，第$i$根桩的桩顶荷载效应$N_{ik}$

$$N_{ik}=A_{pi}\left[\frac{F_k+G_k}{\sum\limits_{j=1}^{n}A_{pj}}\pm\frac{M_{xk}y_i}{\sum\limits_{j=1}^{n}A_{pj}y_j^2}\pm\frac{M_{yk}x_i}{\sum\limits_{j=1}^{n}A_{pj}x_j^2}\right] \tag{3-20}$$

（2）变桩长桩基，第$i$根桩的桩顶荷载效应$N_{ik}$

$$N_{ik}=\lambda_{Ri}\left[\frac{F_k+G_k}{\sum\limits_{j=1}^{n}\lambda_{Rj}}\pm\frac{M_{xk}y_i}{\sum\limits_{j=1}^{n}\lambda_{Rj}y_j^2}\pm\frac{M_{yk}x_i}{\sum\limits_{j=1}^{n}\lambda_{Rj}x_j^2}\right] \tag{3-21}$$

式中：$A_{pi}$、$A_{pj}$为第$i$根、第$j$根桩的截面积，$\lambda_R$为长桩的承载力特征值$R'_{ak}$与短桩的承载力特征值$R_{ak}$之比（$\lambda_R=R'_{ak}/R_{ak}$），其余符号见《建筑桩基技术规范》（JGJ 94—2008）。

这位网友的改造工程还涉及桩距不满足《建筑桩基技术规范》（JGJ 94—2008）最小桩距，新老桩之间最小间距实际只有600mm左右。如本书第3.6节所述，设计中桩距小于$3d$时，桩侧阻力因应力重叠、相互影响而降低，其基桩承载力特征值可将总侧阻力乘以侧阻折减系数后确定，侧阻折减系数可按《建筑桩基技术规范应用手册》[9] P388的方法确定。

最后对这位网友的改造工程，还需要考虑新旧桩承载力发挥不同步的问题，类似于采用加大截面法加固既有混凝土构件，新加混凝土会存在应变滞后。原来的桩已经受荷、沉降稳定，改造加桩后要新桩发挥承载力作用，则需要新旧桩都发生新的沉降，所以旧桩可能承担的荷载要比《建筑桩基技术规范应用手册》[9] 的计算结果大些，建议对新桩的承载力计算结果再适当折减。

## 3.8 关于《建筑桩基技术规范》（JGJ 94—2008）中重要性系数的疑惑

### 网友疑问：

网友A：

（1）现已废止的《建筑桩基技术规范》（JGJ 94—94）中用到重要性系数的时候计算公式中都明确给出了。

（2）现行《建筑桩基技术规范》（JGJ 94—2008）第3.1.7.5条提到了重要性系数，但是后面所有的计算公式都没有体现重要性系数。

（3）《建筑结构荷载规范》（GB 50009—2012）给出的通用公式中体现了重要性系数。

执行《建筑桩基技术规范》（JGJ 94—2008）到底需不需要考虑重要性系数呢？如果需要考虑什么时候考虑？如果不需要考虑，那么前面的第 3.1.7.5 条就是多余的了。

网友 B：

《建筑桩基技术规范》（JGJ 94—2008）第 5.2.1 条，基桩竖向承载力验算，桩顶荷载为什么没有建筑桩基重要性系数？

根据《建筑结构荷载规范》，结构验算时，荷载前面应该乘以结构重要性系数。

**💬 答复：**

《建筑桩基技术规范》（JGJ 94—2008）第 3.1.7 条第 5 款的条文说明指出："桩基结构作为结构体系的一部分，其安全等级、结构工作年限，应与混凝土结构设计规范一致〔注：该规范已于 2024 年局部修订为《混凝土结构设计标准》（GB/T 50010—2010，2024 年版）〕。考虑到桩基结构的修复难度更大，故结构重要性系数 $\gamma_0$ 除临时性建外，不应小于 1.0"。

笔者理解：当把桩作为结构构件看待，验算桩身的抗弯、抗剪、抗压承载力时应计入结构重要性系数 $\gamma_0$。而验算桩周的岩土抗力（如单桩抗压承载力、抗拔力），以及验算桩基沉降时则不必考虑。

《建筑桩基技术规范》（JGJ 94—2008）第 5.2.1 条是验算桩顶荷载效应是否小于单桩承载力特征值，单桩承载力特征值是由以下两个因素决定的：①桩周、桩底的岩土抗力；②桩身材料强度。通常由第①点控制（嵌岩桩等特殊情况除外）。对第①点不需要考虑重要性系数，第②点则要考虑。所以《建筑桩基技术规范》（JGJ 94—2008）第 5.2.1 条的计算公式并没有重要性系数，在具体验算第②点时再考虑。

# 3.9 关于设计试桩的几点疑问

**❓ 网友疑问：**

（1）试桩一般是在初步设计阶段就要做的吧？我的理解是在初步设计阶段地质报告出来后根据地质报告不同分区域的地质情况，选取不同的点来进行试桩，尽量选在附近有钻点的区域，且尽量选地质情况相对较差的地方做试桩，这样确定的桩承载力偏于保守更安全。不知道我的理解有没有偏差？

（2）试桩的数量一般怎么定，一般选 3 根吗？

（3）假如设计人员认为预应力管桩和灌注桩都可能用到，那两种桩型都要试 3 根吗？

（4）一些建筑柱底存在比较大的水平力，一定要做水平承载力试桩吗？

(5) 设计试桩在没有压坏的情况下可以用作工程桩吗？

**答复：**

这位网友说的"试桩"，笔者理解是在桩基设计前先采用静载试验确定单桩竖向抗压承载力特征值，作为确定配桩数量的设计依据。设计前先进行试桩还有另一个目的，就是进一步确定所选桩型的施工可行性，避免在桩机全面进场后才发现该桩型的施工工艺不适合本场地的情况。

问题（1）的答复：这位网友的理解是对的。另外必须指出，并不是所有工程都需要事前做试桩，按《建筑桩基技术规范》（JGJ 94—2008）第5.3.1条，设计等级为甲级的建筑桩基，应通过单桩静载试验确定；设计等级为乙级的建筑桩基，当地质条件简单时，可参照地质条件相同的试桩资料，结合静力触探等原位测试和经验参数综合确定；其余均应通过单桩静载试验确定；设计等级为丙级的建筑桩基，可根据原位测试和经验参数确定。

问题（2）的答复：按《建筑基桩检测技术规程》（JGJ 106—2014）第3.3.1条，检测数量在同一条件下不应少于3根，且不宜少于总桩数的1%；当工程桩总数在50根以内时，不应少于2根。

问题（3）的答复：宜先根据岩土勘察报告的建议参数对两种桩型进行经济技术比选，先对优选的桩型进行试桩。如试桩结果与估算结果相差不大，就没必要对另一种桩型进行试桩。

问题（4）的答复：是的。

问题（5）的答复：试桩未达极限荷载且桩身没被压坏的情况下，是可以继续用作工程桩的。不过，设计前试桩目的是要搞清楚桩的实际承载最大潜力，所以条件许可的情况下，一般都会尽量用最大的试验荷载把试验桩压至桩身破坏或者试桩曲线达到极限荷载，否则就失去了设计前试桩的意义了。

**网友疑问（续）：**

一个300m长、100m宽的场地，3根试桩全部都是因变形过大取终值，单桩承载力极限值分别为3300、3800、4000kN，应该如何确定静载试验桩的极限承载力？

**答复（续）：**

无论是设计前的试桩，还是工程桩事后的验证性试桩，都可以按《建筑基桩检测技术规范》（JGJ 106—2014）第4.4.3条的原则来确定静载试验桩的极限承载力。摘录该规范内容如下："1）对参加算术平均的试验桩检测结果，当极差不超过平均值的30%时，可取其算术平均值为单桩竖向抗压极限承载力；当极差超过平均值的30%时，应分析原因，结合桩型、施工工艺、地基条件、基础形式等工程具体情况综合确定极限承载力；不能明确极差过大的原因时，宜增加试桩数量；2）试验桩数量小于3根或桩基承台下的桩数不大于3根时，应取低值"。

对于工程桩事后的验证性试桩：

（1）对于试验桩位于在4桩（或以上）承台时，平均值为3700kN，极差＝4000－3300＝700kN＜30％平均值＝1110kN，按《建筑基桩检测技术规范》（JGJ 106—2014）第4.4.3条第1款，可以取平均值3700kN为单桩竖向抗压极限承载力。

（2）如果是试验桩位于在3桩及以下承台时，按《建筑基桩检测技术规范》（JGJ 106—2014）第4.4.3条第2款，应取试验最低值3300kN。

（3）当3根试验桩，其中既有在4桩（或以上）承台，又有在3桩及以下承台时，宜偏于安全，取试验最低值3300kN。

对于设计前的试桩：

（1）如上部结构荷载较大，初步估算全部是4桩（或以上）承台时，可以取平均值3700kN为单桩竖向抗压极限承载力。

（2）如上部结构荷载不大，初步估算部分或全部是3桩及以下承台时，宜偏于安全，取试验最低值3300kN。

## 3.10 柱脚弯矩大而轴力小，不慎采用了单桩应如何处理和补救

**网友疑问：**

工程概况：单层厂房，混凝土柱子钢梁排架结构，算下来柱底轴力为300kN，弯矩为100kN·m。

由于当时没考虑弯矩作用，选了单桩承台（沉管灌注桩），单桩承载力为350kN。现在桩已施工完了，才发现这个问题，请问该怎么办呢？

**答复：**

柱脚弯矩大而轴力小情况不应采用单桩，这位网友的案例就是个教训。在设计阶段正确的做法是在弯矩方向布置双桩（或多桩），通过双桩（或多桩）拉压形成力偶平衡柱脚弯矩；柱脚轴力小，单桩承载力和持力层的要求可以适当降低，不会增加太多造价。

如不幸出现这位网友那样的设计失误，且单桩已施工，建议先用《建筑桩基技术规范》（JGJ 94—2008）附录C提供的$m$值法计算一下桩身的最大弯矩和剪力，然后按《混凝土结构设计标准》（GB/T 50010—2010，2024年版）验算一下桩身作为圆形截面构件的承载力。如果满足桩身承载力要求，则可以不处理，否则应采取技术措施进行补救。需要注意，埋在土里、桩顶受弯矩、剪力的桩，桩身的最大弯矩并不在桩顶，而是在土中一定深度（也就是剪力为零点，这跟土的$m$值有关），其值比桩顶弯矩大。需算出最大弯矩、剪力后，再验算桩身抗弯、抗剪承载力。

补救的措施可以是：①补桩；②跨度不大的情况下，加强承台拉梁，用拉梁平衡柱脚弯矩；③地表土强度还可以的话，把桩承台做大做深、控制好承台周边的回填土，考虑承台周边土的被动土压力平衡一部分柱脚弯矩（如果是摩擦型桩，则承台底面的土压力也可以考虑）；④改变上部结构、使传至基础顶面的弯矩减少至可以接受的程度。

## 3.11　人工挖孔桩工程是否可以剪力墙下布置单桩

**网友疑问：**

（1）短肢剪力墙肢形心下布置人工挖孔桩，承台的设计计算内容有哪些？承台的构造如何？

（2）如果承台不全包住短肢墙肢的话，请问短肢墙肢的钢筋如何锚固？其依据是什么？如果用基础梁继续包，基础梁需要计算吗？是不是要做宽加大配筋？这样有效程度有多高？其依据是什么？有工程师说这样的基础梁是转换梁，对吗？是不是要按转换梁做？

（3）如果承台全包住一般墙肢的话，如果只是单桩包住一般墙，按承台梁做，承台梁钢筋怎么计算？

**答复：**

这个网友的问题没有交代具体情况，如所在地区、上部结构、地质情况等等，没有办法提出具体意见。下面结合一个类似的工程案例进行讨论。

**【例3-4】** 某工程上部结构为10层的剪力墙结构（部分短肢剪力墙、部分普通剪力墙），位于6度地震设防区，地表有3m左右松散的新近填土，基岩埋深约8m，采用人工挖孔桩，由于单桩承载力较大，在每片墙下设1根桩就可以满足竖向承载力的要求。为了节省费用，设计单位拟采用单墙单桩的基础方案。该案例的焦点在于可不可以采用单墙单桩方案；如果采用单墙单桩方案要有什么保证措施。

不论是剪力墙结构还是框剪结构，单片剪力墙的最大弯矩都会出现在基底截面，而且普通剪力墙最大弯矩的数值一般比较大，需要设法平衡（情况与本书第3.10节类似）。剪力墙的基础不能仅考虑上部结构传来的竖向荷载，按单桩竖向承载力简单地确定桩数。

平衡普通剪力墙底部最大弯矩的措施通常包括：

（1）墙下设多桩。这是常规方法，在此不做讨论。

（2）对地表土层较好的情况，采用单墙单桩，通过桩与土的相互作用平衡剪力墙底部最大弯矩：用 $m$ 值法等计算埋入土中的单桩在桩顶轴力、弯矩和剪力共同作用下的最大桩身轴力、弯矩和剪力，按压弯构件计算桩身的纵筋和箍筋。

（3）对地表有一定厚度软弱土层的情况，可采用单墙单桩，但应设置基础梁拉结，基础梁与软弱土层段的桩构成框架来平衡剪力墙底部最大弯矩。普通剪力墙的截面长度很大，会超出桩截面较多，所以此时基础梁应按转换梁考虑；不过由于是埋在地下的地震反应比上部结构小，所以其配筋抗震构造要求可比上部结构低；软弱土层段的桩是压弯构件，类似于上部结构的转换柱，也应作适当加强。

在上述几种应对措施中，【例3-4】可以采用措施（1）和（3）。由于桩持力层浅、桩比较短，采用措施（1）桩身仅需构造配筋；而措施（3）虽然减少了桩数，但需要加强桩身和基础梁的配筋。综合比较，采用措施（1）可能比较好，措施（3）有可能得不偿失。所以对剪力墙基础方案是否采用单墙单桩，需要进行技术和经济方面的比较。

此外，人工挖孔灌注桩工艺现在已属于限制使用的工艺了，但在适合的工程条件下人工挖孔灌注桩仍是可选桩型之一；对采用大桩径、单桩承载力很高的项目，仍有可能采用单墙单桩的基础方案。虽然这个网友的问题提于2012年，距今比较久远，本节的内容对读者仍有参考价值。

## 3.12　水泥土复合管桩项目实践经验总结

水泥土复合管桩是由高喷搅拌法形成的水泥土桩与同心植入的预应力高强混凝土管桩复合而形成的基桩。水泥土复合管桩是基于水泥土桩和预应力高强混凝土管桩两种桩型的特点提出的一种新桩型，由作为芯桩使用的预应力高强混凝土管桩、包裹在芯桩周围的水泥土桩和填芯混凝土优化匹配复合而成。

水泥土复合管桩可充分发挥水泥土桩桩侧摩阻力和预应力高强混凝土管桩桩身材料强度。具体设计与施工可执行《水泥土复合管桩基础技术规程》（JGJ/T 330—2014）。

本节无意重复规范内容，仅就2023年某项目应用水泥土复合管桩一些实操层面的经验进行总结。

### 3.12.1　水泥土复合管桩的对标对象

1. 工程概况

【例3-5】某项目场地内存在8～10m左右深厚密实的中粗砂层，先后多次试桩，静压预应力管桩均未能穿透中粗砂层，导致管桩沉降不可控，单桩承载力偏低；在这种地质条件下灌注桩在施工过程容易产生塌孔严重等不良现象，且施工验收抽芯困难。后面经过业主、设计、施工单位等对搅拌植桩工法分析、现场考察、试桩确定，最终在该项目应用水泥土复合管桩，解决沉桩问题且提高管桩单桩承载力。相对于灌注桩方案，水泥土复合管桩为整个项目节省了成本。

2. 水泥土复合管桩的对标对象

图3-3为水泥土复合管桩的施工流程。从中可见，水泥土复合管桩的施工流程包含了搅

拌桩和管桩等两个施工环节，比较麻烦。对可以用锤击、静压等常规工艺施工管桩的场地，工程方通常会非常抵制采用水泥土复合管桩的。

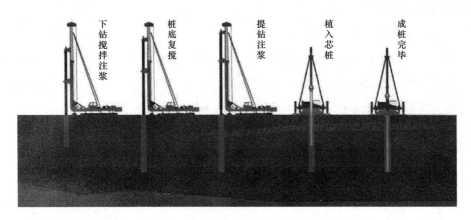

图 3-3  水泥土复合管桩的施工流程

只有当遇到预应力管桩沉桩困难的情况，水泥土复合管桩才有可能派上用场，因此水泥土复合管桩一般是对标机械成孔灌注桩的，其在工程质量、工程进度及造价方面还是有一定优势的，解决中密～密实砂层及卵石层、软硬突变层中预应力管桩沉桩难题，最大限度地发挥预应力管桩与水泥土承载强度，扩大了预应力管桩的适用范围。

### 3.12.2  施工工艺适宜性的验证与调整

《水泥土复合管桩基础技术规程》（JGJ/T 330—2014）第 3.0.1 条提出："当遇有淤泥、淤泥质土、密实砂层等情况时，应通过现场和室内试验确定其适用性"。从该案例的实践来看确实有必要。

1. 多次试桩及桩基选型历程

该项目最初选定毗邻勘探孔周边的桩位进行预应力管桩（直径 600mm）试桩，先后采用了正常静压沉桩、引孔辅助沉桩、用常规设备先施工 800mm 搅拌桩再沉桩等不同施工工艺，均出现桩无法穿透场地里深厚的中粗砂层现象。

（1）中粗砂层以中砂、砾砂为主，厚度达 8.5m，呈中密～密实状态，正常静压无法穿过。尽管如此，工程方一开始仍抱侥幸心理，按常规管桩进行静压试桩，不出意外未能成功。

（2）之后尝试采用引孔辅助沉桩，但在试桩出现塌孔，沉桩至该中粗砂层段时，桩端面下中砂、砾砂未有效从桩侧向上排出，持续挤压密实，最终导致桩无法穿透中粗砂层。

（3）工程方终于接受水泥土复合管桩方案，但对其工艺、设备的特殊要求缺乏了解，想当然仅采用地基处理的常规搅拌桩施工设备，导致对中粗砂层搅拌效果不佳，管桩沉桩至该土层段时，仍然出现（2）所述沉桩情况，最终管桩仍同样无法穿透中粗砂层。

最后工程方引入有水泥土复合管桩施工经验的专业队伍及专用施工设备，终于成功穿透中粗砂层，进入设计要求的强风化泥质粉砂岩桩端持力层。经静载试验检测，水泥土复合管桩单桩承载力特征值均达到设计值3100kN。

2. 第一节管桩下沉速度与垂直度的控制

该项目最后启用了扭矩不小于300kN、带双通道、能同时实现喷气和喷浆的专用搅拌机。在成功穿透密实的深厚中粗砂层的同时，也对其上面层厚约8m的流塑状淤泥层产生了极大的扰动。

在水泥土复合管桩第一次正式试桩时，第一节桩管因缺乏沉桩阻力而急速下坠，幸好桩机长及时启动夹具夹住，才避免了第一节桩管完全沉入搅拌好的桩孔内，但其垂直度已明显严重超标，无法与第二节桩管正常焊接，即使勉强焊接起来、接桩处的桩身完整性也无法保障（见图3-4）。

其后水泥土复合管桩专业施工队伍适当调整了施工方法，在搅拌桩完成后先静置1.5～2h，使淤泥层的水泥土有一定程度的凝固，其

图3-4　第一节桩管垂直度明显超标

强度有所增长而产生适当的沉桩阻力，从而使得后续的管桩静压工序顺利进行，管桩的垂直度也容易把控。

### 3.12.3　水泥土强度的"施工中检验"

《水泥土复合管桩基础技术规程》（JGJ/T 330—2014）第6.3.3条规定："水泥土复合管桩中的水泥土桩宜采用软取芯法检验水泥土强度，检验数量不宜小于总桩数的1%，且不宜少于根桩"。

在该项目实操中，工程方反馈在搅拌桩完工后进行水泥土取样比较困难，且认为水泥土复合管桩只要能在静载试验中满足单桩承载力要求，不必做这类"施工中检验"。后经讨论认为水泥土搅拌桩类似于地基处理，对提高单桩承载力非常重要，单桩承载力计算也需要用到中粗砂层的水泥土限抗压强度这个设计参数；鉴于搅拌桩完工后进行水泥土取样困难，改为采用地质钻孔取样的方式提取砂层土样，按设计要求的水泥掺入量进行试配，以验证设计取值的合理性。具体设计要求如下：

（1）水泥土试件规格为70.7mm×70.7mm×70.7mm。

（2）水泥土试件制作，按《水泥土配合比设计规程》（JGJ/T 233—2011）附录A执行。

（3）水泥土试件无侧限抗压强度试验及强度评定，按《水泥土配合比设计规程》（JGJ/T 233—2011）附录 B2 执行。

（4）水泥土试件取样数量要求按《水泥土复合管桩基础技术规程》（JGJT 330—2014）第 6.3.3 条并参考《建筑地基检测技术规范》（JGJ 340—2015）第 11.1.2 条，采用软取芯法检验水泥土强度时，检验数量不宜小于总桩数的 1%，每个塔楼且不少于 3 根桩，每根检验桩的浆液取样点为砂层的顶部、底部和中间。

### 3.12.4 小应变三类桩的补充验证

1. 三类桩的占比明显偏高

水泥土复合管桩的桩身完整性检测主要是判别管桩的桩身完整性，其前期的搅拌桩施工对管桩的桩周土产生很大的扰动，使得管桩施工的沉桩阻力比常规沉桩工艺小很多，管桩发生破损的概率按理应大幅降低。

然而，该项目完工后对水泥土复合管桩进行低应变检测，共检测 60 根，结果显示有 13 根三类桩，普遍是在桩顶 6m 左右范围存在明显缺陷，其三类桩占比超过 20%，远超常规管桩三类桩的占比，极不正常。

2. 小应变三类桩的补充验证

为此，对三类桩进行桩身开挖检查，发现管桩桩身都是搅拌桩水泥包裹，再选取其中两根三类桩，清除搅拌桩水泥包裹管桩桩身水泥，未发现管桩开裂等质量缺陷现象，回填泥土后重新请检测站进行低应变复检，复检情况有部分改善，但部分变化不明显。

后经各方开会研究后统一意见，认为低应变检测受到搅拌桩复合土工艺影响，不是管桩桩身存在完整问题，不再进行低应变扩测，选择有代表性的三类桩采用单桩承载力静载检测法进行验证，对三类桩采用孔内视频检测法为辅助验证方式，最终以单桩承载力静载为准。

经后续静载试验检测，水泥土复合管桩单桩承载力特征值均达到设计值 3100kN；对三类桩进行孔内摄像检测，低应变缺陷处（桩顶 6m 左右范围）未发现明显缺陷。据此各方决定不对大部分小应变三类桩不进行处理，对于小应变缺陷部位位于管桩接桩部位的，用孔内摄像检测无法排除接桩焊缝缺陷的可能性，宜按三类桩进行补强处理（桩孔内用混凝土灌芯并插型钢等）。

### 3.12.5 水泥土的施工后检验

《水泥土复合管桩基础技术规程》（JGJ/T 330—2014）第 6.4.6 条规定："水泥土质量检验可按现行行业标准《建筑地基处理技术规范》JGJ 79 的有关规定采用浅部开挖或轻型动力触探。水泥土强度可采用钻芯法检测。"

该项目各方曾就水泥土复合管桩完工后是否需要用抽芯法检测强度有不同意见。鉴于水泥土强度有"施工中检验"的环节，最后决定：

（1）按现行行业标准《建筑地基处理技术规范》JGJ 79的有关规定可采用浅部开挖或轻型动力触探方法进行水泥土的质量检验，浅部开挖的检查数量为总桩数的5%；轻型动力触探的检验数量为总桩数的1%，且不少于3根。

（2）只有当经浅部开挖或轻型动力触探和静载荷试验对水泥土强度有怀疑时，才采用钻芯法对水泥土强度进行验证检测。

### 3.12.6 案例经验总结

该项目场地存在深厚砂层，由于项目区位不允许采用锤击管桩工艺，但静压管桩工艺又无法穿透深厚砂层，导致单桩承载力无法保证。经过多次试桩，常规静压沉桩、引孔辅助沉桩均无法穿透深厚砂层，面临选择成本相对较高，检测风险也较大的灌注桩工艺。经过走访考察，尝试采用水泥土复合管桩工艺，并在试桩过程取得成功。

1. 解决方案

（1）先通过大功率的水泥土搅拌设备，施工大直径水泥土搅拌桩至24m深，完全穿越砂层。

（2）水泥土搅拌桩施工后，再通过静压桩机设备把预应力管桩压至强风化持力层。

（3）经过静荷载试验表明单桩承载力能达到设计要求。

（4）水泥土复合管桩和灌注桩相比，从成本和施工效率及桩身质量均有优势。

2. 复盘与反思

（1）水泥土复合管桩施工工艺相对复杂，需要多设备配合，考验现场调度能力。

（2）水泥土搅拌桩施工完成和静压桩施工之间的时间把握要求严格，过早压桩，会导致第一节桩下沉过快，影响接桩效果。太迟压桩可能导致管桩无法下沉到设计标高。

（3）对于不同土层的水泥土掺入量仍需通过更多工程经验积累总结，对于单桩承载力还有提升的空间。

（4）水泥土复合管桩受土层性质及工艺影响，可能出现管桩外包裹水泥土厚度不均匀的情况。尤其是上部淤泥层强度低，可能形成比砂层厚度大的包裹层，小应变检测时出现反射波形突变，从而导致被误判为下部出现缺陷。其解决方案为：①孔内摄像检测能较好地排除上述误判的情况，但其检测费用较高（该项目为75元/m），不宜作为水泥土复合管桩的桩身完整性检测普查的首选方法。宜先采用小应变进行普查，对小应变出现的三类桩再用浅层开完检查及孔内摄像检测等方式进行复查闭环。②对于小应变缺陷部位位于管桩接桩部位的，用孔内摄像检测无法排除接桩焊缝缺陷的可能性，宜按三类桩进行补强处理（桩孔内用混凝土灌芯并插型钢等）。

（5）该项目设有地下室，采用《水泥土复合管桩基础技术规程》（JGJ/T 330—2014）第4.3.6条公式计算出水泥土复合管桩抗拔承载力特征值很高，达到1000kN，但这个计算结果属于岩土抗力，与桩身抗拔承载力不匹配。鉴于接桩质量并非十分可靠，该地区直径600mm管桩的抗拔承载力特征值一般只取400kN左右。该项目最终选用常规管桩作为地下室抗拔桩。对于类似项目，如接桩质量没把握，建议慎用水泥土复合管桩作为抗拔桩。

# 参 考 文 献

［1］ JGJ 106—2014 建筑基桩检测技术规范［S］. 北京：中国建筑工业出版社，2014.

［2］ GB 50007—2011 建筑地基基础设计规范［S］. 北京：中国建筑工业出版社，2011.

［3］ JGJ 94—2008 建筑桩基技术规范［S］. 北京：中国建筑工业出版社，2008.

［4］ 古今强. 浅谈桩基正常使用与承载力检测的边界条件差异［J］. 建筑结构-技术通讯，2011(5)：10-12.

［5］ 夏力农. 负摩阻力基桩的理论研究与工程应用［M］. 北京：地质出版社，2011.

［6］ 陆培炎，等. The Accident Analysis for the Foundation Settlement of a Building in Jiangmen City［C］// 陆培炎科技著作及论文选集. 北京：科学出版社，2006.

［7］ 李文平，刘金波，梁立东，等. 通过地面测桩确定工程桩的承载力［J］. 建筑结构，2011，41(S1)：1289-1294.

［8］ 李文平. 基坑开挖对桩基承载力的影响及β法的工程应用［J］. 岩土工程学报，2010，32(S2)：259-262.

［9］ 刘金砺，高文生，邱明兵. 建筑桩基技术规范应用手册［M］. 北京：中国建筑工业出版社，2010.

［10］ GB/T 50011—2010 建筑抗震设计标准（2024年版）［S］. 北京：中国建筑工业出版社，2024.

［11］ 吕西林. 超限高层建筑工程抗震设计指南［M］. 2版. 上海：同济大学出版社，2009.

［12］ 古今强. 关于设防烈度地震和罕遇地震下建筑桩基础竖向承载力的探讨［J］. 建筑结构，2013，43(S1)：872-875.

［13］ 史佩栋. 桩基工程手册（桩与桩基基础手册）［M］. 北京：人民交通出版社，2008.

［14］ 高小旺，刘佳，高炜. 不同重要性建筑抗震设防目标和标准的探讨［J］. 建筑结构，2009，39(S1)：537-541.

［15］ 周锡元，曾德民，高晓安. 估计不同服役期结构的抗震设防水准的简单方法［J］. 建筑结构，2002，32(1)：37-40＋72.

［16］ DBJ/T 15—22—2021 广东省锤击式预应力混凝土管桩工程技术规程［S］. 北京：中国城市出版社，2021.

［17］ 古今强，侯家健. 嵌岩桩竖向承载力规范计算方法的讨论［J］. 建筑结构-技术通讯，2011(9)：13-17.

［18］ DB 42/242—2014 湖北省建筑地基基础技术规范［S］. 武汉：湖北省住房和城乡建设厅，2014.

［19］ DB33/T 1136—2017 浙江省建筑地基基础设计规范［S］. 杭州：浙江省住房和城乡建设厅，2017.

［20］ DBJ 15—31—2016 广东省建筑地基基础设计规范［S］. 北京：中国建筑工业出版社，2016.

［21］ DBJ52/T 088—2018 贵州省建筑桩基设计与施工技术规程［S］. 贵阳：贵州省住房和城乡建设厅，

2018.

[22] DBJ/T 13—07—2021 福建省建筑与市政地基基础技术标准 ［S］. 北京：中国建筑工业出版社，2021.

[23] DBJ 50—047—2016 重庆市建筑地基基础设计规范 ［S］. 重庆：重庆市城乡建设委员会，2016.

[24] 有智慧，龚维明，戴国亮. 嵌岩桩极限承载力理论分析与试验研究 ［J］. 路基工程，2009(1)：162-163.

[25] 葛崇勋，张永胜. 关于嵌岩桩竖向承载力计算方法的探讨 ［J］. 江苏建筑，2001(4)：47-52.

[26] 施峰，陈孝贤，许国平，等. 嵌岩桩承载力取值的探讨 ［J］. 建筑结构，2005，35(12)：9-11.

[27] 钟亮，许锡宾，许光祥. 嵌岩桩竖向承载力设计问题的分析与探讨 ［J］. 路基工程，2009(5)：38-39.

[28] 魏巍，冷伍明，聂如松，等. 东江大桥大直径软岩嵌岩桩自平衡试验研究 ［J］. 岩土工程界，2008，11(10)：59-62.

[29] 高大钊. 岩土工程勘察与设计 ［M］. 北京：人民交通出版社，2010.

[30] 中国建筑标准设计研究院. 全国民用建筑工程设计技术措施（结构）［M］. 北京：中国计划出版社，2003.

[31] 中国建筑标准设计研究院. 全国民用建筑工程设计技术措施（结构-地基与基础）［M］. 北京：中国计划出版社，2010.

[32] 古今强. 实施《建筑桩基技术规范》(JGJ 94—2008)中的几个问题 ［J］. 建筑结构，2009，39(S1)：794-796.

[33] 张明义. 静力压入桩的研究与应用. ［M］. 北京：中国建材工业出版社，2004.

# 第4章 基 坑 支 护

## 4.1 如何通过地基承载力特征值反算土的内摩擦角及黏聚力

### 4.1.1 灰土的内摩擦角及黏聚力是多少

**网友疑问:**

请问一下,2∶8 灰土的内摩擦角及黏聚力是多少?

**答复:**

可以通过地基承载力特征值可以反算土的内摩擦角及黏聚力($c$、$\varphi$ 值),具体方法如下:

(1) 首先根据工程所在地区的经验,确定 2∶8 灰土的地基承载力特征值 $f_{ak}$,参考《建筑地基处理规范》(JGJ 79—2012)第 4.2.5 条条文说明可取 $f_{ak}=200\sim250\mathrm{kPa}$(与压实系数有关,压实系数小的承载力特征值取低值,反之取高值)。这里假设根据工程所在地区经验取 2∶8 灰土的地基承载力特征值 $f_{ak}=200\mathrm{kPa}$。

(2) 根据地基承载力特征值 $f_{ak}=200\mathrm{kPa}$ 反算 2∶8 灰土 $c$、$\varphi$ 值。其主要思路如下,式中符号意义见《建筑地基基础设计规范》(GB 50007—2011)第 5.2.4 条和第 5.2.5 条。

地基承载力深宽修正公式为:

$$f_a=f_{ak}+\eta_b\gamma(b-3)+\eta_d\gamma_m(d-0.5) \tag{4-1}$$

地基承载力计算公式为:

$$f_a=M_b\gamma b+M_d\gamma_m d+M_c c_k \tag{4-2}$$

用 $b=3\mathrm{m}$、$d=0.5\mathrm{m}$ 代入式(4-1)和式(4-2)整理后有:

$$f_a=f_{ak}=3M_b\gamma+0.5M_d\gamma_m+M_c c_k \tag{4-3}$$

根据工程经验,取 2∶8 灰土容重 $\gamma_k=\gamma=20\mathrm{kN/m^3}$,并假定其内摩擦角 $\varphi=20°$,查《建筑地基基础设计规范》(GB 50007—2011)表 5.2.5 确定对应系数 $M_b=0.51$、$M_d=3.06$、$M_c=5.66$ 后,将 $f_{ak}=200\mathrm{kPa}$ 代入(4-3)式可得其黏聚力 $c_k=24.5\mathrm{kPa}$。

即 2∶8 灰土可取 $\varphi=20°$,$c=24.5\mathrm{kPa}$。当然也可以假定其他的 $\varphi$ 值,反算出对应的 $c_k$ 值。

### 4.1.2 通过地基承载力特征值反算出来的土内摩擦角及黏聚力有什么用途及注意事项

岩土工程很多环节（如基坑支护、边坡工程等）需要采用土内摩擦角及黏聚力（$c$、$\varphi$值）开展设计工作。$c$、$\varphi$值一般是通过勘探取样进行室内土工试验，然后统计而得到。但有时由于土的结构性和取样扰动的影响，使得室内土工试验结果离散性较大或与实际情况误差较大。

例如对含石英砾较多的花岗岩残积土，仅用常规尺寸的环刀进行取样；又如对淤泥等软土，没按规范要求采用薄壁取土器，仍用常规的厚壁取土器。这往往会导致岩土勘察报告中按土工试验数据统计得出的淤泥层、花岗岩残积土的 $c$、$\varphi$ 值偏低、与实际情况不符，直接按其进行边坡、基坑支护设计非常不合理。

某些经验丰富的工程师可凭经验对岩土勘察报告中不合理的 $c$、$\varphi$ 值参数进行一定程度的修正，使岩土设计相对合理、符合实际，但由于缺乏明确的依据，往往会在基坑支护方案专家评审、施工图审查等环节被人质疑其合理性。

对于上文建议的土 $c$、$\varphi$ 值反算方法，其输入的参数为岩土勘察报告中地基承载力特征值，通常有大量地区工程经验为支撑，具有一定的可靠性；反算方法所依据的是《建筑地基基础设计规范》（GB 50007—2011）的计算公式，具有无可争议的权威性。故该法可用于从多方面判定 $c$、$\varphi$ 值参数的合理性，对合理确定岩土设计参数具有很好的参考价值。

此外，复合地基的等效抗剪强度指标（如表 2-6）、基坑内加固土抗剪强度指标（如第 4.2 节）等也可以采用这种反算方法得到。

最后需要提醒注意：①同样的土样用不同的试验方法（直接快剪、固结快剪，或者是三轴不固结不排水、固结不排水、固结排水，等等），会得出不同甚至差异很大的 $c$、$\varphi$ 值；②不同的试验方法对应于不同的工程条件、不同的工程问题；③因此通过地基承载力反算得出的 $c$、$\varphi$ 值，应针对具体的工程条件进行必要的研读和判断，结合具体工程问题的情况来使用。

## 4.2 基坑被动区加固构造要求、计算参数取值及质量检测要求

在珠三角等沿海地区，基坑工程常遇到含水量很大的淤泥等软弱土层，基坑支护设计常出现支护结构嵌入深度不足、坑底抗隆起和抗管涌不足，以及支护结构水平位移过大等问题。通常情况下，在基坑内被动区采用水泥土加固，可经济合理地有效解决这类问题（见图 4-1）。即利用钻机搅拌土体，把固化剂注入土体中，并将土体与浆液搅拌混合，在浆液凝固后便在土层中形成一个圆柱状固结体。搅拌桩加固可提高地基土的承载力，增加支护结构内侧土体的被动土压力，减少土体的压缩变形和支护结构的水平位移，增加基坑底部抗隆起稳定性和开挖边坡的稳定性。

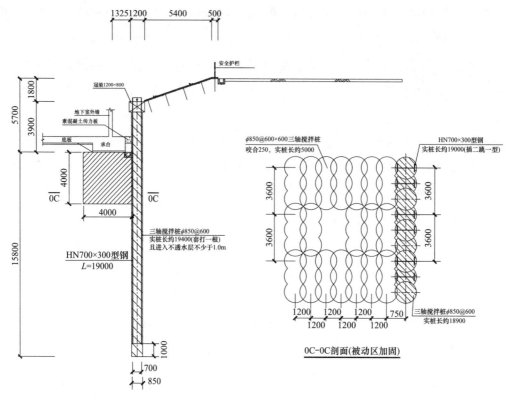

图 4-1 某项目基坑被动区加固剖面示意

笔者参加基坑支护方案评审时，不时遇到基坑内被动区加固土参数取值、加固桩位排列布置等环节出现不合理的现象。对此有必要讨论一下。

### 4.2.1 基坑内被动区水泥土加固的构造要求

1. 加固桩位排列布置形式

合理的桩位排列布置形式包括满膛式、格栅式、墙肋式等（见图 4-2）。桩位满膛式布置的地基加固成本较大，一般仅应用于基坑外侧环境保护要求较高的与基坑对应的被动区域或基坑面积较小的区域[1]。

笔者在评审基坑方案时，曾遇到基坑内被动区采用梅花式布桩的错误做法。采用满膛式、格栅式、墙肋式等，可取得较大的置换率，能较大幅度提高坑内被动区的土体抗剪强度，有利于满足坑底抗隆起和抗管涌。坑内被动区加固土与支护结构连成整体，从另一个角度来看，相当于支护结构在坑底高度范围的局部加腋，对减少支护结构水平位移也很有帮助。

2. 其他构造要求

（1）面积置换率和桩间搭接等要求。有环境保护要求时或考虑加固后的土体 $m$ 值或 $k$ 值提高的坑内加固宜用格栅形加固体布置，其截面置换率通常可选择 $0.5 \sim 0.8$。在基坑较深或环境保护要求较高的一级或二级基坑中，可选用大值，反之可取用小值。

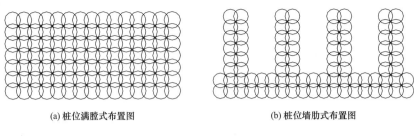

(a) 桩位满膛式布置图　　　　　　　　(b) 桩位墙肋式布置图

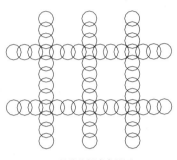

(c) 桩位格栅式布置图

图 4-2　基坑被动区加固合理的桩位排列布置形式[1]

规范对重力式水泥土挡墙格栅的面积置换率、水泥搅拌桩的搭接宽度、水泥掺入量等要求，一般同样适用基坑内被动区加固土。例如：①《建筑基坑支护技术规程》（JGJ 120—2012）第 6.2.3 条规定："重力式水泥墙采用格栅形式时，格栅的面积置换率，对淤泥质土，不宜小于 0.7；对淤泥，不宜小于 0.8；对一般黏性土、砂土，不宜小于 0.6。格栅内侧的长宽比不宜大于 2"；第 6.2.3 条规定："水泥土搅拌桩的搭接宽度不宜小于 150m"；②《广东省建筑基坑工程技术规程》（DBJ/T 15—20—2016）第 7.2.9 条规定："当采用格栅布置时，水泥土的置换率，对淤泥不宜小于 0.8，对淤泥质土不宜小于 0.7，对黏土及砂土不宜小于 0.6；格栅长宽比不宜大于 2，横向墙肋的净距不宜大于 1.8m；相邻水泥土桩之间的搭接宽度不宜小于 150mm；使用的水泥强度等级不宜低于 42.5R，水泥掺入比应根据水泥土强度设计要求确定。水泥土搅拌桩的水泥掺入比不应小于 12%，对粉土、粉质黏土、粉砂、中砂、松散或稍密粗砂或砾砂及填土的水泥掺入比宜为 12%～16%，对流塑—可塑淤泥、淤泥质土宜为 15%～20%；高压喷射注浆的水泥掺入比不宜小于 30%。"

（2）加固宽度和深度。《广州地区建筑基坑支护技术规定》（GJB 02—98）第 9.2.2 条建议："加固宽度可取基坑深度的 0.5～1.0 倍，加固深度不宜小于嵌入深度的 0.7 倍"。此外尚应满足支护结构嵌入深度、坑底抗隆起和抗管涌，以及支护结构水平位移限值等要求。

### 4.2.2　基坑内被动区加固土计算参数取值

有些基坑支护设计方案，对基坑内加固土的计算参数取值较为随意，存在为计算通过而无依据地凑数字的嫌疑；或者是不加分析、盲目采用软件默认的"基坑内加固土"计算参数（见图4-3），严重影响了计算结果的可靠性。在此提醒各位读者特别留意。

图4-3　"理正深基坑"软件默认的"基坑内加固土"计算参数

1. 基坑内加固土抗剪强度指标、重度的合理取值

坑内加固区由格栅内原状软土（淤泥）和格栅的水泥土组成，其等效抗剪强度指标一般可按匀质化的原则予以确定，即采用以下的面积比计算[2]：

$$c_c = mc_p + (1-m)c_s \tag{4-4}$$

$$\tan\varphi_c = m\tan\varphi_p + (1-m)\tan\varphi_s \tag{4-5}$$

式中：$c_c$、$c_p$、$c_s$分别为基坑内加固土、水泥土搅拌桩和原状软土（淤泥）的黏聚力，$\varphi_c$、$\varphi_p$、$\varphi_s$分别为基坑内加固土、水泥土搅拌桩和原状软土（淤泥）的内摩擦角，$m$为置换率。

原状软土（淤泥）的黏聚力$c_s$、内摩擦角$\varphi_s$由岩土勘察报告提供，并应进行必要的研读和判断。水泥土搅拌桩的黏聚力$c_p$、内摩擦角$\varphi_p$取值可参考相关手册，例如《地基处理手册（第三版）》[2] P481~482："水泥土的抗剪强度随其无侧限抗压强度的增大而增加，其黏聚力$c$与无侧限抗压力强度$q_u$的比值$c/q_u=0.2\sim0.3$；其内摩擦角变化在20°~30°之间"。

此外，还有另一种方法确定基坑内加固等效土抗剪强度指标：先根据坑内加固区水泥土搅拌桩的置换率，按《建筑地基处理技术规范》（JGJ 79—2012）第7.1.5条算出该区域复合地基的承载力特征值 $f_{spk}$，然后用地基承载力反算基坑内加固土抗剪强度指标。具体反算方法参见本书第 4.1 节。

2. 基坑内加固土重度的合理取值

同样可以按面积比的方法计算确定：

$$\gamma_c = m\gamma_p + (1-m)\gamma_s \tag{4-6}$$

式中：$\gamma_c$、$\gamma_p$、$\gamma_s$ 分别为基坑内加固土、水泥土搅拌桩和原状软土（淤泥）的重度。

水泥土搅拌桩的重度 $\gamma_p$ 可参考相关手册，例如《地基处理手册（第三版）》[2] P477："由于水泥的比重为 3.1，比一般软土的比重（2.65～2.75）大，所以水泥土的比重也比天然土稍大。当水泥掺入比为 15%～20% 时，水泥土的比重比软土约增加 4%"。

由于水泥土与原状软土容重差别不大，基坑内加固土的容重取值也可以简化为：①格栅式、墙肋式布桩时取原状软土的天然重度；②满膛式布桩时取原状软土的天然重度的 1.03～1.05 倍。

3. 基坑内加固土 $m$ 值的合理取值

在推算出基坑内加固土的黏聚力 $c_c$、内摩擦角 $\varphi_c$ 后，可以用《建筑基坑支护技术规程》（JGJ 120—2012）第 4.1.5 条的经验公式估算基坑内加固土 $m$ 值。

此外，也可以如上文同样用面积比方法确定基坑内加固土 $m$ 值，此处不再重复。

### 4.2.3　坑内加固区的检测要求

在工程实践中，施工单位一般对止水帷幕、重力式水泥土墙等环节中的水泥搅拌桩施工较为重视。因为如果这些环节施工质量不好，一旦基坑土方开完必然出现基坑渗水，甚至支护结构有较大位移。而坑内加固区的施工监管一般受重视程度不足，甚至有时候成了偷工减料的重灾区。曾有项目坑底开挖检查，居然在坑底加固区完全找不到成形的水泥搅拌桩。

既然坑内被动区加固对减少软土场地支护结构的水平位移、增加基坑底部抗隆起稳定性和开挖边坡的稳定性非常重要，确保其施工质量非常关键。除常规的设计交底以外，有必要在设计图纸明确对坑内加固区的施工质量检测要求，以此为抓手，督促施工单位和监理单位严格落实对坑内加固区的施工质量监管，确保其施工质量符合设计要求。

坑内加固区的施工质量检测要求，可参照有关规范对重力式水泥土墙的质量检测要求。例如：①《建筑基坑支护技术规程》（JGJ 120—2012）第 6.3.2 条规定："应采用开挖方法检测水泥土搅拌桩的直径、搭接宽度位置偏差；应采用钻芯法检测水泥土搅拌桩的单轴抗压强度、完整性、深度。单轴抗压强度试验的芯样直径不应小于 80mm。检测桩数不应少于总桩数的 1%，且不应少于 6 根"；②《广东省建筑基坑工程技术规程》（DBJ/T 15—20—2016）第 19.3.8 条规定："水泥土墙宜采用钻芯法检测墙身的完整性，检测数量不宜少于总桩数的

1%，且不应少于 5 根；单轴抗压强度试验的芯样应按土层分组，每组不少于 3 个试件。作为截水帷幕的水泥土搅拌桩应重点检测成桩质量、桩的完整性和桩的搭接效果，在施工后 7 天内进行开挖检查或 28 天后采用钻孔取芯等手段检查。作为软基加固的水泥土搅拌桩应重点检测桩的完整性、芯样的单轴抗压强度和单桩竖向抗压承载力"。

## 4.3 基坑支护设计典型问题——以某基坑支护设计方案为例

笔者于 2013 年以甲方顾问的身份对某基坑支护方案提出了咨询意见。该基坑虽然开挖深度不大，但设计方案中存在的问题比较典型，现摘录其中值得借鉴的咨询意见，供读者参考。

工程概况：某工程基坑设计开挖深度 4.75m，开挖深度范围内为素填土、淤泥、黏土和砾质黏性土，设计采用土钉墙、土钉墙＋放坡等两种支护形式。基坑支护平面布置见图 4-4。支护方案基本可行，在以下几方面需进一步修改、补充和完善。

### 4.3.1 设计开挖深度

按本工程勘察报告，基坑底大部分坐落在淤泥层（钻孔 ZK50、ZK62、ZK72、ZK78、ZK132 等），施工作业面条件恶劣，实际施工时需要超挖换填砖渣等。建议基坑设计开挖深度考虑实际施工的需要，增加 0.7~1m，或者提出限制超挖换填不利影响的设计要求。

另外，也要考虑邻近基坑边缘的工程桩承台超挖的不利影响，建议提出承台跳挖等措施。

### 4.3.2 需要补充的设计内容

（1）补充出土口详图，并按超载不小于 40kPa 进行验算。

（2）补充电梯底坑等较大、较深坑中坑的支护详图（尤其是位于淤泥层时），并进行必要的验算。

（3）设计有土钉墙、土钉墙＋放坡等两种支护形式，两者的交接点（即图 4-4 中 5-5 剖面与 6-6 剖面的交点 $H$、1-1 剖面与 2-2 剖面的交点 $C$）是支护的薄弱部位之一，应补充大样交代两种支护形式如何衔接。

（4）请向施工单位了解施工塔吊平面位置，如处于基坑支护影响范围，应做专门处理。

### 4.3.3 基坑监测

基坑平面阴角（即图 4-4 中的 $B$、$F$、$G$ 等点）存在端部效应，比较有利，建议取消该处的监测点，以节省监测费用。

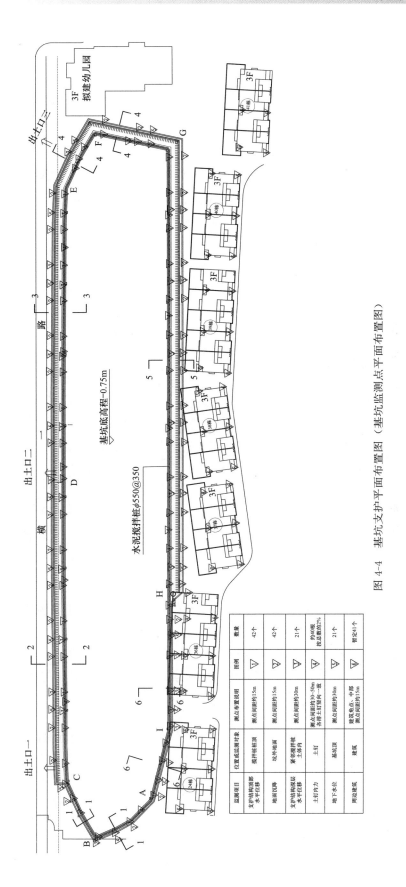

图 4-4 基坑支护平面布置图（基坑监测点平面布置图）

| 监测项目 | 位置或监测对象 | 测点布置说明 | 图例 | 数量 |
|---|---|---|---|---|
| 支护结构顶部水平位移 | 搅拌桩桩顶 | 测点间距约15m | ▽ | 42个 |
| 地面沉降 | 坑外地面 | 测点间距约15m | ▽ | 42个 |
| 支护结构深层土体位移 | 紧邻搅拌桩土体内 | 测点间距约30m | ▽ | 21个 |
| 土钉内力 | 土钉 | 测点间距约30～50m各排土钉竖向一致 | ▽ | 约40组按总点数的2% |
| 地下水位 | 基坑顶 | 测点间距约30m | ▽ | 21个 |
| 周边建筑 | 建筑 | 建筑角点、中部测点间距约15m | ▽ | 暂定41个 |

### 4.3.4 水泥搅拌桩的桩长

各剖面的水泥搅拌桩桩长均标注为定值，建议按进入预定土层一定深度进行控制。

### 4.3.5 土钉施工对周围环境的影响

（1）5-5 剖面（见图 4-5）、6-6 剖面（见图 4-6）土钉需要穿过已建别墅的管桩基础，密集的土钉难免与管桩基础相碰，造成管桩损坏，引发已建别墅出现沉降等质量问题。如条件许可建议该区段改用其他可行的支护形式，如格栅重力式水泥土挡墙。

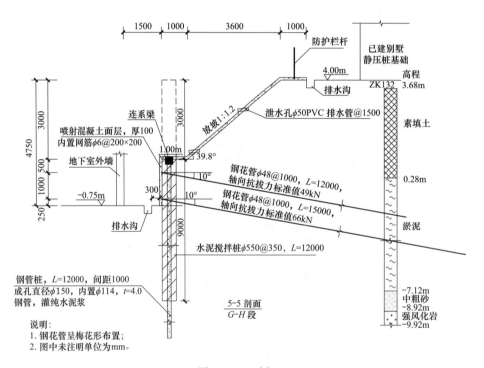

图 4-5 5-5 剖面

（2）4-4 剖面（见图 4-7）虽然现状是空地，但密集的土钉会成为日后幼儿园管桩施工的地下障碍物。如条件许可建议该区段改用其他可行的支护形式，如格栅重力式水泥土挡墙。

（3）2-2 剖面（见图 4-8）和 3-3 剖面（见图 4-9）采用的土钉数量较多，建议与格栅重力式水泥土挡墙等其他支护方案进行经济、技术比选。

### 4.3.6 计算书

（1）坑外地下水位深度取 2.5m，与岩土勘察报告不符，宜取 0.5m。

（2）淤泥层 $c$、$\varphi$ 值与勘察报告建议不符，取值偏高。可参照本书 4.1 节方法复核。

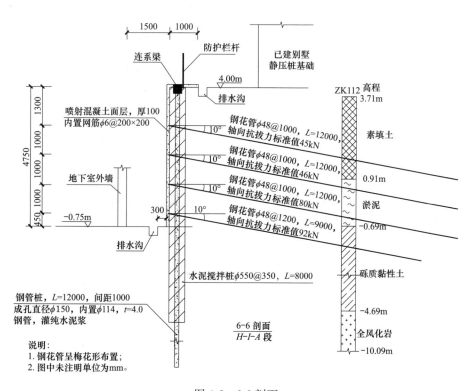

图 4-6　6-6 剖面

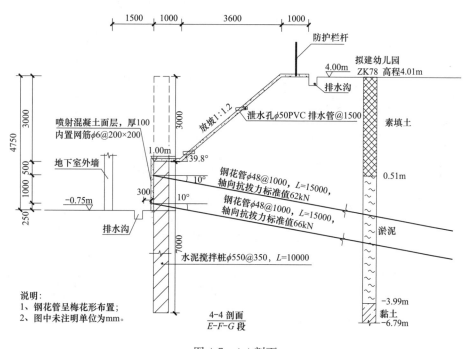

图 4-7　4-4 剖面

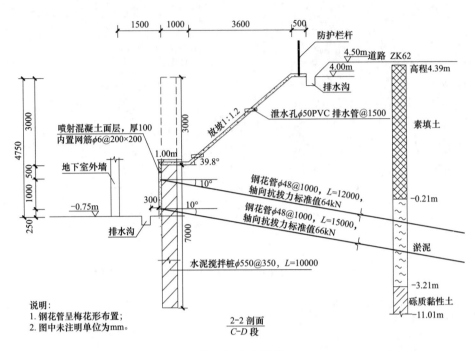

图 4-8　2-2 剖面

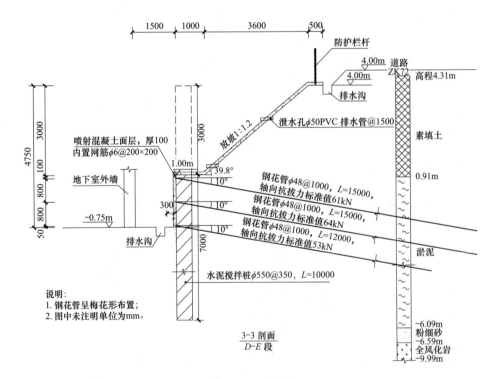

图 4-9　3-3 剖面

## 4.4 关于基坑支护排桩箍筋的配置问题

**网友疑问：**

在基坑支护设计时遇到了这么一个问题，基坑采用灌注桩排桩支护，该排桩的设计应该满足桩基规范的设计要求。桩基规范在基桩构造一节中谈到，受水平荷载较大的桩基桩顶以下 $5d$ 范围内的箍筋应加密，间距不应大于 $100mm$。基坑支护排桩肯定属于受水平荷载较大的桩基，但这种箍筋加密位置是否欠妥呢？基坑底部一段范围内才是剪力及弯矩的最大受力处，是不是加密范围应该从基坑底部算起呢？还是应该有其他的什么说法呢？

**答复：**

《建筑桩基技术规范》（JGJ 94—2008）中的大部分规定是针对桩基作为建筑物基础的情况。其特点是：桩完全埋在土中，以竖向承压为主，同时在桩顶一定范围内承受水平剪力。所谓"受水平荷载较大的桩基"是指建筑物所在地的地震烈度较高或基本风压较高，桩顶承受水平剪力大一点、分布的范围深一点。

《建筑桩基技术规范》（JGJ 94—2008）第 4.1.1 条第 4 款要求桩顶一定范围内箍筋加密，是因为：①桩基作为建筑物基础时，水平剪力通常就在此范围内分布，是桩身抗剪的需要；②桩顶箍筋加密，使混凝土受约束而处于三向受压状态，实际抗压强度提高，有利于提高桩身竖向承压强度，对桩基作为建筑物基础的情况是有利的。

这位网友所提的基坑支护桩，其受力状况与桩基作为建筑物基础的情况完全不同：①桩不完全埋在土中、靠坑内侧有临空面；②桩基本不承受竖向荷载（除自重以外），完全仅受水平土压力。

所以其剪力分布规律与桩基作为建筑物基础的情况完全不同，不能机械地盲目套用《建筑桩基技术规范》（JGJ 94—2008）第 4.1.1 条第 4 款要求，而应该根据具体的计算分析，按最大剪力分布的位置来配置基坑支护桩箍筋。

最后引述《建筑桩基技术规范应用手册》[3] P63 关于建筑桩基桩身箍筋作用的论述如下，希望对读者理解这个问题有帮助："关于（建筑桩基桩身）箍筋的配置，主要考虑三方面因素。一是箍筋的受剪作用，对于地震设防地区，基桩桩顶要承受较大剪力和弯矩，在风等水平力作用下也同样如此，故规定宜在顶 $5d$ 范围筋适当加密；二是箍筋在轴压荷下对混凝土起到约束加强作用，可大幅提高桩身受压承载力，而桩顶部分荷载最大，故桩顶部位箍筋应适当加密，三是为控制钢筋笼的刚度。"

## 4.5 半岩半土的基坑支护设计——审视开挖坚硬岩石的必要性

**网友疑问：**

请问场地表层 2~3m 是填土，再往下就是中风化花岗岩，基坑开挖深度有 4m 多。这种情况下的基坑支护设计怎么做？

**答复：**

假如是因建造建筑物地下室而开挖的基坑，建议这位网友与建筑专业沟通协调，在条件允许的情况下优先调整规划总图的竖向设计，提高 ±0.000 的绝对高程，或者把地下室平面位置调整到坚硬中风化花岗岩埋深大的区域。如无特殊需要，应尽量避免因建造地下室而开挖坚硬的基岩，降低施工难度和造价，减少对项目施工进度的影响。基坑支护设计本身倒不是问题的关键。

不过，如果这个建筑项目的规划总图已送审并经政府部门审批通过，这就涉及规划修改重新报审的流程，项目前期审批周期因技术问题考虑不周而不得不被延误了。

结构专业在项目前期阶段并非无足轻重、无所作为。在类似这位网友项目的情况中，结构专业可以在规划总图设计阶段适时介入，在具备场地初勘资料的前提下，结合场地地质情况协助建筑专业复核规划总图的竖向设计、地下室平面位置的合理性。这样可以避免规划总体审批通过后才发现存在非必要开挖坚硬岩石等不合理情况，进而需要修改规划总图、重新报审。

回到这个网友技术层面的问题，如因特殊原因确实需要按这样的条件进行基坑支护（例如因埋设室外管线而开挖的基坑，且管线的位置和埋深已不能调整），一般情况下中风化花岗岩段可以垂直开挖（除非其裂隙发育、较破碎，且裂隙向基坑内倾斜），其上面的填土层厚度不大，可放坡并适当进行护坡处理。

### 参 考 文 献

[1] 刘国彬、王卫东. 基坑工程手册 [M]. 2 版. 北京：中国建筑工业出版社，2009.

[2] 龚晓南. 地基处理手册 [M]. 3 版. 北京：中国建筑工业出版社，2008.

[3] 刘金砺，高文生，邱明兵. 建筑桩基技术规范应用手册 [M]. 北京：中国建筑工业出版社，2010.

# 第5章　地基变形计算与沉降观测

## 5.1　必须进行沉降计算、变形设计的范围

### 5.1.1　进行沉降计算的必要性

地基竖向压缩变形表现为建筑物基础的沉降，地基变形计算主要是基础的沉降计算，它是地基设计中一个重要组成部分。当建筑物在荷载作用下产生过大的沉降或倾斜时，对于工业或民用建筑来说，都可能影响正常的生产或生活程序的进行，危及人们的安全，影响人们的心理状态。

建筑物沉降是引起上部结构变形的一个重要因素。由于沉降不均，造成上部结构的损坏，或者沉降过大，引起使用上的困难，诸如管道的开裂，雨水倒灌等等。因此，在地基设计时，对于某些建筑物应当慎重地考虑地基变形可能引起的后果。规范规定对这类建筑物必须进行地基变形验算[1]。

### 5.1.2　现有设计规范对地基变形计算的相关规定

1. 天然地基

《建筑地基基础设计规范》（GB 50007—2011）第3.0.2条规定："根据建筑物地基基础设计等级及长期荷载作用下地基变形对上部结构的影响程度，地基基础设计应符合下列规定：……2 设计等级为甲级、乙级的建筑物，均应按地基变形设计；3 设计等级为丙级的建筑物有下列情况之一时应作变形验算：①地基承载力特征值小于130kPa，且体型复杂的建筑；②在基础上及其附近有地面堆载或相邻基础荷载差异较大，可能引起地基产生过大的不均匀沉降时；③软弱地基上的建筑物存在偏心荷载时；④相邻建筑距离近，可能发生倾斜时；⑤地基内有厚度较大或厚薄不均的填土，其自重固结未完成时"；第3.0.3条给出了可不作变形验算的、设计等级为丙级的建筑物范围。

2. 处理地基

《建筑地基处理技术规范》（JGJ 79—2012）第3.0.5条第2款规定："按地基变形设计或应作变形验算且需进行地基处理的建筑物或构筑物，应对处理后的地基进行变形验算"。

3. 桩基础

《建筑桩基技术规范》（JGJ 94—2008）第 3.1.4 条："下列建筑桩基应进行沉降计算：①设计等级为甲级的非嵌岩桩和非深厚坚硬持力层的建筑桩基；②设计等级为乙级的体形复杂、荷载分布显著不均匀或桩端平面以下存在软弱土层的建筑桩基；③软土地基多层建筑减沉复合疏桩基础"。

### 5.1.3 《建筑与市政地基基础通用规范》(GB 55003—2021)关于沉降计算、变形设计的规定

1. 天然地基与处理地基

《建筑与市政地基基础通用规范》（GB 55003—2021）第 4.1.1 条第 2 款规定："对地基变形有控制要求的工程结构，均应按地基变形设计"。

2. 桩基础

《建筑与市政地基基础通用规范》（GB 55003—2021）第 5.1.1 条第 8 款规定："摩擦型桩基，对桩基沉降有控制要求的非嵌岩桩和非深厚坚硬持力层的桩基，对结构体形复杂、荷载分布不均匀或桩端平面下存在软弱土层的桩基等，应进行沉降计算"。

### 5.1.4 对比与建议

《建筑与市政地基基础通用规范》（GB 55003—2021）对天然地基与处理地基沉降计算的要求更为原则性，部分地基基础设计等级丙级、原来不需要验算沉降的建筑，现在可能也需要验算。

《建筑与市政地基基础通用规范》（GB 55003—2021）对桩基沉降计算范围的要求更为宽泛，不再区分桩基设计等级。实操性不强（怎样才算"对沉降有控制要求"；对"非深厚坚硬持力层的桩基"，持力层多薄才算"非深厚"），容易被审图机构判定违反强制性条文。

对设计而言，沉降验算的工作量大，不像沉降观测那样提供 1 张沉降观测点布置图、提出观测技术要求就可以了，而且沉降验算的精度受计算方法和地基参数（压缩模量等）准确性的制约，不仔细对待有可能得出误导性的验算结论。所以，要认真领会《建筑与市政地基基础通用规范》（GB 55003—2021）的要求。对是否需要进行沉降计算存在疑问时，建议及时与工程所在地施工图审查机构沟通确认。

## 5.2 地基土三个力学模量的正确使用

### 5.2.1 地基土三个不同的力学模量

在计算地基变形的环节，存在着三个试验方法不同、应用条件各异的力学模量：

（1）压缩模量 $E_s$：由压缩固结试验（完全侧限的情况下）测得。《建筑地基基础设计规范》（GB 50007—2011）推荐简化的分层总和法，计算结果是长时间荷载作用下、土体完全固结后的地基最终沉降量，计算应采用压缩模量 $E_s$。

（2）变形模量 $E_0$：根据现场压板荷载试验的 $p$-$s$ 曲线的初始直线段，按均质各向同性半无限弹性介质的弹性理论计算出来，是在无侧限的情况下求得的。用《高层建筑筏形与箱形基础技术规范》（JGJ 6—2011）第 5.4.3 条的弹性理论公式估算地基最终沉降量时，应采用变形模量 $E_0$。

（3）弹性模量 $E_d$：可由室内三轴压缩试验确定，用来计算短时间内快速作用荷载时土的瞬时沉降、高耸结构物在风荷载作用下的倾斜等。

$E_d$ 用来计算瞬时或短时间内即将快速作用着荷载时土体的变形，$E_s$ 和 $E_0$ 用于只是一次性加载条件下假定是线弹性体的土体最终变形的计算，$E_s$ 和 $E_0$ 的区别在于是否存在侧限。

结构工程师平常接触得最多的，就是用压缩模量 $E_s$ 按《建筑地基基础设计规范》（GB 50007—2011）的方法计算地基最终沉降量，容易在潜移默化中误以为 $E_s$ 是地基土唯一的力学模量，忽略了三个力学模量的适用条件，造成判断失误。下面结合一个案例进一步探讨。

### 5.2.2　案例分析

文献［2］的第1部分经过计算分析后认为："地基土对独立柱基础的约束刚度不容忽视，基底抗弯刚度与柱的抗弯刚度相差太大，地基土无法将混凝土柱嵌固而不发生转动，因此按柱底嵌固在基础顶面进行计算将产生安全问题"。

上述观点值得商榷，下面结合地基土三个不同的力学模量进行探讨。

1.　关于地基土的力学模量

文献［2］选取了图 5-1 所示的模型，基本条件为：C30 钢筋混凝土方柱，截面为 $500\text{mm} \times 500\text{mm}$，柱高5m，在柱顶作用水平力 $H = 20\text{kN}$，竖向力 $V = 500\text{kN}$，C30 混凝土基础 $2.5\text{m} \times 2.5\text{m} \times 1.5\text{m}$（$h$），地基土取 $10\text{m} \times 10\text{m} \times 5\text{m}$（$h$）的范围，地基土压缩模量 $E_s = 10\text{MPa}$。分别假定：①基础底面完全固定；②按实际地基土的压缩模量计算地基的实际变形。采用 ANSYS 进行了有限元计算对比，计算结果见表 5-1。似乎确实是"由于基底土被压缩、基础转动而产生的柱顶位移，远大于混凝土柱弯曲产生的位移"[2]。

文献［2］上述论断是不成立的，本节无意细究计算软件的具体应用，仅从选用力学模量的角度进行探讨。对图 5-1 的柱顶位移，无论是基底土被压缩、基础转动而产生的柱顶位移，还是混凝土柱弯曲产生的位移，都是水平力 $H$ 作用的结果。对建筑结构而言，水平力

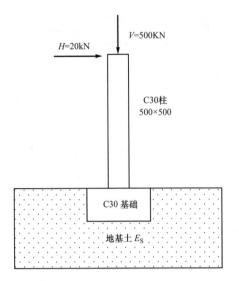

(a) 独立基础计算模型

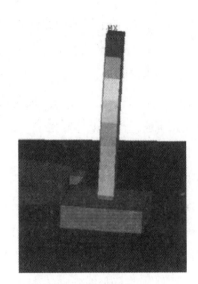

(b) 有限元计算变形图

图 5-1　文献［2］的独立基础计算模型及有限元计算变形图

表 5-1　　　　　　　　　　　　　　文献［2］对图 5-1 的计算结果

| 计算假定 | 柱顶水平位移 $\Delta_1$(mm) | 柱底水平位移 $\Delta_2$(mm) | 柱顶位移角 $\theta$ |
|---|---|---|---|
| 基础底面完全固定 | 5.5 | 0 | 1/909.1 |
| 按 $E_s$=10MPa 计算地基的实际变形 | 42.02 | 5.83 | 1/138.2 |

$H$ 通常是风荷载或地震作用，都属于重复荷载，每次作用的时间很短。此时土体中的孔隙水来不及排出或不能完全排出，压缩变形还来不及发生，因此大部分仍属可恢复的变形，这种情况应当用地基土的弹性模量 $E_d$ 计算，而不应该采用压缩模量 $E_s$。

对中压缩性土（$E_s$=4～15MPa）和低压缩性土（$E_s$＞15MPa），土的弹性模量 $E_d$ 要比压缩模量 $E_s$ 大得多。根据文献［3］和［4］，汇总了广州地区部分经验数据于表 5-2，从中可见 $E_d$ 可能是 $E_s$ 的十几倍或者更大，而且土越密实（$E_s$ 越大），相差的倍数越大。这是由于土越密实，$E_s$ 试验值受土的取样扰动越大。在《建筑地基基础设计规范》（GB 50007—2011）中，土越密实（压缩模量当量值越大），沉降计算经验系数 $\psi_s$ 越小，原因也是如此。文献［2］采用了数值偏小许多的压缩模量 $E_s$，计算出实际上不可能那么大的柱顶位移值。

表 5-2　　　　　　　　　　广州地区地基土 $E_s$，$E_0$ 和 $E_d$ 部分经验数据

| 地层 | 岩土名称 | 主要指标 | $E_s$(MPa) | $E_0$(MPa) | $E_d$(MPa) |
|---|---|---|---|---|---|
| $Q_4^{mc}$ | 淤泥质黏土 | $w$=45% | 3.05 | 1.2 | 3.6～4.8 |
| | | $w$=50% | 2.63 | 1.0 | 3.4～4.0 |
| | | $w$=55% | 2.40 | 0.9 | 2.7～3.6 |

续表

| 地层 | 岩土名称 | 主要指标 | $E_s$(MPa) | $E_0$(MPa) | $E_d$(MPa) |
|------|----------|----------|------------|------------|------------|
| $Q_3^{al}$ | 黏土 | $w=20\%$ | 6.34 | 25.0 | 75.0～100.0 |
| | | $w=25\%$ | 5.21 | 20.0 | 60.0～80.0 |
| | | $w=30\%$ | 4.37 | 15.0 | 45.0～60.0 |
| | | $w=35\%$ | 3.75 | 8.0 | 24.0～32.0 |
| | | $w=40\%$ | 3.28 | 5.0 | 15.0～20.0 |

注 $E_s$ 经验数据按文献 [3] 中土的物理与力学指标相互关系经验公式推算得出；$E_0$ 和 $E_d$ 经验数据摘录自文献 [4]。

2. 关于基础底面与柱抗弯刚度比

文献 [2] 按式（5-1）～式（5-3）计算基础底面与柱抗弯刚度比，并做了一个简单算例，计算结果见表 5-3。

$$柱抗弯刚度：K_c = E_c I_c \tag{5-1}$$

$$基础底面的抗弯刚度：K_b = E_s I_b \tag{5-2}$$

$$抗弯刚度比：\eta = K_b / K_c = E_s I_b / E_c I_c \tag{5-3}$$

式中：$E_s$，$E_c$ 分别为土的压缩模量和柱的弹性模量；$I_b$，$I_c$ 分别为基础底面和柱截面的惯性矩。

表 5-3 文献 [2] 基础底面与柱抗弯刚度比 $\eta$ 的算例结果

| 方形独立柱基础边长/m | 1.5 | 2.0 | 2.5 | 3.0 | 4.0 |
|----------------------|-----|-----|-----|-----|-----|
| $E_s = 5$MPa | 0.014 | 0.043 | 0.104 | 0.216 | 0.683 |
| $E_s = 10$MPa | 0.027 | 0.085 | 0.208 | 0.432 | 1.365 |
| $E_s = 15$MPa | 0.041 | 0.128 | 0.313 | 0.648 | 2.048 |

注 按 C30 钢筋混凝土柱，截面 500mm×500mm 计算。

从表 5-3 的计算结果来看，似乎确实是"当基础底边长与柱边长之比在 3～6 时，$\eta$ 值均小于 1，尤其基础底边长与柱边长之比在 4 以下时，$\eta$ 值均小于 0.1，基础很难将柱嵌固不动"[2]。

然而，文献 [2] 上述观点存在以下问题：

（1）地基变形不仅局限在基础底面，换而言之，基础外面一定范围的地基土也对混凝土柱嵌固有贡献。式（5-2）、式（5-3）只考虑了基础底面地基土的贡献，导致 $\eta$ 值偏小。

（2）与上文相同，这时候考虑的水平荷载通常是风荷载或地震作用，式（5-2）、式（5-3）应采用地基土的弹性模量 $E_d$，文献 [2] 采用了数值偏小许多的压缩模量 $E_s$，极大地低估了 $\eta$ 值。

（3）只要用 $E_d$ 计算，通常情况下 $\eta$ 值应大于 1.0。可能在 $E_s$（$E_d$）较小且基础底边长与柱边长之比也小的特殊情况下，$\eta$ 值会小于 1.0。这种情况并不常见，因为 $E_s(E_d)$ 小，地基承载力也小，相同的上部荷载（即柱截面尺寸相同）就需要更大的基础底面，即需要更大的基础底边长与柱边长之比。

### 5.2.3 结语

文献［2］的图 5-1 和表 5-3 是探讨在风荷载或地震作用下地基土对独立基础以及上部混凝土柱的嵌固程度。风灾容易引起钢结构破坏[5-7]，风荷载导致混凝土结构或独立柱基础破坏则十分罕见；根据文献［8］，在 1976 年唐山地震的烈度 10、11 度区，一般黏性土和密实砂土地基基础的震害现象并不突出，独立基础无倾斜，条形基础也无明显沉降差。工程实践表明，无论是对于风荷载还是地震作用，按"柱底嵌固在基础顶面"进行设计通常是安全的。文献［2］误用了土的力学模量，得出与工程实践经验不符的结论。

地基基础设计应摒弃上部结构设计时形成的依赖定量分析的设计思想，强调定性分析与定量分析相结合。以本节讨论的地基土力学模量为例，需要注意其适用条件，并结合工程经验对分析结果进行判断，否则即使采用计算精准的 ANSYS 有限元进行分析，仍会造成判断失误。

## 5.3 "强风化花岗岩"持力层可否套规范的"较破碎岩体"而不验算其沉降

**网友疑问：**

《建筑地基基础设计规范》（GB 50007—2011）第 6.5.1 条第 1 款规定："置于完整、较完整、较破碎岩体上的建筑物可仅进行地基承载力计算"。例如，"强风化花岗岩"是否属于规范的"较破碎岩体"范围？

**答复：**

完整程度和风化程度是评价岩石工程性质的两个不同侧面，两者有交集，又不完全相同。强风化岩通常是半岩半土的状态，其工程特性与完全由岩块构成的中风化岩、微风化岩（不论是什么完整程度）有很大的差异。相同工程条件下其沉降会比真正的岩石地基大。

笔者认为，应当实事求是，不能简单地去抠规范的字眼，生硬地套用《建筑地基基础设计规范》（GB 50007—2011）第 6.5.1 条第 1 款而不验算其沉降。广东省《建筑地基基础设计规范》（GB 50007—2011）有强风化岩、全风化岩变形模量与标贯击数的经验关系公式，也要求验算强风化岩、全风化岩地基的变形，具体可以用变形模量估算其地基变形。

## 5.4　必须开展沉降观测的范围

### 5.4.1　开展建筑物沉降观测工作的重要意义

沉降观测是最常见的建筑变形测量内容。沉降观测一般贯穿于建筑的整个施工阶段并延续至运营使用阶段。沉降观测数据的积累，对一个地区建筑基础的设计具有重要的作用。

新中国成立以后，一些地区系统地进行了建筑物的沉降观测工作，积累了一批宝贵的实测资料，这些资料，不仅已经成为改进地基基础设计方法和制定地基基础设计规范的重要依据，而且对于研究土力学理论和提高地基基础科学技术水平都具有重要的作用[1]。

对于新建的建筑物来说，进行系统的沉降观测，可以验证地基基础设计的正确性。当建筑物产生裂缝时，沉降观测资料是分析裂缝产生的原因、预计沉降发展的趋势以及研究采取加固或处理措施的重要依据。对于原有建筑物的改建、增加层数或改变使用而增加荷载时，沉降观测资料是鉴定地基承载力能否提高的主要依据。对于在建筑物使用期间，因某些特殊原因，如地下工程的施工、地下矿井的开挖、邻近高大建筑物的建造以及地下水位的大幅度升降等可能引起建筑物产生附加下沉时，沉降观测资料可以判明这种附加下沉的危害程度，以便采取有效的防护措施。

### 5.4.2　现有设计规范对"必须开展沉降变形观测范围"的规定

1. 天然地基与处理地基

《建筑地基基础设计规范》（GB 50007—2011）第10.3.8条规定："下列建筑物应在施工期间及使用期间进行沉降变形观测：①地基基础设计等级为甲级建筑物；②软弱地基上的地基基础设计等级为乙级建筑物；③处理地基上的建筑物；④加层、扩建建筑物；⑤受邻近深基坑开挖施工影响或受场地地下水等环境因素变化影响的建筑物；⑥采用新型基础或新型结构的建筑物"。

《建筑地基处理技术规范》（JGJ 79—2012）第10.2.7条："处理地基上的建筑物应在施工期间及使用期间进行沉降观测，直至沉降达到稳定为止"。

2. 桩基础

《建筑桩基技术规范》（JGJ 94—2008）第3.1.10条规定："对于本规范第3.1.4条规定应进行沉降计算的建筑桩基，在其施工过程及建成后使用期间，应进行系统的沉降观测直至沉降稳定"；第3.1.4条规定："下列建筑桩基应进行沉降计算：①设计等级为甲级的非嵌岩桩和非深厚坚硬持力层的建筑桩基；②设计等级为乙级的体形复杂、荷载分布显著不均匀或桩端平面以下存在软弱土层的建筑桩基；③软土地基多层建筑减沉复合疏桩基础"。

### 5.4.3 《建筑与市政地基基础通用规范》(GB 55003—2021)关于"必须开展沉降变形观测范围"的规定

1. 天然地基与处理地基

《建筑与市政地基基础通用规范》（GB 55003—2021）第 4.4.7 条规定："下列建筑与市政工程应在施工期间及使用期间进行沉降变形监测，直至沉降变形达到稳定为止：①对地基变形有控制要求的；②软弱地基上的；③处理地基上的；④采用新型基础形式或新型结构的；⑤地基施工可能引起地面沉降或隆起变形、周边建（构）筑物和地下管线变形、地下水位变化及土体位移的"。

2. 桩基础

《建筑与市政地基基础通用规范》（GB 55003—2021）第 5.2.4 条规定："下列桩基工程应在施工期及使用期间进行沉降监测直至沉降达到稳定标准为止：①对桩基沉降有控制要求的桩基；②非嵌岩桩和非深厚坚硬持力层的桩基；③结构体形复杂、荷载分布不均匀或桩端平面下存在软弱土层的桩基；④施工过程中可能引起地面沉降、隆起、位移、周边建（构）筑物和地下管线变形、地下水位变化及土体位移的桩基"。

### 5.4.4 变与不变

1. 名称、术语

（1）现有设计规范用"沉降变形观测""沉降观测"；《建筑与市政地基基础通用规范》（GB 55003—2021）用"沉降变形监测""沉降监测"。

（2）"观测"与"监测"没有本质差别。

2. 处理地基

（1）现有设计规范和《建筑与市政地基基础通用规范》（GB 55003—2021）均要求，对所有的处理地基（无论是换填、强夯处理或是复合地基）都要进行沉降观测（监测），规定无实质性变化。

（2）笔者认为其原因在于地基处理的设计理论不完善，需要采用沉降观测（监测）进行兜底。

3. 天然地基

《建筑与市政地基基础通用规范》（GB 55003—2021）要求的范围有所扩大，例如，软弱地基上的所有建筑都需要进行沉降观测（监测），而不仅限于软弱地基上的地基基础设计等级为乙级和甲级的建筑物。

4. 桩基础

《建筑与市政地基基础通用规范》（GB 55003—2021）要求的范围有所扩大，例如，"对沉降有控制要求的桩基"都需要进行沉降观测（监测），而现有设计规范中的"软土地基多层建筑减沉复合疏桩基础"只是"对沉降有控制要求的桩基"的其中一种情况。

### 5.4.5 讨论与建议

《建筑与市政地基基础通用规范》（GB 55003—2021）为强制性工程建设规范，全部条文必须严格执行。其中有一些原则性条文实操性不强，例如：①对"非深厚坚硬持力层的桩基"，持力层多薄才算"非深厚"？②怎样才算"对沉降有控制要求"？

在执行该规范过程中，难免会在施工图审查机构与设计单位之间引发一些争议。为了避免被施工图审查机构判定违反强制性条文，可能的对策包括：①不管具体需要，所有项目都要求进行沉降观测。这似乎有点过分；②最好还是事先与工程所在地施工图审查机构沟通确认，达成一致。

## 5.5 沉降观测数据反演案例

本节内容为第 2.1 节的续篇，第 2.1 节已详细介绍了湖南省郴州市某住宅小区 21 号楼、22 号楼基础埋深突破规范要求的分析论证过程，本节进一步介绍该 2 栋楼沉降计算及后续沉降观测的情况[9]。

### 5.5.1 基床系数取值与沉降预测

基床系数是 Winkler 地基模型计算筏板内力和沉降变形的重要参数，与土性和基础形状、尺寸密切相关。该工程根据浅层平板载荷试验数据推算如下[10-11]，结果汇总于表 5-4。

试验的基床系数 $K_v'$ 按式（5-4）确定：

$$K_v' = \frac{p}{s} \tag{5-4}$$

式中：$p$ 为浅层平板载荷试验实测 $p \sim s$ 关系曲线（见第 2.1 节图 2-3）比例界限压力；$s$ 为对应于该 $p$ 值的沉降量。

因承压板直径 $d$ 不是 0.3m，需要按式（5-5）换算成承压板直径为 0.3m 的基准基床系数 $K_v$：

$$K_v = \left(\frac{2d}{d+0.3}\right)^2 \cdot K_v' = \left(\frac{2 \times 0.8}{0.8+0.3}\right)^2 \cdot K_v' = 2.12 \cdot K_v' \tag{5-5}$$

根据实际基础尺寸，按式（5-6）修正为 $K_s$ 后方可用于具体设计：

$$K_s = \left(\frac{b+0.3}{2b}\right)^2 \cdot K_v \tag{5-6}$$

式中：$b$ 为筏形基础的等效宽度。

**表 5-4** 载荷试验推算基床系数结果汇总

| 试验点 | 压板直径 $d$(m) | 比例界限压力 $p$(kPa) | 对应的沉降量 $s$(mm) | 试验的基床系数 $K_v'$(kN/m³) | 基准基床系数 $K_v$(kN/m³) | 21 号楼修正后基床系数 $K_s$(kN/m³) | 22 号楼修正后基床系数 $K_s$(kN/m³) |
|---|---|---|---|---|---|---|---|
| Y01 | 0.8 | 2400 | 13.10 | 183，206 | 384，110 | 98，893 | 99，280 |
| Y02 | 0.8 | 2400 | 23.78 | 100，925 | 211，599 | 54，479 | 54，692 |
| Y03 | 0.8 | 2400 | 24.77 | 96，891 | 203，142 | 52，301 | 52，506 |

根据表 5-4 计算结果，取 $K_s = 50000 \text{kN/m}^3$。此设计参数实际上只是平均基床系数，从总体上确定筏形基础平均沉降。在上部结构与筏形基础相互作用下，实际地基反力呈两边大、中间小。用单一基床系数输入 Winkler 地基模型不能反映上述地基反力的分布特点，因此根据《高层建筑箱形与筏形基础技术规范》（JGJ 6—2011）的地基反力系数分布规律、适当调整了筏板不同区域的 $K_s$ 值。最终沉降计算结果见表 5-5。

**表 5-5** 最 终 沉 降 计 算 值

| 栋号 | 平均沉降计算值（mm） | 最大沉降计算值（mm） | 最大沉降差计算值（mm） |
|---|---|---|---|
| 21 | 8.9 | 12.3 | 5.1 |
| 22 | 9.4 | 12.5 | 4.2 |

### 5.5.2 沉降观测与反演

1. 沉降观测

为了监测基础沉降进展以及验证沉降计算，在 21 号楼和 22 号楼分别设置 12 个沉降观测点，从 2010 年 9 月基础施工开始进行沉降观测，原则上每施工完一层测一次，结构封顶后每完成七层墙体砌筑测一次。至 2011 年 8 月 20 日，各进行了 30 次沉降观测，未发现异常沉降，沉降实测值汇总于表 5-6，平均沉降曲线见图 5-2。

**表 5-6** 实 测 沉 降 值

| 栋号 | 平均沉降（mm） | 最大沉降（mm） | 最大沉降差（mm） |
|---|---|---|---|
| 21 | 2.53(3.112) | 4.0 | 2.4 |
| 22 | 2.93(3.554) | 4.0 | 2.0 |

注 括号数值为基于沉降观测资料、用指数曲线推算的最终平均沉降值。

利用该2栋楼实测沉降曲线进行经验公式曲线拟合[12]，推算出地基最终平均沉降值，列于表5-6。

2. 反算沉降经验系数 $\psi_s$

《高层建筑箱形与筏形基础技术规范》（JGJ 6—2011）推荐用变形模量 $E_0$ 估算地基平均沉降的方法，见式（5-7），式中各符号意义见规范原文。

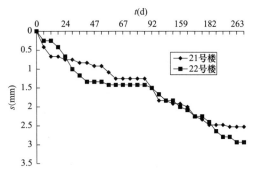

图5-2 地基平均沉降随时间变化曲线图

$$s = \psi_s p_k b \eta \sum_{i=1}^{n} \left( \frac{\delta_i - \delta_{i-1}}{E_{0i}} \right) \tag{5-7}$$

式（5-7）中经验系数 $\psi_s$ 需要积累沉降实测数据进行统计分析。按表5-6沉降实测数据反演，该工程 $\psi_s = 0.167 \sim 0.184$（见表5-7），可供郴州类似工程参考。

表5-7　　　　　　　　沉降经验系数 $\psi_s$ 反演结果汇总

| 栋号 | 基础等效宽度 $b$(m) | 基底平均压力 $p_k$(kPa) | 变形模量 $E_0$(MPa) | 最终平均沉降推算值 $s$(mm) | $\psi_s$ 反演值 |
|---|---|---|---|---|---|
| 21 | 20.59 | 442.6 | 73.93 | 3.112 | 0.167 |
| 22 | 18.16 | 471.8 | | 3.554 | 0.184 |

3. 反算实际平均基床系数

根据基底平均压力 $p_k$、最终平均沉降推算值 $s$，按式（5-8）反算实际平均基床系数 $K_s$ 结果见表5-8。以实际平均基床系数 $K_s$ 重新输入计算模型进行复核，筏形基础结构承载力满足要求。

$$K_s = \frac{p_k}{s} \tag{5-8}$$

表5-8　　　　　　　　实际平均基床系数 $K_s$ 反演结果汇总

| 栋号 | 基底平均压力 $p_k$(kPa) | 最终平均沉降推算值 $s$(mm) | 平均基床系数 $K_s$ 反演值（kN/m³） |
|---|---|---|---|
| 21 | 442.6 | 3.112 | 142,224 |
| 22 | 471.8 | 3.554 | 132,752 |

### 5.5.3　案例经验总结

该工程沉降计算值与实测值都很小，虽然两者相差超过 $50\%$，但问题并不突出。对地基土压缩性不低、承载力富余不大，或者上部结构体形复杂、荷载悬殊的工程，若产生如此大的计算误差百分比，就可能会出现问题。因此需要分析其原因，总结经验。

对岩土勘察报告和载荷试验报告进行深入研读后，笔者认为原因在于：①第③层持力层中随机分布的"硬夹层"相当于"孤石"；②载荷试验承压板尺寸大体与"孤石"相当（甚至更小），压力影响深度小，承压板与其下面"孤石"相对空间位置关系具有很大不确定性，对基床系数的试验结果影响很大，试验结果具有很大的离散性，单个试验结果具有极大的偶然性；③筏形基础尺寸相对于"孤石"大得多，而且基底压力影响深度也大，地基软硬不均可忽略不计，上部结构刚度也起调平不均匀沉降的作用，沉降观测结果印证了这个判断，"孤石"在持力层中的含量是影响筏形基础沉降变形特征的主要因素；④基床系数的规范修正方法[10-11]仅适用于匀质土，在软硬不均的地质条件下修正后的基床系数仍难以反映筏形基础的实际沉降变形特征。

对软硬不均地基上的筏形基础，如何提高沉降的预测精度，结合该工程的实践提出如下建议：①在勘察阶段应适当增加钻孔数量，尽量查明硬夹层的含量比例；②适当增加载荷试验数量，尽量选用大尺寸的承压板，以增大试验的影响深度，减少与工程实际的差异；③载荷试验除选取偏"软"的点来测定地基承载力外，也应适当选取偏"硬"的点以便综合判断地基变形指标；④结合圆锥动力触探试验、旁压试验和标准贯入试验等手段对场地进行普查，统计分析场地"软"和"硬"的比例，与载荷试验对比、结合经验数据预估基床系数、变形模量等地基变形指标；⑤设计阶段应采用算术平均或加权平均来确定地基变形指标，不宜简单选用最低试验值；⑥收集该地区类似工程的沉降观测资料，反演总结地基变形指标的地区经验。

## 5.6 地下室抗浮沉降观测案例

地下水位监测一般仅在基坑支护、地下室施工阶段进行，沉降观测一般在施工阶段进行，直到沉降趋于稳定后停止。在建筑物投入使用一段时间后重新进行沉降观测与地下水位监测的情况非常罕见。本节分享一个这样的案例，供读者遇到类似情况时参考借鉴。

### 5.6.1 项目概况

某高端商业综合体，地面以上为一幢 120m 高塔楼，四层裙楼，裙楼屋顶结构标高＋39.1m。地面以下为两层地下室，长 238m，宽 132m，主要为停车场、酒店仓库及机电用房。B2 层底板结构面标高－12.5m，底面正好位于砂层（强透水层）；柱下独立单桩承台，底板采用 1000mm 厚大平板；抗浮设防水位取至室外地坪，需要考虑的抗浮水头约 13.5m；地下室典型柱网为 9m×8.5m；上部为大跨度结构布置，地下室部分柱终止于地下室顶板，因此部分柱下需要布置抗拔桩，以保证地下水浮力作用下地下室的抗浮稳定性。采用人工挖孔桩基础（有扩大头），总桩数 531 根，其中抗拔桩 389 根（桩径 1200～1800mm，单桩抗拔承载力特征值 1800～8000kN，进入中风化岩层深度 3～13m）。

施工、监测：从开始地下室施工到竣工投入使用，历时 4 年。地下室施工期间进行了 154 次地下水位观测，期间个别点的水位变化比较大（据介绍是受邻近地铁施工抽水影响）；上部主体结构和装饰工程施工期间进行了 20 次沉降观测。最后一次沉降观测显示，各观测点的沉降已趋于稳定，不均匀沉降差小于规范限值，随后沉降观测停止。

### 5.6.2　B2 层地下室渗漏和业主方的担忧

该高端商业综合体投入使用第三年初进入雨季后，该项目地下室 B2 层底板普遍出现地面渗水情况（暴雨过后情况尤为明显），已经开始影响该层停车库、功能用房的正常使用。见图 5-3。

(a) 停车库渗漏情况　　　　　　　　(b) 功能用房渗漏情况

图 5-3　B2 层渗漏情况

由于上部主体结构某些楼层曾发生幕墙/窗户极个别玻璃爆裂，业主方担心开裂渗水是否由于抗拔桩与抗压桩之间的沉降差异导致，目前大楼是否还处于抗浮安全状态。

### 5.6.3　原因初步分析

地下室出现渗漏后业主组织相关单位踏勘现场，并召开了专题研讨会议，分析地下室渗流原因，初步认为大楼主体结构目前处于安全稳定状态，B2 层底板渗水基本上属于施工质量问题。

（1）踏勘现场未见 B1 层楼面梁柱节点位置有明显的开裂，初步排除存在严重沉降差异的可能性。

（2）B2 层底板只是轻微的渗水，并没有涌水的情况出现。

（3）B2 底板上无设置疏水层，对局部轻微开裂的部位，由于地下水位较高，地下水就会渗出面层。

（4）地下室底板混凝土浇筑时间是 8～9 月，存在赶工情况，且在高温时期浇筑大面积混凝土并没有采取降温措施，底板混凝土施工工艺及养护可能存在问题而导致开裂渗漏。

（5）在后浇带施工时有大量地下水涌出，使用抽水设备排水但未能完全排干净，并且后浇带接口部位未完全清理干净，可能存在后浇带施工质量问题而导致底板渗水。

（6）经查阅项目的岩土勘察报告，此地块透水性很强的砂层埋深约为 12～13m，刚好处于地下室底板深度的位置，也可能是底板比较容易渗水的原因。

### 5.6.4 再次启动沉降观测，同步进行地下水位观测

鉴于业主方对抗压桩与抗拔桩之间沉降差异的严重关注，决定重新对桩垂直位移进行观测，同步进行地下水位观测。目的在于：监控抗拔桩是否在处于设计正常工作状态，确定地下室是否处于抗浮安全状态，以便消除业主的疑虑。具体如下：

（1）根据业主提供的原沉降观测方案和资料，综合现存观测点位置、地下室漏水情况、观测布点对停车空间的影响以及测量便利性等因素，考虑到原方案的观测点主要布置在抗压桩位置，在 B2 层增设 25 个观测点，其中 22 个新增观测点布置在抗拔桩位置，为了解抗压桩与抗拔桩之间的沉降差异，另外新增的 3 个观测点布置在抗压桩位置。

（2）原 3 个水准基点已被破坏，需重新引设到附近可靠的位置加以固定，作为之后观测的基准。

（3）关于沉降观测频率，第一次测量：①测量 L1 层现存观测点的实际高程，与先前的主体沉降观测记录进行比较。②对新增观测点，由于没有先前的测量记录，第一测量数据将作为之后衡量这些观测点垂直位移的基准。从第二次测量开始，第一个月每两周观测一次；如第一个月观测结果无异常情况，在非丰水期每 2 个月观测一次，在丰水期加密至每月一次。③现存的 L1 层 10 个观测点需要包括在观测范围。

（4）关于地下水位观测，在地下室周边实际条件许可的前提下，均匀布置 10 个地下水位观测孔，具体位置可以参考原基坑水位监测平面布置图。地下水位观测频率：①每两周观测一次；②如观测发现地下水位上升较快，需相应加密沉降观测的频率。

由于实际条件所限，最终的沉降观测与地下水位监测实施方案与最初建议方案有一定的差异，包括：①据监测单位介绍，先前的主体沉降观测记录为相对高程（相对于当时的沉降观测基准点），并没有 L1 层现存观测点的实际高程数据，因此无法比对竣工至现在现存观测点的垂直位移是否有显著的变化。故复测仅重新建立基准点，测量各测点相对于新基准点相对高程的变化情况。②为方便测量工作的开展，全部测点设置在 B2 层，共 25 个测点（测点

位置按最初建议方案，只是总数量有所减少），在抗拔桩和抗压桩之间间隔分布。③由于现场外围现有管线等条件限制，仅在靠近河道的南侧布置了 3 个水位监测点，与 3 个沉降观测基准点相邻，采用深埋式沉降观测基准点，钻孔入中风化岩层 2m 后停钻，在 $\phi10mm$ 镀锌铁管顶部安装不锈钢帽，再在孔内注入混凝土并捣实，以确保观测期间基准点稳定。

### 5.6.5　抗浮监测阶段性的主要结论

在开展了 6 次观测后，监测单位提供的主体复测阶段性说明主要结论有：

（1）主体沉降监测点累计变化量最大的点位是 1 号点，其值为 6.38mm；累计变化量最小的点位是 17 号点，其值为 4.65mm，各沉降观测点的累计沉降量最大差值为 6.38－4.65＝1.73mm，小于《建物地基基础设计规范》（GB 50007—2011）中规定的变形差允许值 0.002L，L 为相邻沉降观测点（柱位）之间的距离，单位为 mm。

（2）监测过程中，各水位监测点的变化比较一致，不存在骤变的情况。截至最后一次监测，水位累计变化最大的是－4.14m（SW1），最小的是－3.15m（SW3），"＋"表示地下水位升，"－"表示地下水位下降。

（3）该项目紧邻河道，主体西侧相邻地块有工地正在施工。水位的变化极易受到周边环境因素的影响，且第 6 次观测时正处于枯水期。水位下降是正常现象。主体各监测点变化量都不大，且为均匀沉降，不存在异常沉降现象。

### 5.6.6　对阶段性沉降观测与地下水位监测数据的研读和判断

1. 监测数据的反常现象

该项目同步进行沉降观测复测和地下水位监测复测。单看沉降观测的数据貌似很正常，单看地下水位监测数据也无异常，但把两者的数据对照着一起看，就发现问题了：

（1）第 2～6 次监测的数据中，监测点的沉降方向与地下水升降的关系似乎有违力学常理（见表 5-9 汇总对比），出现"水位下降时沉降观测点高程上升"的反常现象，需要分析原因。

**表 5-9　　　　　　　6 次沉降观测复测和地下水位监测复测数据趋势对比**

| 项目 | 第 1 次观测 | 第 2 次观测 | 第 3 次观测 | 第 4 次观测 | 第 5 次观测 | 第 6 次观测 |
|---|---|---|---|---|---|---|
| 1～25 号沉降观测点 | 获取基准初始高程数据 | 对比上次观测，高程全部下降 | 对比上次观测，高程全部上升 | 对比上次观测，高程全部上升 | 对比上次观测，高程全部上升 | 对比上次观测，高程大部分点（20 个）上升，少数点（5 个）下沉 |
| SW1～SW3 水位监测点 | 获取基准初始地下水位数据 | 对比上次观测，地下水位全部上升 | 对比上次观测，地下水位全部下降 | 对比上次观测，地下水位全部下降 | 对比上次观测，地下水位全部下降 | 对比上次观测，地下水位全部下降 |

（2）3个基准点（M1、M2和M3）的位移不容忽视，其量值已经与部分监测点的沉降值相当（例如第6次基准点M2位移0.4mm，已经超过了该次观测大多数点的变形量），需要分析原因并评估其对监测数据准确性的影响，以确定复测数据的可信性。

2. 对阶段性监测数据的研读和判断

（1）业主与监测单位反馈，目前的3个水位监测点（SW1、SW2和SW3）布置在原来基坑支护止水帷幕的外侧，监测点水位不一定与地下室水位同步升降。但是，原止水帷幕也隔断地下水补给，使地下室底板水位相对稳定，且在枯水期进行监测，期间降雨很少，多次监测同时发生"监测点水位下降而地下室底板水位上升"的概率是非常低的。

（2）根据笔者参与见证第6次观测时了解到的情况，监测时只是复核3个沉降基准点（M1～M3）之间是否存在明显的高程差异，并没有用其他稳定的水准点复核M1～M3是否有发生同步下沉（或上升），而且3个基准点之间的高程差也呈扩大趋势。因此主体沉降复测阶段性说明中，监测单位认为"从沉降数据来看，各基准点是稳定的"的理据并不充分。参考文献［13］就记载了一个类似的"由于基准点下沉导致出现建（构）筑物基础上升的测量假象"的案例。如有某些外部偶然因素导致M1～M3发生同步（但相互之间差异很小）的下沉，将有可能导致出现上述"监测点的沉降方向与地下水升降的关系似乎有违力学常理"的情况，需进行必要的排查。

（3）M1～M3虽为深埋实沉降观测基准点（钻孔入中风化岩层2m后停钻），但从阶段性监测数据判断也并非完全坚固可靠。尚不能排除在M1～M3布设过程中存在缺陷（如混凝土浇灌不密实），周边土下沉（地下水下降，有效土压力增减）带动M1～M3下沉，测点的沉降量比基准点要小，造成测点上升的假象。

3. 抗浮沉降观测工作的终止

对于上述监测数据反常的原因分析，监测单位矢口否认，后面继续按《项目主体沉降及地下水位复测方案》中设定的频率持续进行监测。

在进行了第8次监测、持续时间超过1年后，已有的监测数据反映沉降量变化不大，各处沉降差均满足规范要求，未发现建筑物有异常沉降。最后业主方同意停止复测。

### 5.6.7 案例经验总结

（1）当遇到类似该案例的地下室严重渗漏，且对抗拔桩的可靠性存有怀疑时，启动抗浮沉降观测是可行的办法。

（2）从地下室施工到首层，基础荷载增量有限，引起沉降通常不大，所以一般沉降观测点在首层竖向构件，监测从首层施工完毕后开始。该案例因条件所限，只好重设沉降观测点于地下室，其测量工作麻烦一些，测量基准点都在地面，要多次引测才能测到地下室的沉降观测点，累计测量误差也大。

（3）抗浮沉降观测对测量基准点保护的要求较高，应引起各方（特别是监测单位）的重视，否则就有可能出现类似该案例的不同监测数据之间关系异常的情况。

## 参 考 文 献

[1]  黄熙龄，秦宝玖. 地基基础的设计与计算 [M]. 北京：中国建筑工业出版社，1981.

[2]  金杰，邹剑强，刘明辉. 结构设计中柱底嵌固刚度的分析与探讨 [J]. 建筑结构，2011，41(S1)：662-664.

[3]  林本海，李业茂，石汉生. 广州地区土的物理力学特性指标的分析 [C]// 广东岩土工程测试技术研讨会论文集，1997.

[4]  陆培炎，熊丽珍. 广州地区各岩土层的力学计算参数 [C]// 陆培炎科技著作及论文选集. 北京：科学出版社，2006.

[5]  王士奇，刘仲波. 轻型门式刚架风灾破坏形式及其工程措施 [J]. 钢结构，2006，21(5)：25-27＋95.

[6]  王赛宁，李文波. 从风荷载对轻钢结构房屋的破坏看抗风设计 [J]. 中国建筑防水，2010，(7)：9-15.

[7]  朱若兰. 轻钢结构工程事故分析 [J]. 中国建筑金属结构，2008(9)：37-41.

[8]  国家建委建筑科学研究院地基基础研究所. 地基基础震害调查与抗震分析（唐山地震调查报告）[M]. 北京：中国建筑工业出版社，1978.

[9]  古今强，侯家健，陈学伟. 高层住宅基础优化设计实例 [J]. 广东土木与建筑，2011，18(11)：15-19.

[10]  JGJ 72—2004 高层建筑岩土工程勘察规程 [S]. 北京：中国建筑工业出版社，2004.

[11]  GB 50307—2012 城市轨道交通岩土工程勘察规范 [S]. 北京：中国计划出版社，2012.

[12]  孙更生，郑大同. 软土地基与地下工程 [M]. 北京：中国建筑工业出版社，1984.

[13]  冯小声. 宝钢高程监测系统及沉降观测基准点探讨 [J]. 测绘通报，2003，(03)：44-45＋53.

# 第6章　对基础设计中地下水浮力问题的思考

随着经济的发展，城市建设规模不断扩大，地下空间不断得到开发，带地下室的高层建筑以及地下车库、下沉式广场等大量兴建，地下结构面积和深度显著增加。由此地下水的处理逐渐成为了工程中的热点问题，同时地下结构抗浮失效的工程事故不时见诸报道。本章结合文献和案例分析，对基础设计中地下水浮力问题进行了思考，探讨了抗浮设防水位和水浮力计算、抗浮措施的选择以及抗拔构件设计等，并就合理利用地下水浮力提出建议[1]。

## 6.1　抗浮设防水位和浮力计算

水浮力的本质是作用在地下结构顶面与底面水压力之差，根据实际情况这个水压力可能是孔隙水压力或者是静水压力，在渗流情况下还需要对地下水进行渗流分析。处理抗浮问题的常规做法是：在勘察阶段尽力查明场地水文地质条件和地下水赋存特征，提供有足够安全度、经济合理的抗浮设防水位；在设计阶段以抗浮设防水位为起始点计算浮力，进行相应抗浮验算。

抗浮设防水位必须以观测系统的长期地下水动态为基础，根据区域和整个场地的水文地质条件或地下水埋藏条件，即地下水的类型和分布及埋藏深度、含水层数目、岩性结构、含水层构造特点、地下水的补给、排泄条件等来决定。例如，北京市勘察设计研究院根据北京市水文地质条件和地下水赋存特征，将北京地区浅层地下水分为3个大区和7个亚区，并掌握了近50年地下水动态观测资料，在此基础上建立了地下水预测、预报系统，研究了地下水典型渗流特征及其对建筑场地孔隙水压力分布规律，为经济合理地确定基底地下水浮力打下了坚实基础[2]。

我国疆土辽阔，各地气候、水文、地质等情况差别很大，其他地区根据各自的情况形成了具有地方特色的经验和做法，部分地区的相关做法汇总见表6-1。这些地方经验往往与当地的地质、地下水动态、气候等相适应。如广东珠江三角洲地区地下水位埋深较浅，且承压含水层水位一般低于地面，加上常年降雨量充沛，连续降雨时地下水位常会上升至地面高度，因此抗浮设防水位取室外地坪标高是合适的。

表 6-1　　　　　　　　　　　　抗浮设防水位和地下水浮力计算的一些地方经验

| 地区 | 抗浮设防水位选取原则 | 地下水浮力计算原则 |
|---|---|---|
| 湖北[3] | 若有长期水文观测资料或历史水位记录，可采用历史最高水位；若无长期水文观测资料或历史水位记录，可采用丰水期最高稳定水位；场地有承压水且承压水与潜水有水力联系时，应取承压水和潜水的混合最高水位；对斜坡或其他可能产生明显水头差的场地，应考虑地下水渗流所产生的非均布荷载 | 地下建筑物埋于不透水层，周边填土为密实的不透水土，当场地无积水时，可不考虑水浮力作用；稳定地下水位作用下建筑物所受到水浮力应按静水压力计算，临时高水位作用时，在黏土地基中水浮力可适当折减，折减系数宜由勘察部门提供，在砂土中水浮力不折减 |
| 广东[4-7] | 当无工程设计工作年限内最高水位时，无承压水的平地地形，抗浮设防水位可取室外地坪；有承压水的平地地形，抗浮设防水位取潜水水位和承压水头较大值，潜水水位可取室外地坪；当室外地坪有坡度时，可分段确定抗浮设防水位；场地地势低洼且有可能发生淹没、浸水时，宜采取可靠的地表防、排水措施，防止地下结构周边地下水位超过抗浮设防水位。抗浮设防水位应根据周边地质情况、积水深度、内涝时间及周边积水下渗等因素确定；不可能淹没的较小台地、分水岭等，当地表防水、排水条件较好时，抗浮设防水位可取丰水期地下最高水位 | 在计算地下水浮力时，除有可靠的长期控制地下水位的措施外，不应对地下水水头进行折减，结构基底面承受的水压力应按全水头计算 |
| 深圳 | 当有长期系统的地下水观测资料时，应取峰值水位；只考虑施工期间的抗浮设防时，宜取 1～2 个水文年度的最高水位；无法确定地下水峰值水位时，可取建筑物室外地坪以下 1～2m；位于坡地上、斜坡下的场地，宜以分区单栋建筑物室外地坪最低处为抗浮设防水位；当建筑物周边地面和地下有连通性良好的排水设施时，宜以该排水设施底标高为基准综合判断；当涨落潮对场地地下水位有直接影响时，宜取最高潮水位时的地下水位[8] | 滨海填海区：水浮力折减系数取 1.0。山前冲沟：若地下室埋藏较浅、底板下填土和粉质黏土较厚时，浮力折减系数取 0.7～0.8；若上部填土和粉质黏土不厚或地下室埋藏深度较大，且地下室底板达到下部砂层时，抗浮设计水位不折减；若地下室底板接近下部砂层，应按砂层承压水头分析计算底板抗浮稳定性。丘陵、台地：水浮力折减系数取 0.5～0.6。低山、丘陵、基岩裸露：地下室位于砂砾状强风化层时，水浮力可不折减，地下室位于土状强风化层时，水浮力可按 0.8 折减，地下室位于碎块状强风化或中风化层时，水浮力可按 0.7～0.8 折减，地下室位于裂隙不发育的微风化层时，水浮力可按 0.5～0.6 折减[9,10] |
| 贵州[11] | 勘察期间测量地下水位，并通过收集场地的动态资料，给定年最高水位、历史最高水位及其动态变化规律 | 静水条件下水浮力不折减；对砂土、粉土等渗透性强的土层，水浮力不折减；对渗透系数很低的黏土和节理不发育的岩石，原则上水浮力不折减，只有在具有地方经验或实测数据时，方可进行一定的折减；渗流条件下，水浮力应通过渗流分析确定 |
| 江西[12,13] | 一般环境条件下，有地下水位长期观测资料时，抗浮设防水位可采用实测最高水位；缺乏地下水位长期观测资料时，地下室抗浮设防水位取值宜为建（构）筑物室外地坪标高以下 0.5～1.0m；地势低洼、有淹没可能的场地，取室外地坪标高；大面积回填且排水不畅的场地，抗浮设防水位可取室外地坪标高 | 当地规范没有专门的条文规定 |

这些地方经验适合于简单场地上的一般工程，具有局限性。对于规模庞大、地下水情况复杂（如有多个含水层）或者重要的工程，宜进行现场孔隙水压力测试或渗流分析。

【例 6-1】重庆江北区某大型工程，基坑平面尺寸约为 100m×200m，勘察建议采用嘉陵江洪峰水位为抗浮设防水位，需要考虑 32m 水头的水浮力。当地地质以中风化砂岩或砂质泥岩为主，裂隙发育不良，岩石渗透性低，而洪水期很短（约 7d）。抗浮设计时进行渗流分析，考虑了河岸和基坑止水帷幕对表层填土的隔水作用，并考虑了基岩和表层填土的渗透系数。分析表明在洪峰期间渗流并不足以填充地下室外壁与基坑之间回填土的孔隙，基坑开挖后坑内基本未见渗水。同时也参考了相邻场地某市政工程的抗浮专项论证报告，最后偏于安全地对抗浮水压力按抗浮设防水头折减50%考虑。

此外，还要对勘察建议的抗浮设计参数进行必要的判断与调整。因为场地内工程活动（如钻探、开挖、打桩、大面积填土、设置基坑止水帷幕等）将会局部影响地下水原有的赋存、补给和排泄等运动条件，从而或多或少地改变地下水浮力数值，而勘察阶段事前无法预见，仅能从宏观地区水文地质等条件提出设计建议。具体设计时需要结合所采取的工程措施予以判断，必要时进行调整。

**【例 6-2】**[14] 福建某项目，设计时注意到场地为大面积填土，填方高度比勘察时高了近2.5m，考虑到填方对地下水的抬升作用，最终选用的抗浮设防水位比勘察建议值提高了1m。

## 6.2 结构抗浮稳定安全系数与结构抗浮策略

地下结构在水浮力作用下需要有足够的安全度。国内不同的规范对抗浮验算的规定并不一致，关于水浮力荷载分项系数或抗浮稳定安全系数的规定尚未统一，有待协调和完善。工程师需要根据结构重要性、工作年限和地下水浮力计算结果或抗浮设防水位的可靠程度等具体情况，灵活把握。

当抗浮稳定性不满足要求，就需要采取抗浮措施来增加抗浮稳定的安全度。抗浮措施包括被动抗浮措施（如增加配重、设置抗拔桩或抗拔锚杆等）和主动抗浮措施（如排水减压、止水帷幕等）。对具体工程，应结合实际情况、因地制宜地采取相应的结构抗浮策略。例如：

**【例 6-3】**[15] 香港某大厦于1985年建成，大厦4层地下室，底板埋深16~20m，地面以上43层，高175m，底层平面尺寸55m×72m。由于建筑规划要求，大厦底层为全开敞式大空间，采用钢结构悬挂系统，底层仅有8根巨型钢格构柱落地，上部荷载全部由这8根巨型钢格构柱传至基础。地下室采用1m厚、深度大约25m、伸入基岩的地下连续墙（墙脚注浆止水）作为止水帷幕。按洪峰最高水位考虑抗浮水头，地下室的整体抗浮稳定性毫无问题，但地下水水头大、水浮力工况下地下室底板的受荷跨度很大，需要采取抗浮措施以满足局部抗浮稳定。奥雅纳工程顾问项目团队经评估后认为在正常使用阶段渗入止水帷幕以内的水量不大，最初曾考虑采取主动疏散水压力措施，经与业主日后的大厦管理团队沟通，认为管理方面遇到的问题大大抵消了采取主动疏散水压力措施所带来的好处，最后采用永久性岩石抗浮锚杆。

**【例 6-4】**[16] 沈阳某项目，裙楼结构封顶后即可满足抗浮稳定要求，施工抗浮可用抽水等常规施工手段予以解决。但根据业主的工程进度情况，存在裙楼施工降水周期过长的问题。为此设计对"设置抗浮桩、减少底板厚度、地下室顶板封顶后停止降水"和"不设置抗浮桩、裙楼封顶后才停止降水"等2个施工抗浮方案进行经济技术比较，发现前者尽管增加了抗拔桩的费用，但在抵扣降水台班和减少底板厚度的工程费用后，仍可比后者节省工程造价342万元人民币，最终采用前者，为业主节省了工程成本。

【例6-5】广州某产业园总部大楼，大楼地面以上40层，总高180m，3层地下室，基础埋深20.5m，抗浮设防水位取室外地坪标高，按全水头考虑。尽管地下水浮力较大，塔楼的整体抗浮稳定性毫无问题。但了解到业主准备先施工地面以上5层商业用房后暂时缓建塔楼，先开业并观察市场情况后再决定是否续建塔楼。设计单位为此考虑了塔楼停建的抗浮不利工况，在塔楼范围补充设置了抗浮锚杆。

【例6-6】广州新中轴线上某大型商业综合体，地面以上2层，3层地下室，基础埋深18.7m。商场局部为某国际著名品牌的华南地区旗舰店，应租户要求，结构设计极其轻盈简洁，其中地上2层为大跨度钢结构楼面。由于结构自重及配重不足，设置了抗拔锚杆以抵御地下水浮力。然而奥雅纳工程顾问项目团队了解到一旦该租户停租退场，业主将会拆除该区域地上2层的大跨度钢结构楼面，重新改建为常规跨度的钢筋混凝土楼面。鉴于改建过程中存在抗浮抗力（结构自重）减小的不利工况，重新按此不利工况进行了抗浮设计，增加了该区域抗浮锚杆的数量。

文献［2］从施工难易程度、成本、技术成熟程度等方面比较了两类抗浮措施的优点和局限性。文献［17］认为对北京以及大多数北方及内陆地区，在结构设计工作年限内多数时间地下水位处于低位，只在较短时段内才会出现可能危及抗浮稳定的极端高水位，原则上适合采用主动抗浮措施；在南方及沿海地区，地下水位较高，适宜采用被动抗浮措施。

综上所述，可以得出：①被动抗浮措施属于一次性工程投入，主动抗浮措施则要计入其运作费用，前者不一定比后者浪费，需要进行经济技术比较；②只要条件适合，即使在地下水位高的地区也具备采用主动抗浮措施的可能；③采取主动抗浮措施，除了经济技术可行外，还要顾及业主的物业管理能力，另外还要适当考虑日后物业产权易手、管理能力变动的风险；④在市场经济下，在项目施工、运营的整个周期中，存在抗浮抗力发生重大变动的可能（如停建、分期建设或中途改建等），工程师需尽可能了解施工阶段和使用阶段抗浮稳定的各种工况，进而有针对性地采取结构抗浮策略。

## 6.3　抗拔构件设计的几个问题

当采用抗拔桩和抗拔锚杆作为抗浮手段，其配置数量可按下式确定：

$$n \geqslant (N_{w,k} - G_k/K_w)/R \tag{6-1}$$

式中：$N_{w,k}$ 为水浮力作用标准值；$G_k$ 为结构自重及配重之和；$K_w$ 为结构抗浮稳定安全系数；$R$ 为抗拔桩单桩（锚杆）抗拔承载力特征值。

### 6.3.1 抗拔构件的安全系数

抗拔桩（抗拔锚杆）承载力是由岩土抗力（抗拔出）与构件材料强度（抗拉断）双控的。前者采用安全系数法确定抗拔承载力特征值，是抗拔构件入土长度的决定因素，通常安全系数不小于 $2.0^{[18,19]}$。后者是抗拔构件所需钢筋数量的决定因素，当按常规受拉构件、采用分项系数法验算其构件材料强度时，抗拔构件所需钢筋数量需要满足式下式：

$$A_s = N/f_y \quad \text{或} \quad A_s = N/f_{py} \tag{6-2}$$

式中：$N$ 为抗拔构件的轴向拉力设计值；$f_y$、$f_{py}$ 分别为普通钢筋、预应力钢筋的抗拉强度设计值。

为了进行安全度比较，需要将式（6-2）换算成安全系数法的形式。荷载的综合分项系数取 1.35，则有 $N = 1.35N_k$，其中 $N_k$ 为抗拔构件的轴向拉力标准值；热轧钢筋材料分项系数 $\gamma_s$ 取 1.1，预应力钢绞线材料分项系数取 $1.2^{[20]}$，故有 $f_y = f_{yk}/1.1$ 或 $f_{py} = f_{pyk}/1.2$，其中 $f_{yk}$、$f_{pyk}$ 分别为普通钢筋、预应力钢筋抗拉强度标准值，代入式（6-2）整理得：

$$A_s f_{yk}/N_k = 1.485 \quad \text{或} \quad A_s f_{pyk}/N_k = 1.62 \tag{6-3}$$

从式（6-3）可见，当采用分项系数法验算抗拔构件自身承载力时，抗拔桩身（锚杆）材料强度承载力安全系数大致是 1.5～1.6，与岩土抗力安全系数 2.0 并不匹配，实际安全度由前者控制。由此也造成如下问题：①事前进行抗拔承载力检测，实际上是检测岩土抗力控制的承载力，为了满足安全系数 2.0，需要加大试验构件实际配筋量；②施工完成后检测抗拔工程桩（锚杆）时，由于是事后抽检，受材料强度控制，抗拔工程桩（锚杆）只能拉到 1.5～1.6 倍特征值，不能验证岩土抗力是否达到安全系数 2.0。

《建筑桩基技术规范》（JGJ 94—2008）第 5.8.7 条关于抗拔桩配筋计算公式采用了分项系数法，导致抗拔桩配筋存在上述安全系数不匹配的问题。《建筑工程抗浮技术标准》（JGJ 476—2019）第 7.5.6 条关于锚杆筋体截面面积的计算公式采用了安全系数法，安全系数取 2.0，且取钢筋、钢绞线的抗拉强度设计值进行计算，避免了锚杆配筋出现上述安全系数不匹配的问题。

为使抗拔构件的岩土抗力与构件材料强度的安全系数相匹配，建议：①抗浮设防水位取室外地坪标高、计算水浮力时水头也不折减时，可以适当降低抗拔构件的岩土抗力安全系数到 1.5～1.6，抗拔构件配筋按式（6-2）确定；②对于其他情况，抗拔构件配筋梁应按安全系数法确定、安全系数取 2.0，即抗拔构件所需配筋量按下式确定：

$$A_s = 2N_k/f_y \quad 或 \quad A_s = 2N_k/f_{py} \tag{6-4}$$

### 6.3.2 抗拔桩裂缝验算所采用地下水位

规范[19] 对抗拔桩耐久性提出了要求，对其裂缝宽度提出了限制。常规做法是采用最高地下水位验算抗拔桩裂缝宽度，抗拔桩实际配筋量多数情况下由裂缝宽度验算控制。裂缝宽度控制属于正常使用极限状态验算，可按荷载准永久组合并考虑长期作用影响的效应进行计算[20]。

笔者认为，验算抗拔桩裂缝宽度时应采用"正常使用时的地下水"（即"常年平均水位"），而不是持续时间很短的最高洪水位或某一两次极端暴雨后短时出现的最高地下水位。对缺乏地下水动态观测资料或地下水位变化幅度不大的情况，采用最高地下水位验算抗拔桩裂缝宽度是偏于安全的做法。对具有长期地下水动态观测资料且地下水位变动较大、设计工作年限内仅较短时段出现极端高水位的情况，采用最高地下水位验算裂缝宽度，就不合理和不经济。

### 6.3.3 抗拔锚杆的裂缝验算

采用抗拔锚杆作为抗浮措施，方法简单，经济性较高。压力型锚杆需采用专利技术，工程上采用拉力型锚杆比较多。拉力型锚杆受力后浆体普遍易开裂，需要对杆体采取可靠的防护措施和防腐处理，通常的措施包括：①一般环境下控制锚杆锚固浆体裂缝宽度不超过限值[21]；②增大钢筋直径作为腐蚀余量[4]；③腐蚀环境中的锚杆采取专门的防腐设计[21]。

对于抗浮设计等级为丙级的工程，可按允许出现裂缝进行设计[21]。目前针对抗拔锚杆裂缝宽度计算方法的研究较少，实操中往往直接套用钢筋混凝土受拉构件裂缝宽度的计算公式，并认为"全长黏结型锚杆与抗浮桩工作机理及性能类似，可参照抗浮桩进行裂缝宽度估算"[21]。

笔者认为，抗拔锚杆与钢筋混凝土受拉构件（如抗浮桩）存在以下差异：①相同抗压强度的锚杆浆体可能在抗拉性能方面与普通混凝土不同；②钢筋混凝土受拉构件的钢筋通常均匀分布在靠近截面的外表面，而抗拔锚杆则集中分布在截面的中央；③锚杆的钢筋含量（配筋率）通常比钢筋混凝土受拉构件大很多。因此直接套用钢筋混凝土受拉构件裂缝宽度计算公式得来的锚杆裂缝宽度计算结果可能与实际情况有较大差异，建议补充这方面的试验和研究，提供设计建议，以解决工程建设的实际需要。

## 6.4　地下水浮力的合理利用

地下水浮力应该作为荷载项考虑。对上部结构荷载较小的纯地下室（包括层数不多的裙楼），地下水浮力是不利荷载，会造成结构抗浮稳定性不足。对高层建筑塔楼，作用于地下室的水浮力能平衡部分上部结构荷载，从而减小对地基基础的承载力需求，考虑地基基础承载力时水浮力是有利荷载，其与上部结构竖向荷载组合后的剩余反力可用于地基基础设计。

对于有丰富水源补给的地区，由于地下水位较为稳定，个别工程在基础设计中会考虑最低地下水位的有利作用[14,22]。然而大多数高层建筑在地基基础承载力计算并没有考虑地下水浮力的有利作用，计算基底反力或桩顶荷载效应时只考虑上部结构荷载而不考虑水浮力，其有利作用仅作安全储备。

自然因素和人类活动都无可避免地造成地下水位的变化，例如伦敦、北京都曾因严重超采地下水资源而导致地下水位急剧下降[2]，从而引起地基承载力变化以及浮力有利作用的增减，控制地基基础安全度存在一定难度。如何在安全可靠的前提下合理利用地下水浮力的有利作用，下文将进行探讨。

### 6.4.1　地下水位变化对天然地基安全度的影响

设高层建筑筏（箱）形基础埋深（地下室深度）为 $d$，基础宽度 $b>6\text{m}$，采用土类地基持力层，地下水位距室外地面的距离为 $x$，地基承载力特征值为 $f_{ak}$。为简化计算，基础底面以下土重度和基础底面以上的土重度均取 $18\text{kN/m}^3$，土的浮重度取 $8\text{kN/m}^3$，地下室底板每平方米所受地下水浮力 $F_{浮}=10(d-x)$，基础底面以上土的加权重度 $\gamma_m=[18x+8(d-x)]/d=10x/d+8$，深宽修正后地基承载力特征值为 $f_a=f_{ak}+\eta_b\gamma(b-3)+\eta_d\gamma_m(d-0.5)$，$\eta_b$、$\eta_d$ 符号意义见规范[18]。

取 $p'_k=(F+G)/A$，其中 $F$ 为高层建筑上部结构传至基础顶面的竖向力；$G$ 为筏（箱）形基础自重和基础上的土重之和；$A$ 为筏（箱）形基础的底面积。考虑水浮力对上部结构的有利作用，则实际作用到基础底面的压力：

$$p_k=p'_k-F_{浮}=p'_k-10(d-x)$$

则有

$$
\begin{aligned}
f_a-p_k &= f_{ak}+\eta_b\gamma(b-3)+\eta_d\gamma_m(d-0.5)-p'_k+10(d-x)\\
&= f_{ak}+24\eta_b+\eta_d(10x/d+8)(d-0.5)-p'_k+10(d-x)\\
&= [f_{ak}+24\eta_b+8\eta_d(d-0.5)-p'_k+10d]+10[\eta_d(d-0.5)/d-1]x
\end{aligned}
$$

取

$$A=f_{ak}+24\eta_b+8\eta_d(d-0.5)-p'_k+10d \tag{6-5}$$

$$B=10[\eta_d(d-0.5)/d-1] \tag{6-6}$$

则有

$$f_a-p_k=A+Bx \tag{6-7}$$

根据以上分析，对土类地基持力层而言：①地下水位下降，作用在高层建筑地下室的水浮力下降，其对上部结构的有利作用减小；同时水位下降段土的重度增加（由浮重度变为天然重度），地基承载力特征值的修正也增加。两者之间差值可体现地下水位的变化对地基承载力安全度的影响。②通常高层建筑基础埋深（地下室深度）$d > 3m$，其地基持力层不会是软弱土。参照《建筑地基基础设计规范》（GB 50007—2011）表 5.2.4，埋深修正系数 $\eta_d$ 不小于 1.2，按式（6-6）有 $B > 0$，从式（6-7）可以判断 $f_a - p_k$ 是 $x$ 的增函数。地下水位下降使土类地基的承载力具有更大的安全度，取抗浮设防水位计算土类地基的深、宽修正后承载力和水浮力有利作用是偏于安全的。

对岩石地基，其承载力主要由岩石单轴抗压强度 $f_{rk}$、岩体完整程度以及结构面的间距、宽度、产状和组合等因素决定，规范[18] 没有岩石地基承载力深宽修正的相关规定。地下水位下降将导致水浮力的有利作用减小，而岩石地基承载力基本没有变化，岩石地基承载力安全度降低。

### 6.4.2　地下水位变化对复合地基安全度的影响

根据规范[23]，复合地基承载力埋深修正系数 $\eta_d$ 取 1.0。按式（6-6）有 $B < 0$，从式（6-7）可以判断：$f_a - p_k$ 是 $x$ 的减函数。地下水位下降将导致高层建筑复合地基承载力安全度降低。因此仅在对最高和最低地下水位有较大把握的前提下方可谨慎地考虑地下水浮力有利作用。

### 6.4.3　地下水位变化对桩基安全度的影响

这里仅讨论常规桩基，不包括考虑承台效应的复合桩基和软土地基减沉复合疏桩基础。

根据单桩承载力静力计算的有效应力原理（$\beta$ 法）[24]，桩侧极限摩阻力随桩周土竖向有效应力的增大而线性增大。地下水位下降，水浮力对上部结构的有利作用减小；同时桩周土竖向有效应力增大，单桩承载力也有所增大。至于两者能否相抵则需要按具体情况具体分析。

根据规范[19]，单桩承载力采用经验系数法计算，单桩承载力经验数据与桩侧和桩端岩土的状态（如砂土的密实程度、黏性土的液性指数等）有关。地下水位在桩顶以上的局部变化通常对桩侧和桩端砂土的密实度、黏性土的液性指数等影响不大。当桩穿越较厚松散填土或欠固结土层进入相对较硬土层时，地下水位的下降更有可能导致桩周土沉降超过基桩沉降而产生有害的负摩阻力。从技术规范的角度看，地下水位下降导致水浮力的有利作用减小，单桩承载力没有提高甚至有可能需要额外承担负摩阻力，桩基承载力安全度降低。

综上所述，高层建筑桩基考虑地下水浮力的有利作用时需要十分慎重，安全度主要取决于计算有利水浮力所选取最低水位的可靠程度。

### 6.4.4 建议

1. 考虑有利水浮力的高层建筑天然地基

（1）对土类地基，承载力深宽修正时可取抗浮设防水位，而计算有利水浮力时建议偏于安全取常年最低水位；在缺少长期水文观测资料凭经验取值时，可以按最高水位减年变化幅度，或者按最低承压水位考虑，也可以要求勘察单位提供该水位建议值。

（2）对岩石地基，建议仅在具有长期地下水动态观测资料、有较大把握预测设计工作年限内最高和最低地下水情况下，方考虑有利水浮力作用。

（3）如预计地下水位变动较大，建议复核地下水位急剧下降、地基土有效应力增大而导致的附加沉降。

（4）整体抗浮要严格按照最高水位验算，应有足够的安全系数。

2. 考虑有利水浮力的高层建筑桩基及复合地基

（1）建议仅在具有长期地下水动态观测资料、有较大把握预测设计工作年限内最高和最低地下水情况下，方考虑有利水浮力作用。

（2）考虑水浮力有利作用时，建议水浮力荷载组合系数取 0.9。

（3）对重要的高层建筑桩基工程及复合地基，如考虑水浮力有利作用，建议在营运期内进行地下水位监测，低于预计最低水位需及时报警。

## 6.5 确定抗浮构件数量时安全系数该放在计算公式哪边

——答《关于基础设计中地下水浮力问题的思考》[1] 读者问

**网友疑问：**

在新浪博客中看到您 2014 年 12 月发表在《建筑结构》上的论文《关于基础设计中地下水浮力问题的思考》[1]，受益良多，但有一个问题不是太清楚，想向您请教一下。

您在文中提到，当采用抗拔桩和抗拔锚杆作为抗浮手段，其配置数量可按式（6-8）确定：

$$n \geqslant (N_{w,k} - G_k/K_w)/R \tag{6-8}$$

式中：$N_{w,k}$ 为水浮力作用标准值；$G_k$ 为结构自重及配重之和；$R$ 为单桩（锚杆）抗拔承载力特征值。式中计算总剩余水浮力的公式应是根据《建筑地基基础设计规范》（GB 50007—2011）式（5.4.3）得出：$G_k/N_{w,k} \geqslant K_w$。

但规范中并未明确说明 $K_w$ 是乘在 $N_{w,k}$ 上，还是用 $G_k$ 除。若把 $K_w$ 乘在 $N_{w,k}$ 上，减去式（6-8）中的总剩余水浮力可得：$0.05 N_{w,k} - 0.048 G_k$。上式在 $N_{w,k} > 0.96 G_k$ 时，即会计算出偏大的剩余水浮力。不知道您在这一问题上是怎么考虑的？安全系数应放在哪里？

**答复：**

从安全系数的概念入手简单说明一下笔者对这个问题的看法：

（1）安全系数＝抗力极限值/最大荷载效应值。

（2）具体到抗浮问题，安全系数＝抗浮力极限值/最大水浮力值。抗浮力只有 $G_k$ 的情况，就是《建筑地基基础设计规范》（GB 50007—2011）式（5.4.3）了。

（3）对要配抗拔桩或锚杆才能满足抗浮稳定的情况，无论是最大水浮力项乘安全系数，或是抗浮力极限值除以安全系数（$G_k$ 项和抗拔桩、锚杆抗拔力均需要除以安全系数），按理结果应该没有差别。

（4）最后回到这位网友的问题，式（6-8）实际是用抗浮力极限值（注意：是极限值而不是特征值）除以安全系数。式中抗拔桩（或锚杆）采用抗拔力特征值，已经是极限值/抗拔安全系数，本身具备安全度，故该抗力项似乎不需要再额外除以抗浮安全系数了。锚杆抗拔力特征值里面包含了安全系数，而 $G_k/1.05$ 相当于"自重特征值"。

## 参 考 文 献

[1]　古今强，侯家健. 关于基础设计中地下水浮力问题的思考 [J]. 建筑结构，2014，44(24)：133-138.

[2]　沈小克，周宏磊，王军辉，等. 地下水与结构抗浮 [M]. 北京：中国建筑工业出版社，2013.

[3]　DB 42/242—2014 湖北省建筑地基基础技术规范 [S]. 武汉：湖北省住房和城乡建设厅，2014.

[4]　DBJ 15—31—2016 广东省建筑地基基础设计规范 [S]. 北京：中国建筑工业出版社，2016.

[5]　DBJ/T 15—125—2017 广东省建筑工程抗浮设计规程 [S]. 北京：中国城市出版社，2017.

[6]　林本海. 地下结构物抗浮设计问题的研讨 [J]. 广州建筑，2005(2)：2-4.

[7]　邱向荣，邓高，黄平安. 地下水浮力计算的若干问题探讨 [J]. 广东土木与建筑，2004(11)：21-23.

[8]　SJG 01—2010 深圳市地基基础勘察设计规范 [S]. 北京：中国建筑工业出版社，2010.

[9]　张欣海. 深圳地区地下建筑抗浮设计水位取值与浮力折减分析 [J]. 勘察科学技术，2004(2)：12-15.

[10]　叶树人. 深圳地下水对地下建（构）筑物浮力作用参数取值的分析 [J]. 四川建筑，2004，24(1)：59-60.

[11]　DB22/T 046—2018 贵州建筑岩土工程技术规范 [S]. 贵阳：贵州省住房和城乡建设厅，2018.

[12]　DBJ/T 36—071—2023 江西省岩土工程勘察标准 [S]. 南昌：江西省住房和城乡建设厅，2023.

[13]　DBJ/T 36—061—2021 江西省建筑与市政地基基础技术标准 [S]. 北京：中国建材工业出版社，2021.

[14]　赵剑利，孔江洪，赵莉华，等. 福州大厦结构设计中的关键问题 [J]. 建筑结构，2009，39(S1)：292-295.

[15]　ZUNZ G J，GLOVER M J，FITZPATRICK A J. The structure of the new headquarters for the Hongkong & Shanghai Banking Corporation，Hong Kong [J]. The Structural Engineer. 1985，63(9)：255-284.

[16]　孙芳垂，汪祖培，冯康曾. 建筑结构设计优化案例分析 [M]. 北京：中国建筑工业出版社，2011.

[17]　周载阳，顾宝和，马耀庭. 北京地区建筑抗浮设防水位的合理确定与单建地下车库基础形式选择

[J]. 建筑结构，2005，35(7)：7-11.

[18] GB 50007—2011 建筑地基基础设计规范 [S]. 北京：中国建筑工业出版社，2012.

[19] JGJ 94—2008 建筑桩基技术规范 [S]. 北京：中国建筑工业出版社，2008.

[20] GB/T 50010—2010 混凝土结构设计标准（2024 年版）[S]. 北京：中国建筑工业出版社，2024.

[21] JGJ 476—2019 建筑工程抗浮技术标准 [S]. 北京：中国建筑工业出版社，2020.

[22] 隋述前，朱心部，张永利，等. 合理利用地下水浮力的探讨 [C]//山东土木建筑学会建筑结构专业委员会 2008 年学术年会论文集. 2008.

[23] JGJ 79—2012 建筑地基处理技术规范 [S]. 北京：中国建筑工业出版社，2012.

[24] 史佩栋. 桩基工程手册（桩与桩基基础手册）[M]. 北京：人民交通出版社，2008.

# 第7章 钢结构与钢-混凝土组合结构

## 7.1 严寒地区钢材质量等级的选用

**网友疑问：**

有个东北严寒地区的商业大街大跨度钢结构屋盖项目，原来扩初图和招标图设计院都是用的Q355C钢材，到了施工图阶段，设计院把钢材质量等级从C提高到D，每吨钢材单价增加了不少。我作为甲方结构设计管理，现在非常被动。

设计院变更的理由是在严寒地区，钢构工作温度低于−20℃，按规范需要采用D级钢材。我想咨询一下，设计院的变更理据是否充足。

**答复：**

对于这位网友的疑惑，笔者有如下初步意见和建议，各位读者遇到类似情况时也可参考：

（1）按《钢结构设计标准》（GB 50017—2017）第4.3.3条条文说明提供的最低日平均气温数据（见表7-1），当地的最低日气温确实低于−20℃，这位网友的项目套用这个表是可以的。

表7-1 　　　　　　　　　　　最低日平均气温（节选）　　　　　　　　　　　（℃）

| 省、市名 | 北京 | 天津 | 河北 | | 山西 | 内蒙古 | 辽宁 | 吉林 | | 黑龙江 | |
|---|---|---|---|---|---|---|---|---|---|---|---|
| 城市名 | 北京 | 天津 | 唐山 | 石家庄 | 太原 | 呼和浩特 | 沈阳 | 吉林 | 长春 | 齐齐哈尔 | 哈尔滨 |
| 最低日气温 | −15.9 | −13.1 | −15.0 | −17.1 | −17.8 | −25.1 | −24.9 | −33.8 | −29.8 | −32.0 | −33.0 |

（2）按《钢结构设计标准》（GB 50017—2017）第4.3.3条条文说明的钢板质量等级选用表（见表7-2），不需验算疲劳的普通构件甚至可以用到B级，受拉构件及承重结构的受拉板件：①板厚或直径小于40mm时采用C级；②板厚或直径不小于40mm时采用D级。

（3）如果这位网友的项目施工图设计确实需要用到壁厚40mm或以上的杆件，也只需要将该部分杆件用到D级，其余的按原来招标图用C级就可以了。没有必要不加区分将全部钢材都用到D级，增加不必要的成本。

**表 7-2** 钢 板 质 量 等 级 选 用

| 类别 | | 工作温度（℃） | | | |
|---|---|---|---|---|---|
| | | $T>0$ | $-20<T\leqslant0$ | $-40<T\leqslant-20$ | |
| 不需验算疲劳 | 非焊接结构 | B（允许用 A） | B | B | 受拉构件及承重结构的受拉板件：<br>1. 板厚或直径小于 40mm：C。<br>2. 板厚或直径不小于 40mm：D。<br>3. 重要承重结构的受拉板材宜选用建筑结构用钢板 |
| | 焊接结构 | B（允许用 Q355A～Q420A） | | | |
| 需验算疲劳 | 非焊接结构 | B | Q235B　Q390C　Q345GJC<br>Q420C　Q355B　Q460C | Q235C　Q390D<br>Q345GJC　Q420D<br>Q355C　Q460D | |
| | 焊接结构 | B | Q235C　Q390D　Q345GJC<br>Q420D　Q355C　Q460D | Q235D　Q390E<br>Q345GJD　Q420E<br>Q355D　Q460E | |

### 网友疑问（续）:

主要是《钢结构设计标准》（GB 50017—2017）第 4.3.3 条第 2 款有一个条文："当工作温度不高于−20 ℃时，Q235 钢和 Q345 钢不应低于 D 级"。按这个条文，设计院的变更貌似没问题吧?

### 答复（续）:

《钢结构设计标准》（GB 50017—2017）第 4.3.3 条第 2 款的大前提是"需要验算疲劳的焊接钢结构"。这个网友的项目是普通的民用建筑，没有吊车等导致钢结构疲劳的因素，因此不该套用钢标第 4.3.3 条第 2 款。

关于钢材质量等级的选用，《钢结构设计标准》（GB 50017—2017）第 4.3.3 条和第 4.3.4 条正文的表述比较烦琐，很容易让人一不小心就看漏或误解了，远不如其条文说明第 4.3.3 条条文说明的钢板质量等级选用表（即表 7-2）的表述来得清晰简洁。

按《钢结构设计标准》（GB 50017—2017）的规定，这位网友的项目:

（1）对于确实需要用到壁厚 40mm 或以上的杆件，也只需要该部分杆件的钢材质量等级用到 D 级，没有必要不加区分全部钢材都用到 D 级。

（2）或者从降低钢材单价的角度，增大截面外轮廓尺寸，使得构件壁厚降低到 40mm 以下，这样就可以规避这个问题，全部钢材都可以用 C 级了。

## 7.2　细说钢结构计算分析中的那些"阻尼比取值"

阻尼比是钢结构计算分析时的重要参数，在计算荷载作用（如地震作用、风荷载）以及验算正常使用（如高层钢结构风振舒适度、钢结构楼盖竖向振动舒适度）等环节，都需要用到阻尼比。

有些结构设计师仅注意到地震作用下（甚至仅限于小震）的阻尼比取值，无意之间忽略了在其他场景（如算风、验算舒适度）以及在小震、中震或大震作用下钢结构阻尼比取值的不同，容易造成工作失误。在此提醒读者予以留意区别。

本节汇总和归纳了《建筑抗震设计标准》（GB/T 50011—2010，2024 版）、《高层建筑混凝土结构技术规程》（JGJ 3—2010）、《高层民用建筑钢结构技术规程》（JGJ 99—2015）以及《广东省钢结构设计规程》（DBJ 15—102—2014）等规范中相关内容。

### 7.2.1　计算地震作用时阻尼比取值

多高层钢结构在地震作用下的阻尼比取值见表 7-3 [数据来源：《建筑抗震设计标准》（GB/T 50011—2010，2024 版）、《广东省钢结构设计规程》（DBJ 15—102—2014）]。

表 7-3　　　　　　　　　　　多高层钢结构在地震作用下的阻尼比取值

| 情况 | | 房屋高度 | | |
| --- | --- | --- | --- | --- |
| | | $H{\leqslant}50m$ | $50m{<}H{<}200m$ | $H{\geqslant}200m$ |
| 多遇地震 | 当偏心支撑框架部分承担的地震倾覆力矩大于结构总地震倾覆力矩的 50% 时 | 0.045 | 0.035 | 0.025 |
| | 其他情况 | 0.04 | 0.03 | 0.02 |
| 设防地震 | | 0.045 | 0.04 | 0.035 |
| 罕遇地震 | | 0.05（若在罕遇地震时钢结构处于或基本处于弹性状态时，宜取多遇地震下的阻尼比） | | |

在多遇地震作用下屋盖钢结构和下部支承结构协同分析时，宜分别输入阻尼比（大跨度钢结构的阻尼比可取 0.02，下部混凝土结构的阻尼比可取 0.05），按《建筑抗震设计标准》（GB/T 50011—2010，2024 年版）第 10.2.8 条条文说明的振型阻尼比法确定。

如所用软件无法区分时，阻尼比取值如下 [数据来源于《广东省钢结构设计规程》（DBJ 15—102—2014）]：

（1）当下部支承结构为钢结构或屋盖直接支承在地面时，多遇地震作用下阻尼比可取 0.02；罕遇地震作用下，阻尼比可取 0.040。

（2）当下部支承结构为混凝土结构时，多遇地震作用下阻尼比可取 0.025~0.035；罕遇地震作用下，阻尼比可取 0.045~0.055。

（3）当下部支承结构为型钢混凝土结构时，多遇地震作用下阻尼比可取 0.02~0.03；罕遇地震作用下，阻尼比可取 0.04~0.050。

门式刚架单层房屋在多遇地震作用下：封闭式房屋可取 0.05；敞开式房屋可取 0.035；其余房屋应按外墙面积开孔率插值计算。[数据来源：《门式刚架轻型房屋钢结构技术规范》（GB 51022—2015）第 6.2.1 条]。

空间网格结构在多遇地震作用下阻尼比取值如下：对于周边落地的空间网格结构，阻尼比值可取 0.02；对设有混凝结构支承体系的空间网格结构，阻尼比值可取 0.03。［数据来源：《空间网格结构技术规程》（JGJ 7—2010）第 4.4.10 条］

### 7.2.2　计算顺风向风振和风振系数时的阻尼比取值

对钢结构可取 0.01，对有填充墙的钢结构房屋可取 0.02。［数据来源：《建筑结构荷载规范》（GB 50009—2012）第 8.4.4 条］

### 7.2.3　分析高层钢结构风振舒适度时的阻尼比取值

钢结构阻尼比宜取 0.01～0.015。［数据来源：《高层民用建筑钢结构技术规程》（JGJ 99—2015）第 3.5.5 条］

### 7.2.4　分析大跨度钢结构楼盖在人行激励/人群有节奏运动下的竖向振动舒适度时的阻尼比取值

舒适度计算时，行走激励为主的建筑楼盖阻尼比可按表 7-4［数据来源：《建筑楼盖振动舒适度技术标准》（JGJ/T 441—2019）第 5.3.2 条］。

表 7-4　　　　　　　　　　　　行走激励为主的建筑楼盖阻尼比

| 楼盖使用类别 | 钢-混凝土组合楼盖 | 混凝土楼盖 |
|---|---|---|
| 手术室 | 0.02～0.04 | 0.05 |
| 办公室、住宅、宿舍、旅馆、酒店、医院病房 | 0.02～0.05 | 0.05 |
| 教室、会议室、医院门诊室、托儿所、幼儿园、剧场、影院、礼堂、展览厅、公共交通等候大厅、商场、餐厅、食堂 | 0.02 | 0.05 |

舒适度计算时，有节奏运动为主的钢-混凝土组合楼盖和混凝土楼盖的阻尼比可取 0.06 ［数据来源：《建筑楼盖振动舒适度技术标准》（JGJ/T 441—2019）第 6.3.3 条］。

### 7.2.5　对设计师的启示及设计建议

（1）不同结构类型、同一结构类型但规模不同，钢结构的阻尼比取值并不一定相同。

（2）相同的结构类型、规模相同（甚至是同一栋楼），在分析不同问题（算地震、算风）、在不同的场景（算荷载、验算舒适度），其阻尼比取值不一定相同。

（3）各个规范对地震作用下的阻尼比取值有相当多非常具体的取值指引，工程师一般对此都比较重视，但也容易使其忽略了在其他场景（如算风、验算舒适度）中钢结构阻尼比取值的不同，造成计算设计的失误。

（4）虽然影响阻尼比值的因素甚为复杂，但一般其宏观规律为：对同一个结构，动荷载作用下振幅越大，阻尼比表现得越大。结合这个宏观规律，可能对理解规范中纷繁复杂的各个阻尼比建议有所帮助。例如：①以风和地震作用下的阻尼比做比较，虽然风荷载作用下的结构侧向位移一般与小震作用下的侧向位移是同一个量级，但风荷载由平均风（性质相当于静荷载）＋脉动风组成，只有脉动风才会引起结构侧向振动，即只有部分的风荷载引起结构侧向振幅，故其通常比完全属于动荷载的小震来得小，故条件相同时一般风荷载的阻尼比要低于小震的阻尼比；②小震、中震或大震作用下，钢结构的阻尼比也会依次递增，其底层逻辑是一样的；③有节奏运动为主的钢-混凝土组合楼盖阻尼比，要高于行走激励为主的楼盖阻尼比，也是同理。

（5）各本规范给出的阻尼比取值非常繁杂和不同。在结构设计时应根据结构类型、规模，结合所要分析的问题（算地震还是算风）、所对应的场景（算荷载还是验算舒适度），合理选取恰当的阻尼比。

## 7.3　拱脚采用铸钢节点的必要性和适宜性

**网友疑问：**

图 7-1 是某个大跨度钢结构双向拱的拱脚剖面，支座双向的弯矩和水平推力都比较大，而且是双向拱交汇到同一个拱脚，节点构造很复杂。

我们初步认为：①截图中底部是双向的三叉（高度约 1m），那里有很多锐角焊缝，角度又多变，现场焊接可能无法实现；②初步考虑在截图中里面三叉的范围做铸钢件，其余还是按原设计用 Q355C 的钢材与它拼接。请您对我们上述初步设想提出宝贵意见。

**答复：**

在可以用焊接实现该节点的情况，不建议在拱脚局部采用铸钢件。以下分析可能对读者判断何种条件下采用铸钢节点有参考价值。

（1）像这位网友提到的如此复杂的拱脚，左右两肢和中间一个肢相互垂直，不一个平面，有很多小角度的焊接，肯定不可能在现场焊接加工。分叉那小段一般都在条件较好的钢构加工厂里面生产焊接完成，然后运到现场再与下面直段以及上面拱架焊接成形。

为了慎重起见，就这个节点的加工焊接，笔者曾专门咨询了某个有实力的钢结构加工单位，他们的答复是工厂焊接那个三叉小段完全没问题。具体做法是：断开做牛腿，相贯坡向内，先焊内侧，再外侧清根焊。所以，不存在这位网友所担心的"用焊接无法实现"的问题，没有采用铸钢节点的迫切必要性。

123

（2）据笔者所知，目前国内铸钢厂家的水平参差不齐，成品质量不稳定。《铸钢结构技术规程》（JGJ/T 395—2017）在 7.3 节专门列出"缺陷修补"的内容。将铸钢件用到拱脚等关键节点有一定的技术风险。

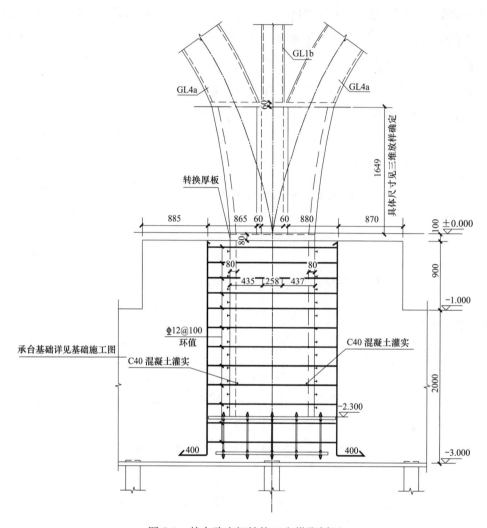

图 7-1　某大跨度钢结构双向拱脚剖面

（3）铸钢件因生产工艺的原因，其强度比轧制钢材低，例如按《钢结构设计标准》（GB 50017—2017）第 4.4.4 条，ZG340-550H 级铸钢件设计强度仅有 265MPa。其材料的致密性与匀质性、韧性均相对较差。

这位网友的工程拱架为室外露天结构，局部用铸钢件，一方面拱脚上下的强度不匹配，韧性延性都不好，另一方面会有潜在冷脆破坏的隐患。

（4）铸钢件因小批量生产铸造成形，其价格高于普通钢材 4～5 倍[1]，应做充分的技术经济论证比较，避免不合理的过度应用。

## 7.4　门式刚架的刚接柱脚是否不需要计算极限承载力

**网友疑问：**

框架结构柱脚需要计算极限承载力，可是门式刚架的刚接柱脚为什么不用计算呢？有规范依据吗？

**答复：**

《建筑抗震设计标准》（GB/T 50011—2010，2024 年版）第 9.2.1 条已明确指出："轻型钢结构厂房的抗震设计，应符合专门的规定"；对应条文说明明确指出："（该规范条文）不包括轻型钢结构厂房"。

《门式刚架轻型房屋钢结构技术规范》（GB 51022—2015）第 3.4.3 条规定，当地震作用组合的效应控制结构设计时，门式刚架轻型房屋钢结构的抗震构造措施（构件的壁厚和板件宽厚比、构件长细比等）需要比第 3.4.1 条、3.4.2 条收紧。

门式刚架轻型房屋钢结构通常采用压型钢板等轻型板材做屋面板和墙面板，面板和支撑与檩条和墙梁结合，具有较强的蒙皮刚度，使檩条和墙梁这类次结构具有较好的整体稳定性；而通过次结构与主刚架的连接，又增强了主刚架的整体稳定性，甚至在一定程度上把作为平面结构的各榀门式刚架连成空间结构工作；再者轻型板材自重很轻，自重小了，加之采用变截面刚架构件，刚架构件亦做得很轻，从而整个房屋的自重轻。

门式刚架轻型房屋钢结构自重轻，构件截面较小，刚度亦较小，在地震作用时产生的地震力小，多数情况下是风控的，地震作用组合不起控制，所以门式刚架的刚接柱脚一般可不用计算极限承载力。

## 7.5　钢结构鉴定报告典型问题——以某门式刚架钢结构项目为例

笔者于 2021 年以专家身份参加了以下项目鉴定报告的评审，现摘录其中值得借鉴的评审意见，供读者参考。

### 7.5.1　工程概况

项目位于粤港澳大湾区，六度（0.05g）设防，Ⅲ类场地，50 年一遇基本风压 0.65kN/m²。单层单跨门式刚架钢结构，跨度 18m，柱距 6m；檐口高度 10m，屋脊高度 12m，总建筑面积约 1500m²。项目于 2004 年建成。

### 7.5.2 初审意见

（1）报告反映，钢梁、钢柱覆盖层实测总厚度仅 $66\sim125\mu m$（即 $0.066\sim0.125mm$）。即使是薄型防火涂料一般厚度最小也有 $1\sim2mm$，实测总涂层厚度明显偏小，原钢构件疑似仅涂刷了防腐涂层，其防火涂料缺失。报告表述"对钢构件涂层厚度不作评定"有误，应对明显不合理的检测结果予以判别说明。宜提醒改造设计单位后续按《建筑钢结构防火技术规范》（GB 51249—2017）对钢结构进行抗火验算，结合防腐涂装一并整改，确保房屋在改造后具备规范要求的结构耐火承载力。

（2）对照《建筑结构检测技术标准》（GB/T 50344—2019）、《钢结构现场检测技术标准》（GB/T 50621—2010）、《钢结构工程施工质量验收标准》（GB 50205—2020）等现行规范，现场实体检测工作存在以下缺项：

1）应检测屋面钢梁和檩条等构件挠度变形。

2）对高强度螺栓连接节点、柱脚锚栓等，应现场检查螺栓紧固情况，补充检测高强度螺栓的性能等级（锚栓的钢材牌号）等。鉴于《钢结构现场检测技术标准》（GB/T 50621—2010）第8.1.3条规定"对高强度螺栓终拧扭矩的施工质量检测，应在终拧 1h 之后、48h 之内完成"，因现场情况已超出了检测条件，没办法出具 CMA 检测报告，建议补充检测高强度螺栓终拧扭矩、在鉴定报告里面加以说明，对现场高强度螺栓很松的部位，应提醒后续进行处理。

3）仅检测了钢梁、钢柱的钢材强度，需补充对檩条、压型钢板等的强度检测。

4）现场照片反映，钢柱脚支承于混凝土短柱墩上，报告文字未见交代，应对该混凝土短柱墩截面尺寸、上反高度、混凝土强度、配筋等情况做必要测量、检测。从现场照片反映，个别钢柱脚下短柱墩已出现明显的混凝土开裂等破损情况，应加以说明，并提出处理建议。

5）报告提供了超声波检测钢梁、钢柱焊缝内部缺陷的结果。超声波检测仅适用于全熔透坡口焊缝，见《钢结构现场检测技术标准》（GB/T 50621—2010）第7.1.1条。对拼接节点腹板、柱脚加劲肋等部位的角焊缝，应补充提供焊缝外观质量、焊缝外观尺寸，宜补充磁粉检测等外观缺陷检测。

钢结构支撑系统：①现场照片反映，有部分柱间支撑损坏，应予说明；②应补充对支撑构件长细比合规性的检查。

（3）鉴定报告套用《建筑抗震设计标准》（GB/T 50011—2010，2024 年版）中"多高层钢结构房屋""单层钢结构厂房"条文进行抗震措施鉴定欠妥，《建筑抗震设计标准》（GB/T 50011—2010，2024 年版）第9.2.1条及条文说明指出"不包括轻型钢结构"。本项目为单层轻型门式刚架结构，应按《门式刚架轻型房屋钢结构技术规范》（GB 51022—2015）第

3.4.3 条等对应规范条文进行抗震措施鉴定。

（4）结构承载能力验算及抗震承载力验算（含计算书）存在以下问题：

1）报告反映现场钢梁与檩条之间无隅撑，提醒注意需根据隅撑设置情况合理确定屋面斜钢梁的面外计算长度，按《门式刚架轻型房屋钢结构技术规范》（GB 51022—2015）第7.1.6 条条文说明，"隅撑支撑的梁的计算长度不小于 2 倍隅撑间距"。

2）柱脚节点验算时加劲肋角焊缝焊脚尺寸 5mm、端板连接验算时梁腹板与端板角焊缝 $h_f$=6mm、加劲肋与端板角焊缝 $h_f$=13mm、屋脊验算时角焊缝 $h_f$=8mm，等等，取值均缺乏依据（未进行现场测量，类似情况全面自查）。

3）柱脚节点验算时"柱脚混凝土强度等级 C30"取值缺乏依据（未对柱脚下混凝土短柱墩混凝土强度进行检测）。

4）计算书总信息中"地震效应增大系数 1.05"取值偏小。门式刚架均设置于建筑物的短边方向，按《建筑抗震设计标准》（GB/T 50011—2010，2024 年版）第 5.2.3 条第 1 款，考虑扭转效应的地震效应增大系数应取 1.15。

5）应补充围护结构（墙檩、屋面檩条）强度复核验算。

6）屋面活载取值 0.3kN/m²，建议结合《工程结构通用规范》（GB 55001—2021）表 4.2.8 以及改造后是否会在屋面设置光伏等情况，考虑是否适当增大。

### 7.5.3　踏勘现场后补充意见

经现场踏勘，$A \sim F$ 轴交 2～3 轴范围内屋面采用的角钢组合檩条与主门刚区域的 C 型屋面檩条明显不同，且结构设计及施工都较粗糙，该区域明显为后期加建。鉴定报告应如实描述及现场照片记录，复核该部分模型与实际结构相符。

### 7.5.4　优化建议及其他意见

该项目为后续工作年限 30 年的 A 类建筑，荷载分项系数和风荷载可以考虑优化取值，以减少不必要的加固量：

（1）计算书恒载、活载分项系数目前为 1.3、1.5。按《既有建筑鉴定与加固通用规范》（GB 55021—2021）第 4.2.2 条第 1 款，可"按不低于原建造时的荷载规范和设计规范进行验算"，即恒载、活载分项系数可优化为 1.2、1.4。

（2）计算书风荷载原采用 50 年一遇基本风压 0.65kN/m²。按《工程结构通用规范》（GB 55001—2021）第 3.1.16 条第 2 款："对雪荷载和风荷载，调整系数应按重现期与设计工作年限相同的原则确定"，即可按 30 年一遇基本风压验算。按《建筑结构荷载规范》（GB 50009—2012）式（E.3.4）推算可取 0.54kN/m²。

报告"处理建议"的内容，建议增加：①屋面檩条补做隅撑，增强屋面钢梁的面外稳定性；②补做檩条拉条，完善檩条构造，增强风吸工况下檩条受压下翼缘的稳定性。

### 7.5.5　个人建议

上文提到的问题其实都有相应的规范条文，是可以执行的，只是鉴定单位对设计规范可能没有设计单位没那么熟悉而已。鉴定从业人员应加强技术规范的学习，提高自身专业技术水平，保证结构鉴定报告的质量。

通过该案例，结构设计人员应认识到结构鉴定报告不一定都完美无瑕，有可能存在一些缺陷甚至错误。在结构改造、加固设计中，应对收到的结构鉴定报告进行必要的研读判断，切忌不经分析、盲目照用。

## 7.6　大跨度钢结构与下部混凝土结构合模计算

### 7.6.1　《建筑与市政工程抗震通用规范》(GB 55002—2021)对大跨屋面结构地震作用计算的强制要求

《建筑与市政工程抗震通用规范》（GB 55002—2021）第 5.8.5 条规定："大跨屋面结构的地震作用计算，……①计算模型应计入屋面结构与下部结构的协同作用；②非单向传力体系的大跨屋面结构，应采用空间结构模型计算，并应考虑地震作用三向分量的组合效应"。

《建筑与市政工程抗震通用规范》（GB 55002—2021）第 5.8.5 条规定条文说明指出："本条明确大跨屋面结构地震作用计算的基本原则。屋面结构自身的地震效应是与下部结构协同工作的结果。由于下部结构的竖向刚度一般较大，以往在屋面结构的竖向地震作用计算时通常习惯于仅单独以屋面结构作为分析模型。但研究表明，不考虑屋面结构与下部结构的协同工作，会对屋面结构的地震作用，特别是水平地震作用计算产生显著影响，甚至得出错误结果。即便在竖向地震作用计算时，当下部结构给屋面提供的竖向刚度较弱或分布不均匀时，仅按屋面结构模型所计算的结果也会产生较大的误差。因此，考虑上下部结构的协同作用是屋面结构地震作用计算的基本原则。考虑上、下部结构协同工作的最合理方法是按整体结构模型进行地震作用计算。因此对于不规则的结构，抗震计算应采用整体结构模型。当下部结构比较规则时，也可以采用一些简化方法（譬如等效为支座弹性约束）来计入下部结构的影响。但是，这种简化必须依据可靠且符合动力学原理。对于单向传力体系，结构的抗侧力构件通常是明确的。桁架构件抵抗其面内的水平地震作用和竖向地震作用，垂直桁架方向的水平地震作用则由屋面支撑承担。因此,可针对各向抗侧力构件分别进行地震作用计算。除单向传力体系外,一般屋面结构的构件难以明确划分为沿某个方向的抗侧力构件,即构件的地震效应往往是三向地震共同作用的结果,因此其构件验算应考虑三向(两个水平向和竖向)地震作用效应的组合。为了准确计算结构的地震作用,也应该采用空间模型,这也是基本原则"。

### 7.6.2 对《建筑与市政工程抗震通用规范》(GB 55002—2021)第 5.8.5 条的理解

对大跨度钢结构支承在下部混凝土结构的情况,《建筑与市政工程抗震通用规范》(GB 55002—2021)要求"计算模型应计入屋面结构与下部结构的协同作用"。

《建筑与市政工程抗震通用规范》(GB 55002—2021)强调的是静约束条件符合实际,应首选采用合模计算;当下部结构比较规则时,也可以采用一些简化方法(譬如等效为支座弹性约束)来计入下部结构的影响。但是,这种简化必须依据可靠且符合动力学原理。

如果大跨度钢结构与下部混凝土结构不进行整体建模计算,所采用的简化方法又缺乏可靠依据、没有进行力学原理符合性的判断,则不但可能违反强条,如发生工程事故更有可能要承担相应设计失误的责任。参考文献[2]就报道了这样一个案例。

### 7.6.3 大跨度钢结构与下部混凝土结构分开计算的潜在问题

大跨度钢结构与下部混凝土结构分开计算时,通常由不同的设计团队(或设计人)分别负责大跨度钢结构与下部混凝土结构的分析设计:先建立大跨度钢结构独立模型,进行钢结构分析设计;从大跨度钢结构独立模型中提取支座反力,施加到下部混凝土结构模型,然后进行下部混凝土结构分析设计;或者在混凝土结构模型里面把复杂的大跨度钢结构(如网架、桁架等)简化为一根钢梁,这样模型分析结果用于下部混凝土设计。

上述设计流程可能发生以下潜在的问题和技术风险:

(1)大跨度钢结构与下部混凝土结构由不同的设计团队(或设计人)分别负责,如果双方沟通不足,两者对钢结构的支座计算假定不一致,则会遗留安全隐患。

(2)例如,大跨度钢结构为释放温度应力,钢结构设计图纸采用一端为固定铰支座、另一端为滑动支座的方案,在钢结构的独立模型里,水平地震作用、风荷载全部由固定铰支座承受,滑动支座对抵抗屋盖的水平地震作用、风荷载没有贡献;如果在下部混凝土结构模型里,用两端固定铰的钢梁来简化大跨度钢结构(屋面恒活荷载按实际输入),虽然两端的竖向支座反力基本无误,但屋盖的水平地震作用、风荷载变成由支座平均分配。这样就导致设计图纸中支承固定铰支座的混凝土结构(柱)水平力考虑不足(只有 50%),存在安全隐患。

(3)假如,大跨度钢结构采用固定铰支座支承在长细比较大的混凝土悬臂柱顶(侧向刚度很小），而钢结构独立模型里也采用固定铰支座计算假定（水平刚度无限大），则钢结构独立模型的支座水平刚度实际不符，计算的水平支座反力偏大，可能会导致个别压杆的压力计算结果偏小或者某些压杆被误判为拉杆，导致某些杆件的稳定性考虑不足，会遗留安全隐患。

### 7.6.4    大跨度钢结构与下部混凝土结构合模计算的注意事宜

（1）应采用钢结构独立模型与合模整体模型分析结果包络设计。

（2）基于笔者以往经验，某些基于层概念的分析软件计算空间钢结构（如双向空间桁架），有时候出现计算结果异常的情况。对大型复杂的大跨度钢结构，宜采用两个不同计算软件，计算结果互相校核，确保计算结果真实可靠。

（3）独立模型与合模整体模型均需合理模拟支座，模型的支座变形特性与实际支座选型相一致。

（4）对弹性支座和滑动支座，应有限位设计和限位措施，避免强烈地震下，支座滑落，导致大跨度钢结构整体塌落。

（5）合模整体模型可能出现较多的钢结构局部振型，要取足够数量的振型，确保计算地震作用时质量参与系数大于 90%。

（6）合模计算时阻尼比的准确取值很关键，需要慎重对待。本书 7.2 节的内容可供参考。用 YJK 或 PKPM 计算合模整体模型时阻尼比应采用"按材料区分"的选项。

## 7.7    普通钢构件是否不得与不锈钢构件直接接触

### 7.7.1    《钢结构通用规范》(GB 55006—2021)对不锈钢构件防腐蚀的强制要求

《钢结构通用规范》（GB 55006—2021）第 4.3.3 条规定："不锈钢构件采用紧固件与碳素钢及低合金钢构件连接时，应采用绝缘垫片分隔或采取其他有效措施防止双金属腐蚀，且不应降低连接处力学性能。不锈钢构件不应与碳素钢及低合金钢构件进行焊接。"

对应的条文说明指出："由于不锈钢构件和碳素钢及低合金钢构件接触会发生电化学腐蚀，加快钢材的腐蚀速率。因此本条不允许不锈钢和碳钢直接焊接或接触。当接触不可避免时，应采用非金属材料进行隔离。"

根据《碳素结构钢》（GB/T 700—2006），Q235 钢材为碳素钢；根据《低合金高强度结构钢》（GB/T 1591—2018），Q355、Q390、Q420、Q460 等牌号的钢材为低合金结构钢。

如果把《钢结构通用规范》（GB 55006—2021）第 4.3.3 条换成一个更直白的表述，笔者觉得应该就是：**常用的普通钢构件均不得与不锈钢构件直接接触。**

### 7.7.2　普通钢构件的防腐涂装能否起隔离与不锈钢构件直接接触的作用

当两个钢构件的钢板采用螺栓等紧固件连接时，接触面一般不涂装、并采用抛砂等接触面处理方法以保持其粗糙度，确保达到设计的摩擦系数，保证连接强度。

虽然《钢结构高强度螺栓连接技术规程》（JGJ 82—2011）第 3.2.4 条和《门式刚架轻型房屋钢结构技术规范》（GB 51022—2015）第 3.2.6 条有提供涂层连接面的抗滑移系数，但接触面涂装后摩擦系数难免会有所降低，实操中对紧固件连接接触面进行涂装并不常见。即使对接触面进行了防腐涂装，紧固后两构件受力后接触面摩擦会导致涂层破损、两个钢构件仍会直接接触。

所以，防腐涂装不能起隔离与不锈钢构件直接接触的作用。如果真的能起作用，那《钢结构通用规范》（GB 55006—2021）第 4.3.3 条又何必专门明示"应采用绝缘垫片分隔"呢？

### 7.7.3　对幕墙结构习惯做法的影响

《玻璃幕墙工程技术规范》（JGJ 102—2003）第 4.3.8 条规定"除不锈钢外，玻璃幕墙中不同金属材料接触处，应合理设置绝缘垫片或采取其他防腐蚀措施。"

对应的条文说明认为："不同金属相互接触处，容易产生双金属腐蚀所以要求设置绝缘垫片或采取其他防腐蚀措施。在正常使用条件下，不锈钢材料不易发生双金属腐蚀，一般可不要求设置绝缘垫片。"

以往可能认为不锈钢的防腐性能不错，在早期颁布的一系列技术规范，如《玻璃幕墙工程技术规范》（JGJ 102—2003）、《金属与石材幕墙工程技术规范》（JGJ 133—2001）、《铝合金结构设计规范》（GB 50429—2007）等，都允许不锈钢构件与其他金属接触时不加绝缘垫片的。以往幕墙工程大多仅在铝合金龙骨与钢（如预埋件或角钢等）直接接触的部位加绝缘垫片，不锈钢螺栓常常直接与铝合金龙骨/钢构件直接接触、未有专门的隔离措施。

《钢结构通用规范》（GB 55006—2021）作出了明确的强制限制要求，需要改变以往幕墙结构的习惯做法。

### 7.7.4　对露天园林构筑物钢柱脚习惯做法的影响

《钢结构设计标准》（GB 50017—2017）第 18.2.4 条第 6 款对钢柱脚的防护有以下的要求："柱脚在地面以下的部分应采用强度等级较低的混凝土包裹（保护层厚度不应小于 50mm），包裹的混凝土高出室外地面不应小于 150mm，室内地面不宜小于 50mm，并宜采取措施防止水分残留；当柱脚底面在地面以上时，柱脚底面高出室外地面不应小于 100mm，室内地面不宜小于 50mm。"

对园林用钢结构做的连廊、亭子之类的构筑物，往往不希望按《钢结构设计标准》（GB

50017—2017）的上述要求对钢柱脚（一般柱截面为方钢管）进行外包素混凝土予以防护，因为底部150mm高的素混凝土会突出米，影响美观。

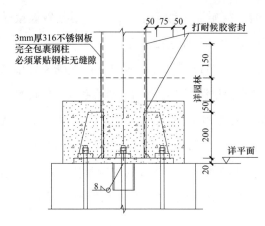

图 7-2　钢柱脚包裹不锈钢的防护变通处理示意

对此往往采取类似图 7-2 的变通处理办法，即：紧贴钢柱脚在外围套一段不锈钢方钢管，其下端埋入基础混凝土内、上端伸出地面 150mm 以上，其两端与钢柱之间的细微间隙用耐候密封材料密封。其实质是用不锈钢替代素混凝土来包裹钢柱脚。

以往基于"不锈钢防腐性能较好"的旧认知，往往认可图 7-2 的做法，认为也能达到《钢结构设计标准》（GB 50017—2017）所要求的"钢柱脚外包裹素混凝土"的防护效果。

对照《钢结构通用规范》（GB 55006—2021）第 4.3.3 条，现在这种变通做法显然属于违反强条，不能再用了。

### 7.7.5　对铝合金空间网格结构习惯做法的影响

《钢结构通用规范》（GB 55006—2021）第 4.3.3 条除了对幕墙结构有影响以外，对铝合金网壳结构的影响也不小。

【例 7-1】设计于 2018 年的某大跨度场馆采用"铝合金网格＋局部钢构件"方案，当时为避免局部钢构件与铝合金网格构件直接接触发生双金属腐蚀，又要保证连接节点刚度，参照幕墙工程的常规做法，在局部钢构件与铝合金网格构件之间设置不锈钢垫板和不锈钢螺栓作为过渡，见图 7-3。

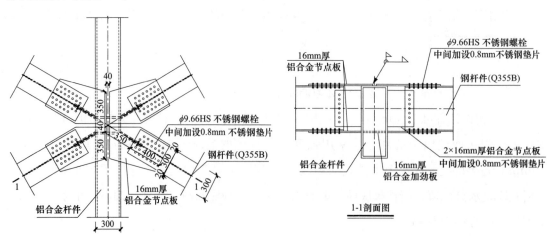

图 7-3　钢铝混合节点示意

这种"钢与铝合金两者之间采用不锈钢垫板过渡"的做法，现在按《钢结构通用规范》（GB 55006—2021）第 4.3.3 条属于违反强制性条文，如按常规做法设置绝缘垫片，则连接节点刚度会削弱，对铝合金网格整体稳定性非常不利，甚至对结构方案有颠覆性影响。

又如，《铝合金空间网格结构技术规程》（T/CECS 634—2019）、《天津市铝合金空间网格结构技术规程》（DB/T 29—261—2019）都有螺栓球节点的做法（铝合金球＋不锈钢螺栓或镀锌高强度螺栓，见图 7-4）。

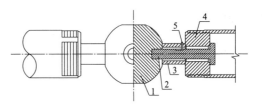

图 7-4　铝合金空间网格螺栓球节点

1—铝合金球；2—不锈钢螺栓或镀锌高强螺栓；3—套筒；4—封板；5—紧固螺钉

《钢结构通用规范》（GB 55006—2021）没有明文不允许不锈钢直接与铝合金接触，但其底层逻辑应该是相通的。图 7-4 这种铝合金螺栓球直接拧入不锈钢螺栓的节点做法有违反强制性条文的嫌疑。

### 7.7.6　展望

在近年发布的技术规范，对不锈钢的防腐提出了更高的要求。如《不锈钢结构技术规范》（CECS 410：2015）第 7.1.3 条第 1 款要求"不锈钢材与普通钢材及其他金属材料接触、紧固时，应采用非金属的隔离材料（如垫圈、套筒等），避免与其直接接触"；对应条文说明进一步指出："当不锈钢板和低碳钢板进行螺栓连接时，宜采用图 7-5 的构造措施避免发生电化学腐蚀"。

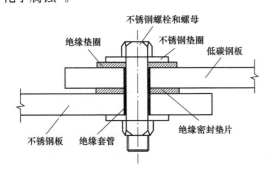

图 7-5　不锈钢板和低碳钢板螺栓连接示意图

现在《钢结构通用规范》（GB 55006—2021）明确提出了不锈钢构件防双金属腐蚀措施的强条要求，对铝合金幕墙、铝合金空间网格、露天园林构筑物钢柱脚等结构以往的习惯做法造成很大的影响。工程实际中也经常出现不锈钢构件和普通钢材埋板直接焊接的情况（比如不锈钢栏杆扶手焊接到普通钢板预埋件）。这些习惯做法都需要按照《钢结构通用规范》（GB 55006—2021）的要求对节点、连接做法进行创新，保证其可靠性和耐久性。

其他有采用不锈钢构件的结构工程，也要注意按《钢结构通用规范》（GB 55006—2021）的强条要求，采取有效技术手段防止不锈钢构件发生双金属腐蚀。

## 7.8　组合结构在地震作用下的层间变形控制

### 7.8.1　现行技术规范对组合结构层间变形的规定

根据《高层建筑混凝土结构技术规程》（JGJ 3—2010）第 3.7.3 条、第 11.1.5 条和《组合结构设计规范》（JGJ 138—2016）第 4.3.9 条，多高层组合结构在风荷载及多遇地震作用下，按弹性方法计算的最大层间位移与层高的比值应符合表 7-5 的要求。

**表 7-5　　　组合结构在多遇地震作用下最大层间位移与层高之比值的限值**

| 结构体系 | 限值 |
| --- | --- |
| 框架 | 1/550 |
| 框架-剪力墙、框架-核心筒、板柱-剪力墙 | 1/800 |
| 筒中筒、剪力墙 | 1/1000 |
| 除框架结构外的转换层 | 1/1000 |

根据《高层建筑混凝土结构技术规程》（JGJ 3—2010）第 3.7.5 条、第 11.1.5 条和《组合结构设计规范》（JGJ 138—2016）第 4.3.9 条，多高层组合结构在罕遇地震作用下层间弹塑性位移角限值应符合表 7-6 的要求。

**表 7-6　　　组合结构在罕遇地震作用下层间弹塑性位移角限值**

| 结构体系 | 限值 |
| --- | --- |
| 框架 | 1/50 |
| 框架-剪力墙、框架-核心筒、板柱-剪力墙 | 1/00 |
| 筒中筒、剪力墙 | 1/120 |
| 除框架结构外的转换层 | 1/120 |

### 7.8.2　《组合结构通用规范》(GB 55004—2021)对钢-混凝土组合结构层间变形的新规定

《组合结构通用规范》（GB 55004—2021）第 4.2.2 条规定："钢-混凝土组合结构应进行多遇地震下的弹性变形验算和罕遇地震下的弹塑性变形验算。"具体限值见表 7-7。

**表 7-7　　　　　　钢-混凝土组合结构层间位移角限值**

| 结构类型 | | | 弹性层间位移角限值 | 弹塑性层间位移角限值 |
| --- | --- | --- | --- | --- |
| 柱 | 梁 | 主要抗侧力构件 | | |
| 钢柱或钢管混凝土柱 | 钢梁或组合梁 | 钢支撑或钢板剪力墙或外包钢板组合剪力墙（筒体）或无 | 按钢结构的规定限值 | 按钢结构的规定限值 |

续表

| 结构类型 | | | 弹性层间位移角限值 | 弹塑性层间位移角限值 |
|---|---|---|---|---|
| 柱 | 梁 | 主要抗侧力构件 | | |
| 型钢混凝土柱 | 钢梁或组合梁或型钢混凝土梁 | 钢支撑或钢板剪力墙或外包钢板组合剪力墙（筒体）或无 | 按钢结构的规定限值的50%取值 | 按钢结构的规定限值 |
| 钢柱或钢管混凝土柱或型钢混凝土柱 | 钢梁或组合梁或型钢混凝土梁 | 钢筋混凝土或型钢混凝土剪力墙（筒体） | 按混凝土结构的规定取值 | 按混凝土结构的规定取值 |
| 其他钢-混凝土组合结构体系 | | | 层间位移角限值应介于钢结构和混凝土结构的限值之间，取值应在具有可靠依据的基础上，综合考虑结构变形能力和安全需求来确定 | |

### 7.8.3 规范要求的变化

钢-混凝土组合结构地震作用下（多遇地震及罕遇地震）的层间变形限值要求已上升为强条，需要严格遵守。

（1）《建筑与市政工程抗震通用规范》（GB 55002—2021）只在第 4.3.3 条第 1 款原则性地提出"进行多遇地震下的弹性变形验算，并不应大于容许变形值"。

（2）在《抗震通规规范组专家答疑》[3] 中对此有专门说明："层间位移角是对刚度和变形控制要求，但在原来规范中并不作为强条，如果将其界定为强条，有可能要求过严。《建筑抗震设计规范》规定中，对于建筑高度比较高，或者高宽比比较大的建筑，允许扣除结构整体弯曲所产生的楼层水平绝位移值。这种情况下，如果在通用规范中定义限值，可能是比较严格的，因此在通用规范中并未明确位移角限值。在这种情况下，大家依然可以采用基础规范中的要求进行设计"。

（3）《组合结构通用规范》（GB 55004—2021）偏偏反其道而行，明确把多遇地震及罕遇地震下的位移角限值作为强条。这在目前已颁布的各个结构专业通用规范中比较独特，值得读者特别留意。

（4）多遇地震下的变形限值部分放松：原来基本全部参照混凝土结构，要求偏紧；《组合结构通用规范》（GB 55004—2021）的部分限值改为"按钢结构的规定限值"或者"按混凝土结构与钢结构之间的规定限值"。

（5）对罕遇地震下弹塑性变形验算的要求收紧：现行技术规范仅要求有薄弱层（严重不规则结构）的钢-混凝土组合结构才需要验算；《组合结构通用规范》（GB 55004—2021）则要求所有钢-混凝土组合结构均要验算罕遇地震下弹塑性变形。

### 7.8.4 《组合结构通用规范》(GB 55004—2021)第 4.2.2 条的潜在影响

1.《组合结构通用规范》（GB 55004—2021）对钢-混凝土组合结构的界定

《组合结构通用规范》（GB 55004—2021）第 1.0.2 条条文说明指出："狭义上的组合结构通常指钢材与混凝土组合，称为钢-混凝土组合结构（composite steel and concrete structures），它是将钢材与混凝土通过某种方式组合在一起共同工作的一种结构形式，两种结构材料组合后的整体工作性能要明显优于二者性能的简单叠加。"

2. 技术层面的影响

按《组合结构通用规范》（GB 55004—2021）第 4.2.2 条的强制要求，钢-混凝土组合结构均要验算罕遇地震下弹塑性变形。按《组合结构通用规范》（GB 55004—2021）第 1.0.2 条条文说明，普通混凝土结构中设置少量钢结构构件，又或者为减少截面而在个别楼层采用型钢混凝土柱（或者叠合柱）等情况，都有可能落入"钢-混凝土组合结构"的范畴里。

根据《高层建筑混凝土结构技术规程》（JGJ 3—2010）第 3.11.4 条第 1 款，当钢-混凝土组合结构较为规则，高度小于 200m 且以第一阶平动振型为主，可采用静力弹塑性分析方法（push-over），工作相对简单。如需要弹塑性动力时程分析方法，则工作量较大、设计周期较长。

3. 非技术层面的影响

钢-混凝土组合结构的罕遇地震弹塑性变形验算，会导致工作量增加和设计周期延长，设计团队内部对此要有充足的认识。

与甲方进行项目商务谈判时，应就钢-混凝土组合结构罕遇地震弹塑性变形验算所涉及的设计成本与周期进行必要的协商。

## 7.9 关于钢柱脚锚栓锚固长度的思辨

本节讨论的"钢柱脚锚栓的锚固长度"，主要针对随基础混凝土浇筑预埋的普通锚栓（下文简称"锚栓"）。基础混凝土浇筑凝固后采用后锚固措施设置的机械锚栓、化学锚栓等不在本节讨论之列。

由于我国规范一般不允许锚栓参与钢结构柱脚抗剪，抗剪主要靠柱脚底板与混凝土基础间的摩擦力或者设置抗剪键，例如《门式刚架轻型房屋钢结构技术规范》（GB 51022—2015）第 10.2.15 条第 3 款、《钢结构设计标准》（GB 50017—2017）第 12.7.4 条等，因此本节只集中讨论锚栓在仅受拉力情况下的锚固长度。

在下文讨论中，"锚栓锚固长度"是指锚栓直线锚固长度，不包括弯钩段的长度（与光面钢筋仅考虑直线段锚固长度同理）。

### 7.9.1 钢筋和锚栓在混凝土中的锚固机理

《混凝土结构设计规范理解与应用》[4] 对混凝土结构中的钢筋锚固机理有较为详尽的介绍，概括如下："混凝土结构中钢筋能够受力是由于它与混凝土之间的粘结锚固作用；钢筋与混凝土之间的粘结锚固作用由胶结力、摩擦力、咬合力及机械锚固等构成。钢筋与混凝土的锚固强度与许多因素有关，其中主要的有：握裹层混凝土的强度、锚固钢筋的外形、混凝土保护层厚度、对锚固区域混凝土的约束（如配箍）等；其中，混凝土强度越高，则伸入钢筋横肋间的混凝土咬合齿越强；握裹层混凝土的劈裂就越不容易发生，故黏结锚固作用越强。"

基于钢筋在混凝土中的锚固机理，《混凝土结构设计标准》（GB/T 50010—2010，2024 年版）第 8.3.1 条提供了普通钢筋基本锚固长度 $l_{ab}$ 的计算式如下（式中符号含义见该标准）：

$$l_{ab} = \alpha f_y d / f_t \tag{7-1}$$

普通锚栓外表面与光面钢筋一样，通常端部有 $90°$ 弯钩 $4d$，与光圆钢筋"末端做 $180°$ 弯钩、弯后平直段长度不小于 $3d$"的作用类似。其在基础混凝土中的锚固机理与光面钢筋应无本质差别。锚栓在混凝土中基本锚固长度完全可以参照式（7-1）计算确定。

取光圆钢筋外形系数 $\alpha = 0.16$，按《钢结构设计标准》（GB 50017—2017）表 4.4.6 中的锚栓抗拉设计强度 $f_t^a$ 代替式（7-1）中钢筋抗拉强度设计值 $f_y$，代入式（7-1）即可得到不同混凝土强度等级、不同钢材牌号锚栓的基本锚固长度 $l_{ab}$，计算结果汇总于表 7-8。

为了便于下文讨论和对比，将《门式刚架轻型房屋钢结构技术规范》（GB 51022—2015，在表 7-8 简称《门刚规范》）、《钢结构设计标准》（GB 50017—2017，在表 7-8 简称《钢标》）以及《高层民用建筑钢结构技术规程》（JGJ 99—2015，在表 7-8 中简称《高钢规》）对锚栓锚固长度的要求一并汇总于表 7-8。在表 7-8 中《混凝土结构设计标准》（GB/T 50010—2010，2024 年版）简称为《混标》。

| 表 7-8 | | 不同规范对锚栓锚固长度的要求汇总 | | | | | |
|---|---|---|---|---|---|---|---|
| 材料 | | 按《混标》计算确定的锚栓基本锚固长度 | | | 《门刚规范》的锚栓锚固长度 | 《钢标》的锚栓锚固长度 | 《高钢规》的锚栓锚固长度 |
| | | 混凝土 $f_t$(MPa) | 锚栓 $f_t^a$(MPa) | $l_{ab}$ 计算结果 | | | |
| C25 混凝土 | Q235 锚栓 | 1.27 | 140 | $17.6d$ | $20.0d$ | $20.0d$ | $25.0d$ |
| | Q355 锚栓 | | 180 | $22.7d$ | $25.0d$ | $20.0d$ | $25.0d$ |
| C30 混凝土 | Q235 锚栓 | 1.43 | 140 | $15.7d$ | $18.0d$ | $20.0d$ | $25.0d$ |
| | Q355 锚栓 | | 180 | $20.1d$ | $23.0d$ | $20.0d$ | $25.0d$ |
| C35 混凝土 | Q235 锚栓 | 1.57 | 140 | $14.3d$ | $16.0d$ | $20.0d$ | $25.0d$ |
| | Q355 锚栓 | | 180 | $18.3d$ | $21.0d$ | $20.0d$ | $25.0d$ |
| C40 混凝土 | Q235 锚栓 | 1.71 | 140 | $13.1d$ | $15.0d$ | $20.0d$ | $25.0d$ |
| | Q355 锚栓 | | 180 | $16.8d$ | $19.0d$ | $20.0d$ | $25.0d$ |

| 材料 | | 按《混标》计算确定的锚栓基本锚固长度 | | | 《门刚规范》的锚栓锚固长度 | 《钢标》的锚栓锚固长度 | 《高钢规》的锚栓锚固长度 |
|---|---|---|---|---|---|---|---|
| | | 混凝土 $f_t$(MPa) | 锚栓 $f_t^a$(MPa) | $l_{ab}$ 计算结果 | | | |
| C45 混凝土 | Q235 锚栓 | 1.80 | 140 | 12.4$d$ | 14.0$d$ | 20.0$d$ | 25.0$d$ |
| | Q355 锚栓 | | 180 | 16.0$d$ | 18.0$d$ | 20.0$d$ | 25.0$d$ |
| ≥C50 混凝土 | Q235 锚栓 | 1.89 | 140 | 11.9$d$ | 14.0$d$ | 20.0$d$ | 25.0$d$ |
| | Q355 锚栓 | | 180 | 15.2$d$ | 17.0$d$ | 20.0$d$ | 25.0$d$ |

### 7.9.2 对三本规范中"锚栓锚固长度"不同规定的思辨

1. 铰接钢柱脚锚栓的锚固长度——《门式刚架轻型房屋钢结构技术规范》（GB 51022—2015）

铰接钢柱脚以常规门式刚架轻型钢结构的钢柱脚为代表，其特点一般为柱脚无弯矩、锚栓没有拉力或拉力不大。《门式刚架轻型房屋钢结构技术规范》（GB 51022—2015）表 10.2.15 提供这类铰接钢柱脚锚栓的锚固长度最低要求。

从表 7-8 可见，《门刚规范》的锚栓锚固长度大概比《混标》计算确定的锚栓基本锚固长度 $l_{ab}$ 大 1.1～1.2 倍。从锚栓锚固机理的角度可以这样理解：在按锚栓锚固机理确定的基本锚固长度 $l_{ab}$ 的基础上，考虑锚栓与光圆钢筋的差异（如弯钩的构造差异、钢柱脚通常要灌注细石混凝土调平等），参考《混凝土结构设计标准》（GB/T 50010—2010，2024 年版）第 8.3.1 条第 2 款，取一个大致在 1.1～1.2 之间的锚固长度修正系数，即得到《门式刚架轻型房屋钢结构技术规范》（GB 51022—2015）表 10.2.15 的锚栓锚固长度。

2. 普通刚接钢柱脚锚栓的锚固长度——《钢结构设计标准》（GB 50017—2017）

普通刚接钢柱脚，以常规的多层钢框架结构钢柱脚为代表。采用锚栓的刚接钢柱脚，一般有外露式、外包式两种。其特点一般为柱脚有较大弯矩，导致部分或全部锚栓需满负荷受拉。

这类柱脚，部分或全部锚栓需满负荷受拉，锚栓拉应力达到其抗拉设计强度——Q235 为 140MPa、Q355 为 180MPa，详《钢结构设计标准》（GB 50017—2017）表 4.4.6。除了基础混凝土与锚栓之间的锚固破坏（拔出破坏）以外，也有可能出现基层混凝土锥体受拉的崩裂破坏、带锚板的锚栓混凝土侧面爆裂破坏等。对此，需要对锚栓锚固长度再设置一个最低要求。

《钢结构设计标准》（GB 50017—2017）第 12.7.6 条条文说明（外露式柱脚）、第 12.7.7 条第 3 款（外包式柱脚）体现了这方面的要求，即明确规定了"刚接钢柱脚的锚栓最小锚固长度为 20$d$"。

从表 7-8 可见，20$d$ 不一定能满足锚栓的基本锚固长度 $l_{ab}$（如混凝土强度等级不高于 C30、Q355 钢时，$l_{ab}>20d$），难以完全避免出现锚固失效而发生锚栓拔出破坏。因此，对刚接钢柱脚的锚栓宜同时满足《门式刚架轻型房屋钢结构技术规范》（GB 51022—2015）表 10.2.15 和《钢结构设计标准》（GB 50017—2017）20$d$ 的锚固长度要求。

3. 重要或关键刚接钢柱脚的锚栓锚固长度——《高层民用建筑钢结构技术规程》（JGJ 99—2015）

重要或关键刚接钢柱脚，以高层钢结构钢柱脚为代表。重要或关键刚接钢柱脚，一旦其锚栓破坏其后果很严重。相对于普通刚接钢柱脚，重要或关键刚接钢柱脚需要提出更严格的最低要求。《高层民用建筑钢结构技术规程》（JGJ 99—2015）第 8.6.1 条第 4 款体现了这方面的要求，即明确规定"（高层钢结构钢柱脚）锚栓最小锚固长度为 25$d$"。

除了高层钢结构以外，大跨度天桥等大体量钢结构的钢柱脚，也宜按重要（关键）刚接柱脚考虑。门式刚架结构如因吊车吨位大（超过 20t）或跨度、高度过大，导致必须采用刚接柱脚的，其柱脚锚栓锚固长度也不宜小于 25$d$。

### 7.9.3　锚栓的抗拉强度取值对其锚栓锚固长度的影响

按现行《钢结构设计标准》（GB 50017—2017），锚栓抗拉设计强度 $f_t^a$（Q235 取 140MPa、Q355 取 180MPa）要低于相同牌号钢构件的抗拉设计强度 $f$（Q235 取 205MPa、Q355 取 295MPa）。

按有关文献介绍，锚栓抗拉设计强度 $f_t^a$ 要降低的原因在于：①考虑撬力的影响、柱脚锚栓受力不均匀以及锚栓工作条件和预埋质量等[5]；②我国规范对钢柱脚未考虑基础混凝土的开裂破坏，通过折减抗拉设计强度来保证锚栓的安全性[6]。

参照式（7-1）可知，锚栓基本受拉锚固长度 $l_{ab}$ 与 $f_t^a$ 成正比，$f_t^a$ 取值降低了，锚栓基本锚固长度比较短（从表 7-1 可见，Q355 锚栓的锚固长度只有 17$d$～25$d$），比同强度量级的钢筋锚固长度短（HPB300 钢筋基本锚固长度为 22$d$～34$d$）。

文献［6］建议：当柱脚下为配置有充足钢筋的地梁、短柱墩等，能有效防止基础混凝土开裂时，锚栓的抗拉强度设计值可取相应牌号钢材的抗拉强度设计值。

当有可靠依据提高锚栓的抗拉强度取值、优化锚栓数量时，其锚固长度不能仅满足表 7-8 中现行规范的要求，而应基于锚固机理、按实际抗拉强度取值重新计算，按锚栓抗拉强度的提高比例相应增大其锚固长度。

### 7.9.4　关于钢柱脚锚栓锚固长度的建议

钢柱脚锚栓的锚固长度，应以锚固机理为基础，根据锚栓的抗拉强度取值，结合柱脚的设计假定和构造（铰接还是固接）、其重要性等因素综合确定。具体建议如下：

（1）对按现行规范采用常规方法进行钢柱脚设计、锚栓抗拉设计强度 $f_t^a$ 采用现行《钢结构设计标准》（GB 50017—2017）表 4.4.6 的数值时，锚栓锚固长度建议不低于表 7-9。

表 7-9　　　　　　　　　　　　　　　建议的锚栓最小锚固长度

| 材料 | | 铰接柱脚的锚栓锚固长度 | 普通刚接柱脚的锚栓锚固长度 | 重要或关键刚接柱脚的锚栓锚固长度 |
|---|---|---|---|---|
| C20 混凝土 | Q235 锚栓 | 20d | 20d | 25d |
| | Q355 锚栓 | 25d | 25d | 25d |
| C30 混凝土 | Q235 锚栓 | 18d | 20d | 25d |
| | Q355 锚栓 | 23d | 23d | 25d |
| C35 混凝土 | Q235 锚栓 | 16d | 20d | 25d |
| | Q355 锚栓 | 21d | 21d | 25d |
| C40 混凝土 | Q235 锚栓 | 15d | 20d | 25d |
| | Q355 锚栓 | 19d | 20d | 25d |
| C45 混凝土 | Q235 锚栓 | 14d | 20d | 25d |
| | Q355 锚栓 | 18d | 20d | 25d |
| ≥C50 混凝土 | Q235 锚栓 | 14d | 20d | 25d |
| | Q355 锚栓 | 17d | 20d | 25d |

（2）当有可靠依据提高锚栓的抗拉强度取值，优化锚栓数量时，锚栓锚固长度需根据其抗拉强度取值按比例提高，以避免因锚栓容许应力提高而发生锚固失效、导致锚栓拔出破坏。

（3）对施工过程中易受扰动、锚栓直径较大等情况，建议参照《混凝土结构设计标准》（GB/T 50010—2010，2024 年版）第 8.3.2 条考虑相应的锚固长度修正系数，适当增大锚栓的锚固长度。

# 参 考 文 献

［1］　但泽义. 钢结构设计手册［M］. 4 版. 北京：中国建筑工业出版社，2019.

［2］　坍塌！网架未与主体整体建模计算，是设计缺陷［R/OL］. "土木吧"微信公众号，（2022-1-30）［2024-4-20］https：//mp. weixin. qq. com/s/cYWl-5GYHs_0G333gpieGg.

［3］　规范组专家答疑：建筑与市政工程抗震通用规范［R/OL］. "PKPM 构力科技"微信公众号，（2021-12-28）［2024-4-30］https：//mp. weixin. qq. com/s/PcGAYmhR7QJAHpfpQCfTjA.

［4］　徐有邻，周氏. 混凝土结构设计规范理解与应用［M］. 北京：中国建筑工业出版社，2002.

［5］　童根树，吴光美. 钢柱脚单个锚栓的承载力设计法［J］. 建筑结构，2004，34(2)：10-14.

［6］　吴桂芳. 柱脚锚栓的抗拉设计［J］. 建筑结构，2013，43(S1)：436-438.

# 第8章  专题技术问题分析探讨

## 8.1  多层工业厂房可变荷载地震组合值系数的取值

许多结构工程师在设计多层工业厂房时，直接采用了设计软件中可变荷载地震组合值系数（下文用符号"$\Psi_{EC}$"表示）的默认值进行结构分析，$\Psi_{EC}$ 默认值一般为 0.5，实际上只适用于一般民用建筑。《建筑抗震设计标准》（GB/T 50011—2010，2024 年版）第 5.1.3 条没有明确规定多层工业厂房的等效均布楼面活荷载 $\Psi_{EC}$ 值，仅在附录 H.1.5 第 2 款提出对钢筋混凝土框排架结构厂房"确定重力荷载代表值时，可变荷载应根据行业特点，对楼面活荷载取相应的组合值系数。贮料的荷载组合值系数可采用 0.9"。

参考有关文献，《混凝土规范算例》[1] 中"框架结构算例一"（某轻工工厂的生产综合楼）取 $\Psi_{EC}=0.8$；《建筑抗震设计手册（第二版）》[2] 指出，多层工业厂房可取大于一般民用建筑的 $\Psi_{EC}$ 值，但该手册也没有给出具体的取值建议。

本节将通过两个典型工程算例比较了 $\Psi_{EC}$ 值对地震作用计算结果的影响，讨论分析多层工业厂房 $\Psi_{EC}$ 的取值原则，提出了一些具体取值建议[3]。

### 8.1.1  工程算例

**算例 1（某四层工业厂房）**

某商品性通用工业厂房采用现浇钢筋混凝土框架结构，其建筑平面如图 8-1 所示，共 4 层。基本风压 $0.6\mathrm{kN/m^2}$，地面粗糙类别 B 类；安全等级为二级，结构重要性系数 $\gamma_0=1.0$；按丙类进行抗震设防，抗震设防烈度 7 度，地震分组第 1 组，基本加速度值 $0.1g$，场地类别为Ⅲ类，场地特征周期 0.45s。

建设单位拟在建成后将厂房出租，故设计时生产工艺情况不明，只能按建设单位要求取 1～4 层楼面等效均布活荷载 $10\mathrm{kN/m^2}$，另外上人天面均布活荷载 $2\mathrm{kN/m^2}$、不上人梯屋天面均布活荷载 $0.5\mathrm{kN/m^2}$。

以变形缝右侧的结构单元为例，考虑非承重填充墙数量较少而取周期折减系数 $\Psi_T=0.90$；在其他条件不变情况下改变 $\Psi_{EC}$ 值，采用 PKPM 系列软件 SATWE 进行计算，主要计算结果汇总于表 8-1。

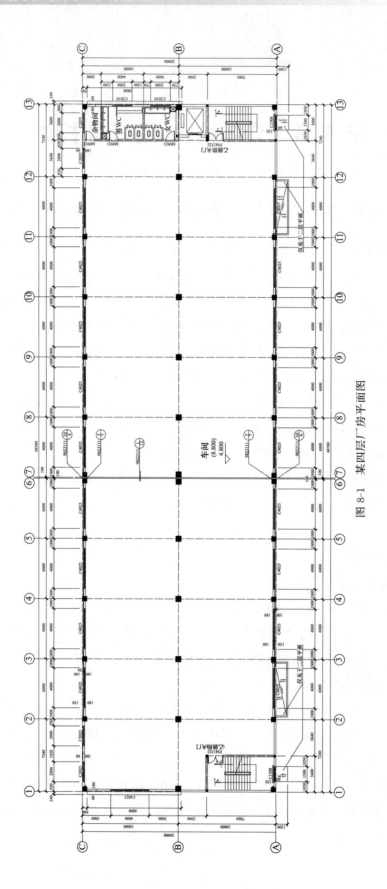

图 8-1　某四层厂房平面图

| 表 8-1 | | | 不同 $\Psi_{EC}$ 值对应的主要计算结果（某四层厂房） | | | |
|---|---|---|---|---|---|---|
| $\Psi_{EC}$ | 恒载产生的总质量（t） | 活载产生的总质量（t） | 结构的总质量（t） | 第一振型振动周期（s） | CQC法 $X$ 向地震作用下的首层剪力（kN） | CQC法 $Y$ 向地震作用下的首层剪力（kN） |
| 0.5 | 3232.7 | 1098.6 | 4331.2 | 1.0861 | 1468.5 | 1523.4 |
| 0.6 | 3232.7 | 1318.3 | 4550.9 | 1.1110 | 1519.4 | 1582.5 |
| 0.7 | 3232.7 | 1538.0 | 4770.7 | 1.1355 | 1569.0 | 1640.5 |
| 0.8 | 3232.7 | 1757.7 | 4990.4 | 1.1594 | 1617.4 | 1697.4 |
| 0.9 | 3232.7 | 1977.4 | 5210.1 | 1.1829 | 1664.8 | 1753.2 |
| 1.0 | 3232.7 | 2197.1 | 5429.8 | 1.2060 | 1711.1 | 1808.0 |

**算例 2（某五层宿舍）**

某宿舍与算例 1 位于同一厂区，建筑平面如图 8-2 所示，共 5 层。1～5 层楼面等效均布活荷载 2kN/m²，$\Psi_T = 0.60$，其余条件同算例 1。主要计算结果汇总于表 8-2。

| 表 8-2 | | | 不同 $\Psi_{EC}$ 值对应的主要计算结果（某五层宿舍） | | | |
|---|---|---|---|---|---|---|
| $\Psi_{EC}$ | 恒载产生的总质量（t） | 活载产生的总质量（t） | 结构的总质量（t） | 第一振型振动周期（s） | CQC法 $X$ 向地震作用下的首层剪力（kN） | CQC法 $Y$ 向地震作用下的首层剪力（kN） |
| 0.5 | 4284.2 | 362.2 | 4646.4 | 1.0151 | 1825.7 | 2215.1 |
| 0.6 | 4284.2 | 434.7 | 4718.9 | 1.0237 | 1842.5 | 2235.3 |
| 0.7 | 4284.2 | 507.1 | 4791.3 | 1.0322 | 1859.3 | 2255.5 |
| 0.8 | 4284.2 | 579.6 | 4863.7 | 1.0406 | 1875.9 | 2275.5 |
| 0.9 | 4284.2 | 652.0 | 4936.2 | 1.0489 | 1892.5 | 2295.3 |
| 1.0 | 4284.2 | 724.4 | 5008.6 | 1.0572 | 1908.9 | 2315.1 |

### 8.1.2 $\Psi_{EC}$ 值对地震作用计算结果的影响

地震作用是惯性力，与发生地震时结构的有效质量〔即《建筑抗震设计标准》（GB/T 50011—2010，2024 年版）中的"重力荷载代表值"〕直接相关。讨论 $\Psi_{EC}$ 值的大小，实际上是研究抗震计算时楼面等效均布活荷载标准值中有多少的比例应该计入结构的有效质量。因为可变荷载具有较大的时间变异性，当地震发生时，楼面等效均布活荷载达到其最大值（标准值）的概率极小。因此等效均布活荷载标准值所形成的质量应乘以 $\Psi_{EC}$（≤1）予以折减，再加上恒载形成的质量，作为结构的有效质量。

$\Psi_{EC}$ 值是计算结构自振周期、地震作用标准值和结构构件地震作用的基本组合等抗震计算的重要参数。从算例计算结果可见，随着 $\Psi_{EC}$ 值增大，结构总质量相应增大，结构刚度不变，结构自振周期变长，总体地震作用都有所增加。但 $\Psi_{EC}$ 值对一般民用建筑和多层工业

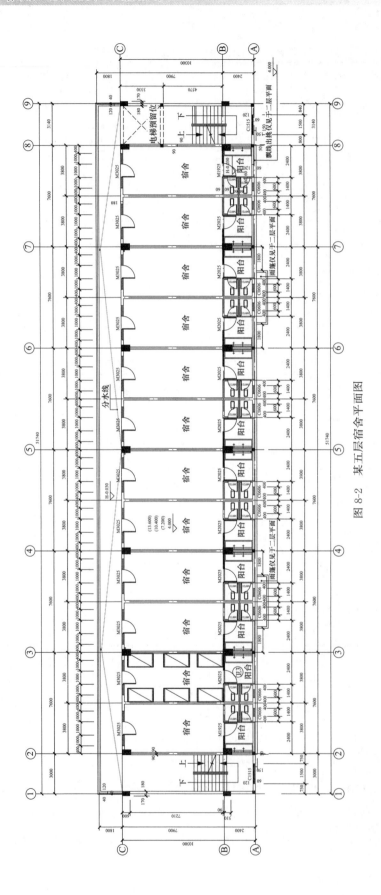

图 8-2　某五层宿舍平面图

厂房的影响程度明显不同：

（1）一般民用建筑的等效均布楼面活荷载标准值较小，同时宿舍、住宅等有较多填充墙，恒载占结构总质量的绝大部分，可变荷载参与结构总质量的比例对地震作用的计算结果影响不大。算例 2 中 $\Psi_{EC}$ 值从 0.5 增大至 1.0，结构的总质量仅增加了 7.79%，周期仅延长了 4.15%，首层地震剪力仅增加了 4.56%（$X$ 向）和 4.51%（$Y$ 向）。

（2）多层工业厂房的等效均布楼面活荷载标准值一般较大、填充墙比较少，恒载和未折减的活荷载（$\Psi_{EC}=1$）占结构总质量的比例相当，可变荷载参与结构总质量的比例对地震作用计算结果影响较大。从表 8-1 可见，$\Psi_{EC}$ 值从 0.5 增大至 1.0，结构的总质量增加了 25.36%，周期延长了 11.04%，首层地震剪力增加了 16.52%（$X$ 向）和 18.69%（$Y$ 向）。

由于规范没有明确的规定，多层工业厂房结构设计中 $\Psi_{EC}$ 的取值比较随意，过低的 $\Psi_{EC}$ 值将造成多层工业厂房地震作用计算结果偏小、抗震安全度不足。

### 8.1.3  多层工业厂房 $\Psi_{EC}$ 的取值原则

1. 应优先按楼面活荷载的实际情况计算重力荷载代表值

多层工业厂房楼面活荷载与生产工艺密切相关。当工艺明确、资料齐备时，生产使用或安装检修时设备、管道、运输工具等所产生的荷载大小、位置都是确定的。这些都属于持久性可变荷载，在设计基准期内除非厂方改变了生产工艺、或者用于出租的厂房更换了租赁方，否则一般变化不大。对这类情况应按实际楼面活荷载大小直接计算重力荷载代表值，此时 $\Psi_{EC}=1.0$。

除上述持久性可变荷载外，多层工业厂房楼面还有临时性可变荷载，如无设备区域的操作荷载（包括操作人员、一般工具、零星原料和成品的自重等），属于楼面上偶尔出现短期荷载，其大小和位置随时间显著变化，难以精准确定，只能按等效均布活荷载考虑。此类可变荷载的 $\Psi_{EC}$ 值可参考以下的原则来确定。

2. 采用等效均布楼面活荷载来计算重力荷载代表值时 $\Psi_{EC}$ 的合理取值范围

当实际楼面活荷载的资料不足而一时又难以获得时，只能采用等效均布楼面活荷载来计算重力荷载代表值。等效均布活荷载在一般情况下仅按内力等值的原则来确定，不能直接反映实际楼面活荷载的大小。此时应结合工程经验经分析判断确定 $\Psi_{EC}$ 值。

（1）$\Psi_{EC}$ 取值下限。《建筑结构荷载规范》（GB 50009—2012）中准永久值是持久性可变荷载的代表值，在设计基准期 50 年内可变荷载达到和超过该值的总持续时间为 25 年，其作用被认为与恒载相当。因此可认为发生地震时楼面可变荷载准永久值的遇合概率几乎是100%，除非厂房刚好处于空置的状态。故建议多层工业厂房 $\Psi_{EC}$ 值的下限是《建筑结构荷载规范》（GB 50009—2012）中的准永久系数（下文用符号"$\Psi_q$"表示），$\Psi_{EC} \geqslant \Psi_q$。

算例 1 中的商品性通用多层厂房设计于 1999 年，参考当时仍生效的《广东省荷载规定》（DBJ 15—2—90），可取 $\Psi_q=0.8$，相应 $\Psi_{EC}\geqslant 0.8$。另外对照《建筑结构荷载规范》（GB 50009—2012）第 5.2.3 条中 $\Psi_q\geqslant 0.6$ 的规定，多层工业厂房的 $\Psi_{EC}$ 值不宜小于 0.7，任何情况下不应小于 0.6。

（2）$\Psi_{EC}$ 取值上限。《建筑结构荷载规范》（GB 50009—2012）提供了可变荷载组合系数（下文用符号"$\Psi_c$"表示），用于考虑两种或两种以上普通可变荷载同时作用于结构时的组合问题。地震作用特点是在设计基准期内不一定出现，而一旦出现其量值可能很大（尤其是罕遇地震），其时间变异性与普通可变荷载有很大的区别。因此笔者认为不宜以《建筑结构荷载规范》（GB 50009—2012）中的 $\Psi_c$ 作为 $\Psi_{EC}$ 的取值上限，而且 $\Psi_{EC}$ 的取值上限应小于 $\Psi_c$。

可变荷载频遇值是设计基准期 50 年内荷载达到和超过该值的总持续时间小于 5 年的荷载代表值，可以认为地震发生时可变荷载频遇值的遇合概率比较大。对照《建筑结构荷载规范》（GB 50009—2012）表 5.1.1 中的频遇值系数（下文用符号"$\Psi_f$"表示）和《建筑抗震设计标准》（GB/T 50011—2010，2024 年版）表 5.1.3 中的 $\Psi_{EC}$ 值，一般民用建筑大体满足 $\Psi_q\leqslant\Psi_{EC}\leqslant\Psi_f$ 的规律。

从工程实用角度，建议多层工业厂房 $\Psi_{EC}$ 的取值上限为 $\Psi_f$。

### 8.1.4 结论建议

建议相关规范修订时，对多层工业厂房采用等效均布楼面活荷载计算重力荷载代表值的情况，补充 $\Psi_{EC}$ 的取值规定。

对于工艺明确、资料齐备的多层工业厂房，应按实际楼面活荷载大小来计算重力荷载代表值，$\Psi_{EC}=1.0$。

当采用等效均布活荷载计算重力荷载代表值时，建议 $\Psi_{EC}$ 值的下限是《建筑结构荷载规范》（GB 50009—2012）中的准永久系数 $\Psi_q$，上限为频遇值系数 $\Psi_f$，即 $\Psi_q\leqslant\Psi_{EC}\leqslant\Psi_f$。具体建议如下：

（1）对《建筑结构荷载规范》（GB 50009—2012）附录 D 所列的 6 类工业厂房，可直接参考其 $\Psi_f$ 和 $\Psi_q$ 值来确定 $\Psi_{EC}$ 取值范围；对厂区内配套的多层仓库，可根据储存物资的类型、参考《建筑结构荷载设计手册（第三版）》[4] 附录二的 $\Psi_q$ 值来确定 $\Psi_{EC}$ 取值范围。

（2）对商品性通用多层厂房，建议取 $\Psi_{EC}\geqslant 0.8$；对商品性通用厂房配套的多层仓库，其可变荷载在地震时遇合概率比厂房大，建议其 $\Psi_{EC}$ 值比厂区内其他厂房增加 0.1，但调整后不宜大于 0.95。

（3）多层工业厂房的 $\Psi_{EC}$ 值不宜小于 0.7，任何情况下不应小于 0.6。

## 8.2　如何计算复杂结构平面的附加斜交水平地震作用

### 8.2.1　现行通用规范条文规定

《建筑与市政工程抗震通用规范》（GB 55002—2021）第 4.1.2 条第 1 款规定："一般情况下，应至少沿结构两个主轴方向分别计算水平地震作用；当结构中存在与主轴交角大于15°的斜交抗侧力构件时，尚应计算斜交构件方向的水平地震作用"（强制性条文）。

该条通用规范强制性条文源自《建筑抗震设计规范》［注：该规范已于 2024 年局部修订为《建筑抗震设计标准》（GB/T 50011—2010，2024 年版）］。

### 8.2.2　该规范条文的历史沿革

（1）《建筑抗震设计规范》（GBJ 11—89）第 4.1.1 条第 2 款规定："有斜交抗侧力构件的结构，宜分别考虑各抗侧力构件方向的水平地震作用"（非强制性条文）。

（2）《建筑抗震设计规范》（GB 50011—2001）第 5.1.1 条第 2 款规定："有斜交抗侧力构件的结构，当相交角度大于15°时，应分别计算各抗侧力构件方向的水平地震作用"（强制性条文）。

（3）《建筑抗震设计规范》（GB 50011—2001，2008 年版）第 5.1.1 条第 2 款规定："有斜交抗侧力构件的结构，当相交角度大于15°时，应分别计算各抗侧力构件方向的水平地震作用"（强制性条文）。

（4）《建筑抗震设计规范》（GB 50011—2010）第 5.1.1 条第 2 款规定："有斜交抗侧力构件的结构，当相交角度大于15°时，应分别计算各抗侧力构件方向的水平地震作用"（强制性条文）。

（5）《建筑抗震设计规范》（GB 50011—2010，2016 年版）第 5.1.1 条第 2 款规定："有斜交抗侧力构件的结构，当相交角度大于15°时，应分别计算各抗侧力构件方向的水平地震作用"（强制性条文）。

综上，从 2001 年版《建筑抗震设计规范》开始，强制规定计算夹角大于15°斜交方向的附加水平地震作用。

### 8.2.3　对《建筑与市政工程抗震通用规范》(GB 55002—2021)第 4.1.2 条第 1 款的思辨

由此对该条规范条文引发以下思考：①为什么要强制规定计算夹角大于15°斜交方向的附加水平地震作用？②为什么是"夹角大于15°"，而不是"大于20°"或者"大于25°"呢？

笔者查阅了各个版本《建筑抗震设计规范》的条文说明、规范宣贯读物以及众多的规范解读，但都未能找出上述问题的权威解答。以下列出笔者对此的理解，供读者参考。

（1）对无斜交抗侧力构件的结构，只要考虑正交轴 $X$ 向和 $Y$ 向的水平地震作用，就已经是最不利工况了。

（2）对有斜交抗侧力构件的结构，假设斜交方向与 $X$ 轴的夹角是 $\varphi$，斜交抗侧力构件分配到的 $X$ 向最大水平地震作用为 $E_x$，则其在斜交方向的水平地震作用为 $E'_x = \cos\varphi E_x$。当 $\varphi = 15°$ 时，$E'_x = \cos15° E_x = 96.6\% E_x$；当 $\varphi = 20°$ 时，$E'_x = \cos20° E_x = 94.0\% E_x$；当 $\varphi = 30°$ 时，$E'_x = \cos30° E_x = 86.6\% E_x$；当 $\varphi = 45°$ 时，$E'_x = \cos45° E_x = 70.7\% E_x$。

（3）可见，规范规定"大于 15°"而不是"大于 20°"或更大的角度，主要是要保证斜交抗侧力构件所考虑的最大水平地震作用不致过小，偏差必须控制在工程容许的 5% 以内，以保证其抗震承载力安全度。

### 8.2.4 复杂结构平面应如何计算附加斜交水平地震作用

地震是随机发生的，结构可能遭受任意方向的水平地震作用。结构计算分析时，从计算能力和工作效率出发只能考虑有限个方向的水平地震作用。增加计算附加地震作用，将增加计算耗时、占用计算机资源，计算分析软件允许附加地震数是有限的，如 SATWE 是5 个。

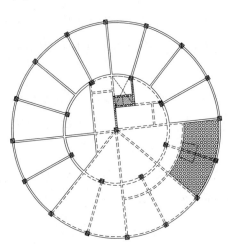

图 8-3 有多个斜交抗侧力
构件的圆形结构平面

当遇到类似于图 8-3 的复杂结构平面，实际斜交角度数量远超过软件容许附加地震数时，为满足《建筑与市政工程抗震通用规范》（GB 55002—2021）第 4.1.2 条第 1 款的强制性要求，应如何计算附加斜交水平地震作用值得研究。

基于上文对《建筑与市政工程抗震通用规范》（GB 55002—2021）第 4.1.2 条第 1 款来由的分析，只要保证图 8-3 中所有的斜交抗侧力构件所考虑的最大水平地震作用不致过小，偏差都控制在工程容许的 5% 以内，就可以满足规范强制性条文的意图。

因此，只要补充计算 $+30°$、$-30°$、$+60°$ 和 $-60°$ 等 4 组附加斜交地震作用，加上原来正交的 $X$ 向和 $Y$ 向地震作用，就肯定有 1 组地震作用与斜交抗侧力构件的夹角小于 15°，从而满足了《建筑与市政工程抗震通用规范》（GB 55002—2021）第 4.1.2 条第 1 款的强制性要求。

以上的处理办法，对任何复杂结构平面均适用。

## 8.3 关于考虑斜向风荷载的若干建议

关于考虑附加斜交方向水平地震作用，现行规范有非常明确的强制性要求，第 8.2 节已作了相关分析讨论。对风荷载，规范并没有条文规定在什么条件下需要考虑斜向风荷载，需要工程师自行把握，本节对此进行分析讨论，并提出建议供参考。

如本书第 8.2 节所讨论的地震作用一样，风荷载也是随机发生的，结构可能遭受任意方向的风荷载。对于重要（如房屋高度大于 200m）、体型复杂（如立面开洞或连体）的房屋和构筑物，按规范要求应进行风洞试验，进行 360°（风向角间隔 10°或 15°）的全方位测试，风洞试验结果已包络了最不利风向角的因素。这类工程不在本节的讨论范围。

本节主要讨论量大面广的常规工程，这类工程无须进行风洞试验，按规范方法进行抗风设计。其在结构计算分析时，从计算能力和工作效率出发，只能考虑有限个风向角的风荷载。

### 8.3.1 构件抗风承载力的层面

1. 矩形结构平面

从物理学（流体力学）和生活经验可知，一般流体（风、液体等）的来流方向垂直于阻挡面时，其遭受的阻力最大。风洞试验结果一般会显示，风向角垂直于迎风面时风载体型系数最大。规范的有关条文对简单体型（如矩形结构平面）一般也只给出来流垂直于迎风面时风载体型系数。

基于上面的原因，矩形结构平面只有两个正交方向迎风面，只需考虑 $X$、$Y$ 两个正交方向（垂直于迎风面）的风荷载即可。

即使矩形结构平面内局部有斜交抗侧力构件（见图 8-4），也无须额外计算斜交方向的风荷载，这是由于斜向吹到迎风面的风，其体型系数小很多，不会导致斜交抗侧力构件受的风荷载变大（规范也就没必要提供这种斜向风向角的体型系数）。这是计算风荷载与计算地震作用的不同之处。

2. 具有斜向迎风面的复杂结构平面

除 $X$、$Y$ 两个正交方向以外、平面还有斜向迎风面的结构，通常其斜向总体风阻效应（即整体体型系数）与 $X$、$Y$ 两个正交方向大体相当。例如，《高层建筑混凝土结构技术规程》（JGJ 3—2010）附录 B 中，$Y$ 型结构平面不同风向角的整体风载体型系数相差不远。

具有斜向迎风面的结构平面，通常相应也有斜交抗侧力构件，如图 8-5 所示。对具有斜向迎风面的复杂结构平面，不能仅考虑 $X$、$Y$ 两个正交方向吹来的风荷载了，应补充考虑斜向的风向角。其底层逻辑与本书第 8.2 节所讨论的"考虑附加斜交方向水平地震作用"规范强制性条文相类似，现简单分析如下：

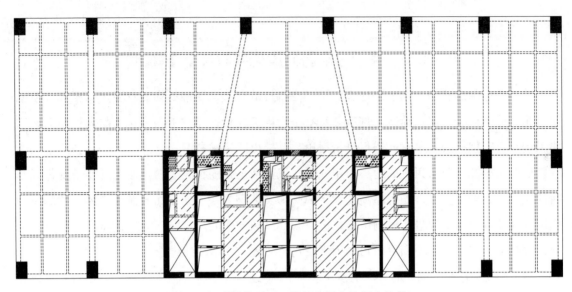

图 8-4　矩形结构平面（局部有斜交抗侧力构件）

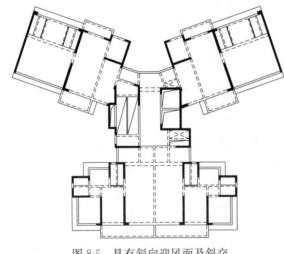

图 8-5　具有斜向迎风面及斜交
抗侧力构件的复杂结构平面

（1）对斜向迎风面（及斜交抗侧力构件）的结构，假设斜交方向与 $X$ 轴的夹角是 $\varphi$，斜交抗侧力构件分配到的 $X$ 向风荷载为 $W_x$，则其在斜交方向的风荷载分量为 $W'_x = \cos\varphi W_x$。

（2）当 $\varphi = 15°$ 时，$W'_x = \cos15° W_x = 96.6\% W_x$。

（3）当 $\varphi = 20°$ 时，$W'_x = \cos20° W_x = 94.0\% W_x$。

（4）当 $\varphi = 30°$ 时，$W'_x = \cos30° W_x = 86.6\% W_x$。

（5）当 $\varphi = 45°$ 时，$W'_x = \cos45° W_x = 70.7\% W_x$。

（6）实际上，这类结构的斜向风荷载应该与正交方向大体相当（即 $W'_x \approx W_x$）。当斜向迎风面（及斜交抗侧力构件）与正交方向的夹角大于 15°时，应考虑附加风向角，以保证斜交抗侧力构件所考虑的风荷载不致过小，否则偏差将超出工程容许的 5%，造成斜交抗侧力构件的抗风承载安全度不足。

3. 圆形或类似的具有 360°对称迎风面的结构平面

圆形或类似的具有 360°对称迎风面的结构平面，其径向和环向一般有可能布置有多个斜交角度的抗侧力构件，见图 8-6。按上面 2. 的分析讨论，所有与正交方向夹角大于 15°的径向和环向抗侧力构件，理论上都应考虑附加风向角。

当斜交角度非常多，可能超出软件分析能力或严重影响计算效率时，除正交±$X$、±$Y$向之外，建议补充考虑±30°、±60°、±120°和±150°等 4 组附加风向角。这样肯定有 1 组风荷载与斜交抗侧力构件的夹角小于 15°，保证斜交抗侧力构件所考虑的风荷载不致过小，偏差可以控制在工程容许的 5% 以内。

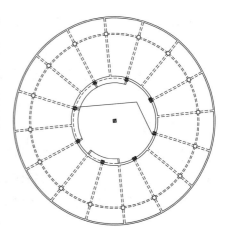

图 8-6　圆形结构平面
（径向、环向有多个斜交抗侧力构件）

### 8.3.2　结构抗风整体指标的层面

这里主要讨论整体结构在风荷载作用下的基底剪力、倾覆弯矩、最大层间位移角及结构顶点风振加速度等指标。

（1）如上讨论，对具有斜向迎风面的复杂结构平面应补充计算垂直于斜向迎风面的斜向风荷载，以保证斜交抗侧力构件的抗风承载力，同时注意验算、控制在斜向风荷载作用下的最大层间位移角及结构顶点风振加速度等指标。

（2）图 8-7 为《广东省建筑结构荷载规范》（DBJ/T 15—101—2022）提供的 L 形结构平面的风载体型系数。L 形结构平面由两个矩形结构平面组合而成，虽然不存在与正交 $X$、$Y$ 向斜交的迎风面和抗侧力构件，但其强弱轴方向与 $X$、$Y$ 向不重合，$X$、$Y$ 方向不再是风荷载作用的最不利方向。从图 8-7 可见，垂直于结构平面弱轴的 45°更为不利，其整体风载体型系数要比起正交 $X$、$Y$ 向的更大。

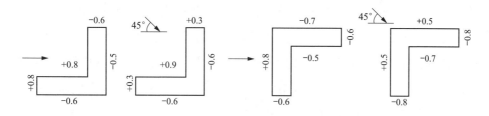

图 8-7　L 形结构平面的风载体型系数[5]

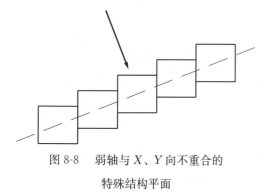

图 8-8　弱轴与 $X$、$Y$ 向不重合的
特殊结构平面

图 8-8 与 L 形结构平面相类似，结构平面由多个矩形结构平面组合而成，但结构平面的弱轴方向与 $X$、$Y$ 向不重合，$X$、$Y$ 方向不再是风荷载作用的最不利方向。对于这类的特殊结构平面，需要找到结构在风荷载作用下的弱轴方向，若弱轴方向迎风面较大或风载体型系数更大，则该方向的风荷载对结构抗风整体指

标更为不利。对这类特殊结构平面，应考虑不同方向的风向角及相应风体型系数，通过比较风作用下的基底剪力、倾覆弯矩及最大层间位移角，反复试算得到结构的最不利风向角，以便确保结构抗风整体指标满足规范要求。

### 8.3.3　结语

基本风压较大地区（如粤港澳大湾区）的项目，风荷载控制设计的概率较大；超高层结构也是如此。需要注意充分考虑各种不利风向角作用，以保证构件抗风承载力安全度以及结构的抗风整体指标，避免遗留结构安全隐患。

## 8.4　框架梁外伸的悬臂梁算不算框架梁

**网友疑问：**

请问悬臂梁算不算框架？框架梁外伸的悬臂梁要不要满足框架梁的配筋构造？上次碰到个审图的说这个违反框架梁底筋和面筋面积比值问题，违反了强条。

**答复：**

框架梁外伸的悬臂梁都不算框架梁。原因在于：悬臂梁是静定的，其根部一旦达到抗弯强度极限、出现塑性铰，就会直接破坏，不可能像框架梁那样考虑出现塑性铰后的内力重分布，不需要像超静定的框架梁那样考虑保证塑性铰部位的延性。框架梁外伸的悬臂梁不需要满足框架梁端箍筋加密的构造要求，也不需要满足规范关于框架梁底筋和面筋面积比值的要求。

《岩土工程 50 讲》[6] 对我国岩土工程规范标准存在的问题有以下精彩的点评："在我国，与其他的规范标准相似，岩土工程规范存在着偏细、偏死、偏保守的问题，这也是源于师从前苏联。笔者也参加过规范的编写，领导交代的原则之一是所谓'可操作性'，这样规范不但指明了什么'应'，什么'宜'，而且明确给出了理论公式、计算参数、操作步骤，可谓是'傻瓜规范'。记得某智者曾经说过'越是高科技的，越是傻瓜的'这样的名言，这是说高科技常常是为产品使用者的简便，但是如果设计者成为傻瓜，那么产品会是什么呢？

"这样的规范的优点是对于水平有限和不求有功、但求无过的工程技术人员提供了省事的方法和法律的屏蔽，对于小型工程它也是适用和偏于安全的。一般讲，为了指导全面和适应各种可能的情况，也为了让一般技术人员能够掌握使用，所推荐和规定的理论方法一般是成熟的、简易的和偏于保守的，而不可能使用更先进和精度更高的理论和方法。这样，规范没有规定的更先进合理的理论和方法反而不合法，如果出了问题则可能官司缠身。规范中的'不得''不应'是不能超越的底线，这就约束和限制了技术人员的积极性和创造性。"

其实结构设计的技术规范也不遑多让。由于要执行强制性技术条文，使审图者和设计人有章可循，有的时候也不得不把一些"傻瓜条文"写入规范。下面以《高层建筑混凝土结构技术规程》（JGJ 3—2010）第6.1.8条为例简单探讨一下。

《高层建筑混凝土结构技术规程》（JGJ 3—2010）第6.1.8条规定："不与框架柱相连的次梁，可按非抗震要求进行设计"。稍有结构知识的人看了都可能会笑起来，这样的内容还要写进规范，怪不得规范越来越厚了。

但只要再仔细看对应的条文说明，才有可能理解规范编者的苦衷：因为框架梁有很多强制性条文，如果不规定清楚，连"什么是框架梁"都成了问题，进而影响了那些强制性条文执行。

《高层建筑混凝土结构技术规程》（JGJ 3—2010）第6.1.8条条文说明指出："不与框架柱（包括框架-剪力墙结构中的柱）相连的次梁，可按非抗震设计。

图 8-9　结构平面中次梁示意

"图8-9为框架楼层平面中的一个区格。图中梁 $L_1$ 两端不与框架柱相连，因而不参与抗震，所以梁 $L_1$ 的构造可按非抗震要求。例如，梁端箍筋不需要按抗震要求加密，仅需满足抗剪强度的要求，其间距也可按非抗震构件的要求；箍筋无需弯135°钩，90°钩即可；纵筋的锚固、搭接等都可按非抗震要求。图中梁 $L_2$ 与 $L_1$ 不同，其一端与框架柱相连，另一端与梁相连；与框架柱相连端应按抗震设计，其要求应与框架梁相同，与梁相连端构造可同 $L_1$ 梁。"

应该是实际工程中遇到很多关于上面图8-9中 $L_2$ 的争议，规范编委才会迫于无奈在《高层建筑混凝土结构技术规程》（JGJ 3—2010）中加入了第6.1.8条。

可是加上这样的"傻瓜条文"并不能解决所有的争议，比如上面提到的"悬臂梁算不算框架"，估计以后规范修编又要补充了。即使补充了"悬臂梁不算框架"，还是存在问题，比如图8-9中，如果纵向框架梁跨度很大（比如说是20m）、而 $L_2$ 跨度很小（比如说2.5m），$L_2$ 实际起悬臂梁的作用，那 $L_2$ 还是否需要按《高层建筑混凝土结构技术规程》（JGJ 3—2010）第6.1.8条条文说明的要求来处理呢？

鉴于图8-9中 $L_2$ 难以精准界定是否属于悬臂梁，建议结构设计中对这类梁都按《高层建筑混凝土结构技术规程》（JGJ 3—2010）第6.1.8条的规定执行，即该梁与框架柱相连端应按抗震设计，满足梁端箍筋加密、支座底筋和面筋面积比值等关于框架梁的规范构造要求。

对于悬挑阳台等部位，由框架梁外伸的梁段毫无疑问属于悬臂梁，无需满足梁端箍筋加密、支座底筋和面筋面积比值等关于框架梁的规范构造要求。

## 8.5 针对填充墙竖向分布不均匀的结构层间侧向刚度比补充验算方法

大量的地震震害调查和试验分析表明，填充墙的存在能大大增强结构侧层间抗侧刚度和强度，其刚度效应十分明显。但如果填充墙在平面、竖向或局部布置不当，则容易导致结构可能存在薄弱层、扭转破坏等潜在结构抗震薄弱环节，或因局部填充墙对框架柱形成约束而使其形成短柱，导致其极易在地震作用下发生脆性的剪切破坏。

在实际设计中，由于建筑使用功能的需要，填充墙竖向不均匀分布在很多时候是难以避免。例如，住宅或办公建筑的底层架空形成公共活动空间是现代建筑设计的常见手法，临街建筑的底层多设置了商场或车库等填充墙较少的使用功能，而架空层上部又往往根据实际使用功能（如住宅/办公）布置较多的填充墙，从而形成了上刚下柔、头重脚轻的实际结构形态。而目前流行的常规结构分析软件往往不能真实地反映填充墙对结构刚度的实际影响，需要寻求可行的补充验算方法，以便有效合理地评估填充墙竖向不均匀分布所导致的薄弱层上下层结构实际的刚度差异，从而有针对性地采取可行的加强措施。

### 8.5.1 考虑填充墙影响后楼层抗侧刚度修正公式的推导

1. 结构自振周期与刚度的关系

根据结构动力学原理，单自由度体系结构的自振周期 $T$ 可按式（8-1）计算：

$$T = 2\pi(m/K)^{1/2} \tag{8-1}$$

式中：$m$ 为单自由度体系中集中于质点的质量，$K$ 为其抗侧刚度。

多自由度体系的结构有多个周期，对结构的影响一般随着振型顺序的增加而快速衰减前几个振型的影响最大。填充墙增大了结构的质量和刚度。在结构计算中填充墙的质量一般作为恒载考虑，因此填充墙的质量对结构自振周期的影响已经在结构分析中加以考虑；只有填充墙刚度对周期的影响需要另外考虑。

2. 填充墙刚度影响与周期折减系数的关系

根据式（8-1），无填充墙时结构自振周期 $T_1 \propto 1/K_1^{1/2}$（$K_1$ 为无填充墙时结构抗侧刚度）；有填充墙时结构自振周期 $T_2 \propto 1/K_2^{1/2}$（$K_2$ 为考虑了填充墙影响后结构抗侧刚度）。

令 $T_2 = \alpha T_1$，$\alpha$ 即为周期折减系数，则有：

$$\alpha = T_2/T_1 = (K_1/K_2)^{1/2}$$
$$K_2 = K_1/\alpha^2 \tag{8-2}$$

从式（8-2）可见，考虑了填充墙影响后整体结构的抗侧刚度，为未考虑填充墙影响时整体结构抗侧刚度的 $1/\alpha^2$ 倍。

3. 填充墙影响后结构第 $n$ 层楼层实际抗侧刚度修正公式

假定考虑填充墙影响前后结构中各个楼层的抗侧刚度也符合式（8-2）的比例关系，则有：

$$k'_n = k_n / \alpha_n{}^2 \tag{8-3}$$

式中：$k'_n$ 为填充墙影响后结构第 $n$ 层的实际楼层抗侧刚度；$k_n$ 为未考虑填充墙影响时结构第 $n$ 层的楼层抗侧刚度（即结构分析软件出来的楼层抗侧刚度计算结果）；$\alpha_n$ 为结构第 $n$ 层的楼层周期折减系数，可根据该层填充墙数量参照表 8-3[7]，对于完全没有填充墙的架空层，不论什么结构类型 $\alpha_n$ 均应该取 1.0。

**表 8-3**　　　　　　　　　　　　　楼层周期折减系数 $\alpha_n$ 取值表

| 结构类型 | 填充墙较多 | 填充墙较少 |
| --- | --- | --- |
| 框架结构 | 0.6～0.7 | 0.7～0.8 |
| 框架-剪力墙结构 | 0.7～0.8 | 0.8～0.9 |
| 剪力墙结构 | 0.8～0.9 | 0.9～1.0 |

### 8.5.2　考虑填充墙影响后楼层抗侧刚度修正公式的应用

目前常规的结构分析软件一般都只能全楼采用同一个总体周期折减系数。其仅体现填充墙总体刚度对地震作用计算结果的影响，不改变结构的自振特性。该总体周期折减系数 $\alpha$ 具体数值可参照《高层建筑混凝土结构技术规程》（JGJ 3—2010）第 4.3.17 条，即："框架结构可取 0.6～0.7；框架-剪力墙结构可取 0.7～0.8；框架-核心筒结构可取 0.8～0.9；剪力墙结构可取 0.8～1.0"。

对于填充墙竖向分布均匀的工程（如普通住宅），各层填充墙的布置大体相同，各层的楼层周期折减系数 $\alpha_n$ 基本相同。故是否考虑填充墙影响，对上下楼层抗侧刚度比计算结果完全没有影响，可直接采用软件的楼层抗侧刚度比计算结果比较判断。

由于建筑使用功能的需要，难免还有相当数量的填充墙竖向分布不均匀的工程，例如：①高档住宅底部设置架空层（或者车库）、上部住宅常规密布填充墙；②商住项目底部商业仅有少量稀疏的填充墙、上部住宅常规密布填充墙；③办公或公寓项目，在中间楼层设置仅有少量稀疏填充墙的会议室/会所、其他楼层常规密布填充墙。

对这类填充墙竖向分布不均匀的工程工程，应对潜在的软弱层/薄弱层相关的楼层侧向刚度比按式（8-3）进行修正，计入填充墙竖向分布不均匀的影响后进行比较判断。

### 8.5.3　结语

填充墙的刚度效应十分明显，设计中填充墙应在平面和竖向尽可能均匀布置。可能存在薄弱层、扭转破坏的情况下，应充分考虑填充墙的刚度效应，并控制结构实际的层间侧向刚度比。

在实际设计中，由于建筑使用功能的需要，填充墙竖向不均匀分布在很多时候是难以避免。这种上刚下柔、头重脚轻的实际结构形态往往存在着较大的实际层间刚度差。在汶川等实际地震中，这类结构的震害都比较严重，个别建房屋甚至还出现整个架空层完全垮塌现象。在结构设计时需予以重视并合理地评估其不利影响及程度，有针对性地采取加强措施。

本节基于周期折减系数，提出了一种针对填充墙竖向分布不均匀的结构层间侧向刚度比补充验算方法，可以比较快速地评估填充墙竖向不均匀分布所导致的薄弱层上下层结构实际的刚度差异。

对复杂或重要的工程，建议用更加精确的方法进一步验算复核，具体可参考文献 [8]～[10]。如经过验算确认存在结构薄弱层，可在相应楼层布置适当的抗震墙（以不影响建筑使用空间为前提）来平衡层间刚度差，相关的配筋方法和构造措施可参考文献 [11]。

# 8.6 "单跨框架结构"案例分析

单跨的框架结构冗余度较少，地震时缺少多道防线，一旦其中某个柱子在地震中破坏则会可能引发严重的倒塌，对房屋建筑的抗震极为不利。

《建筑抗震设计标准》（GB/T 50011—2010，2024 年版）有控制单跨框架结构适用范围的明确要求：甲、乙类建筑以及高度大于 24m 的丙类建筑，不应采用单跨框架结构；高度不大于 24m 的丙类建筑不宜采用单跨框架结构。

某些情况下，因建筑使用功能需要又必须采用单跨框架结构（例如学校、医院里面的连廊），那该如何确保其抗震性能呢？本节结合一个案例进行探讨。

### 8.6.1 一个另类的连廊结构方案

1. 工程概况

某小学教学楼地上 4 层，首层层高 4.2m，标准层层高 4.2m，房屋高度为 16.8m，为框架结构体系，抗震设防类别为乙类，抗震等级均为二级。墙柱混凝土强度等级为 C30，梁板混凝土强度等级为 C30。钢筋采用 HRB400。其结构平面布置见图 8-10。通过设置抗震缝将结构平面分割成几个较规则的抗侧力结构单元；其中平面上部设有 3 条连廊连接教学楼各翼。

2. 连廊结构方案

图 8-11 为局部放大的连廊钢结构平面，这个框架结构的连廊横向均为单跨，属于单跨框架结构。连廊横向跨度约 3m，纵向柱距约 6.5m。

细心的读者应该已经能从图 8-11 看出标注的是型钢梁、型钢柱，这是一个钢框架连廊结构方案。

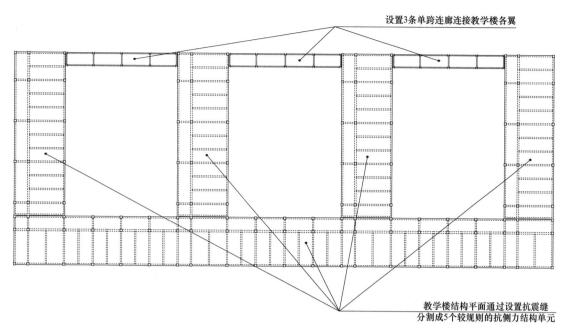

图 8-10 某小学教学楼结构平面布置图

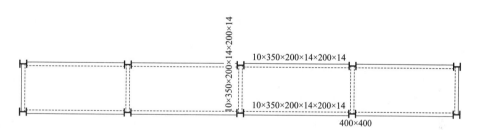

图 8-11 局部放大的连廊钢结构平面

6.5m 的跨度为什么要采用钢框架方案？从设计单位《结构设计说明书》描述可以看出端倪："本工程上部结构均为抗震设防乙类建筑，根据《建筑抗震设计标准》（GB/T 50011—2010，2024 年版）第 6.1.5 条规定，乙类建筑不应采用单框框架结构。对于本工程教学楼部分，连廊部分难免框架结构，为避免单跨框架，连廊部分局部采用钢结构，以规避《建筑抗震设计标准》（GB/T 50011—2010，2024 年版）第 6.1.5 条要求。"

《建筑抗震设计标准》（GB/T 50011—2010，2024 年版）第 6.1.5 条是针对多高层混凝土结构的条文，该条文规定："甲、乙类建筑以及高度大于 24m 的丙类建筑，不应采用单跨框架结构；高度不大于 24m 的丙类建筑不宜采用单跨框架结构。"

从设计单位《结构设计说明书》看出，其思路是"遇到红灯绕路走"，既然规范不允许混凝土单跨框架结构，那改用钢结构吧。

3. 对连廊钢结构方案的点评

估计设计人是没有继续看下《建筑抗震设计标准》（GB/T 50011—2010，2024 年版）第

8 章关于多高层钢结构的相关条文，其中第 8.1.5 条规定："一、二级的钢结构房屋，宜设置偏心支撑、带竖缝钢筋混凝土抗震墙板、内藏钢支撑钢筋混凝土墙板、屈曲约束支撑等消能支撑或筒体。采用框架结构时，甲、乙类建筑和高层的丙类建筑不应采用单跨框架，多层的丙类建筑不宜采用单跨框架。"

这下完了，遇到红灯向右拐走，可是前面还是红灯走不动。花了血本（混凝土结构改钢结构，成本增加了），却完全没有达到规避规范限制的目的。

如果继续按设计院的思路，那得改成砖砌体柱子或者干脆用木结构连廊，才没有单跨框架的规范限制了。可是，砌体结构抗震性能弱于混凝土结构、钢结构，这是不争的事实；木结构在耐久性、防火以及人行竖向振动舒适度等方面也难以满足使用要求。此路不通了。

4. 案例结语

（1）不能企图通过采用钢结构来规避《建筑抗震设计标准》（GB/T 50011—2010，2024 年版）第 6.1.5 条的限制，因为《建筑抗震设计标准》（GB/T 50011—2010，2024 年版）第 8.1.5 条也要求乙类建筑不应采用单跨钢结构框架。

（2）鉴于连廊使用功能需要、只能采用单跨框架。

（3）从成本效益考虑，应优先采用普通钢筋混凝土结构形式，采用抗震性能化设计方法，实现不低于基本抗震性能目标，补充大震不倒验算。

### 8.6.2　应对"单跨框架结构"的恰当做法

人类回应危机或挑战不外乎两种模式：或战或逃。应对"单跨框架结构"这个事物也跳不出这样的套路。

**第一招：规避**

在不影响建筑使用的前提下，在适当的部位设置支撑、柱翼墙、少量剪力墙或者加设柱子，将单跨框架结构变成框架＋支撑结构、框架-剪力墙结构或者是多跨框架结构，从而增加结构冗余度，具有多道抗震防线，提高结构抗震安全性。

例如，之前教学楼多采用单跨框架（课室）＋单侧悬挑（走廊）的结构形式，这类教学楼在汶川地震中震害比较严重。以后的教学楼多数在原来的悬挑端也设置了柱子，成了双跨框架。或者课室填充墙的方向设柱翼墙，设计成框架-剪力墙结构。

**第二招：硬做（对连廊类结构）**

对连廊之类的建筑，"在单跨方向设置支撑、柱翼墙"都会影响使用功能；如果真的这样干，肯定会被建筑师或者吃瓜群众笑死。

那只能硬做了，也就是硬着头皮按钢筋混凝土单跨框架结构方案进行设计，并需要注意加强。需要加强的是单跨框架的柱子（关键构件），与之相连的水平构件（如框架梁、连梁等）一般不提高。

"需要注意加强"是《建筑抗震设计标准》（GB/T 50011—2010，2024 年版）第 6.1.5 条条文说明的原话。至于怎么加强，总结起来一般有以下三种加强方法：

（1）将单跨框架柱子的抗震等级提高一级，适合丙类建筑的单跨框架结构；部分地区审图机构认可这样的加强做法。

（2）采用性能化设计方法，单跨框架柱子（关键构件）的抗震性能目标设为"中震弹性"，并补充大震不倒验算，实现不低于基本抗震性能目标要求，需要做中震分析、包络设计，并进行大震弹塑性层间位移角验算，可能比较适合于中小学、医院等乙类建筑中单跨框架结构的连廊等。

（3）单跨框架结构的柱子（关键构件）直接按"大震不屈服"进行设计。这个方法省却了"大震弹塑性层间位移角验算"的环节，设计相对省事；可能比较适用于地震烈度低、按"大震不屈服"设计柱子代价不大的情况。

### 8.6.3　结语

随着《建筑工程抗震管理条例》的落实和《基于保持建筑正常使用功能的抗震技术导则》（RISN-TG046-2023）的颁布实施，位于高烈度设防地区、地震重点监视防御区的新建学校、幼儿园、医院、养老机构、儿童福利机构、应急指挥中心、应急避难场所、广播电视等建筑应当按照国家有关规定采用隔震减震等技术，保证发生本区域设防地震时能够满足正常使用要求。但对于连廊等有单跨使用需要的结构，采用抗震性能化设计予以加强仍是其中一种合适的处理方式。

## 8.7　盘点结构设计规范中的那些"相关范围"

有种说法："联合国官方文件的不同语言版本中，中文版永远是最薄的"。这说明，中文蕴含了丰富的含义，不少国人也以此为傲。另一方面，由于含义丰富，不同的人可能会对同一中文概念产生不同的理解和认识，引发争议和矛盾。

工程师在工作中要用到的工程技术标准数量很多，经常发现各种标准之间差异纷呈：对同一个技术内容，在各本标准中却存在着不同的规定；相同的术语在不同的规范中可能指的是不同的内涵，而不同的术语可能指的又是同一个问题。这使广大同行感到无所适从，本节要讨论的"相关范围"就是一个鲜活的例子。

### 8.7.1　结构设计规范中"相关范围"规定的汇总对比

在《高层建筑混凝土结构技术规程》（JGJ 3—2010）、《建筑抗震设计标准》（GB/T

50011—2010，2024 年版）等规范中都有出现"相关范围"这个概念，但其范围却不完全相同，见表 8-4。

表 8-4　　　　　　　　　　　结构设计规范中"相关范围"规定的汇总对比

| 用处 | "相关范围"的界定 | 对应规范条文 |
| --- | --- | --- |
| 确定裙房抗震等级 | （1）《高层建筑混凝土结构技术规程》（JGJ 3—2010）第 3.9.6 条条文说明："相关范围"一般指主楼周边外延不少于 3 跨的裙房结构。<br>（2）《建筑抗震设计标准》（GB/T 50011—2010，2024 年版）第 6.1.3 条条文说明：裙房与主楼相连的"相关范围"一般可从主楼周边外延 3 跨且不小于 20m | （1）《高层建筑混凝土结构技术规程》（JGJ 31—2010）第 3.9.6 条：抗震设计时，与主楼连为整体的裙房的抗震等级，除应按裙房本身确定外，相关范围不应低于主楼的抗震等级。<br>（2）《建筑抗震设计标准》（GB/T 50011—2010，2024 年版）第 6.1.3 条第 2 款：裙房与主楼相连，除应按裙房本身确定抗震等级外，相关范围不应低于主楼的抗震等级 |
| 确定地下室抗震等级 | 《高层建筑混凝土结构技术规程》（JGJ 3—2010）第 3.9.5 条条文说明："相关范围"一般指主楼周边外延 1～2 跨的地下室范围 | 《高层建筑混凝土结构技术规程》（JGJ 3—2010）第 3.9.5 条：抗震设计的高层建筑，当地下室顶层作为上部结构的嵌固端时，地下一层相关范围的抗震等级应按上部结构采用 |
| 计算地下一层的侧向刚度，判断地下室顶板可否作为上部结构嵌固部位 | （1）《高层建筑混凝土结构技术规程》（JGJ 3—2010）第 5.3.7 条条文说明："相关部位"一般指地上结构外扩不超过三跨的地下室范围。<br>（2）《建筑抗震设计标准》（GB/T 50011—2010，2024 年版）第 6.1.14 条条文说明："相关范围"一般可从地上结构（主楼、有裙房时含裙房）周边外延不大于 20m | （1）《高层建筑混凝土结构技术规程》（JGJ 3—2010）第 5.3.7 条：高层建筑结构整体计算中，当地下室顶板作为上部结构嵌固部位时，地下一层与首层侧向刚度比不宜小于 2。对应的条文说明：计算地下室结构楼层侧向刚度时，可考虑地下结构以外的地下室相关部位的结构。<br>（2）《建筑抗震设计标准》（GB/T 50011—2010，2024 年版）第 6.1.14 条第 2 款：地下室顶板作为上部结构的嵌固部位时，结构地上一层的侧向刚度，不宜大于相关范围地下一层侧向刚度的 0.5 倍 |
| 作为上部结构嵌固部位时地下室顶板结构形式的要求 | 《建筑抗震设计标准》（GB/T 50011—2010，2024 年版）第 6.1.14 条条文说明："相关范围"一般可从地上结构（主楼、有裙房时含裙房）周边外延不大于 20m | 《建筑抗震设计标准》（GB/T 50011—2010，2024 年版）第 6.1.14 条第 1 款：地下室顶板作为上部结构的嵌固部位时，地下室在地上结构相关范围的顶板应采用现浇梁板结构，相关范围以外的地下室顶板宜采用现浇梁板结构 |

除了表 8-4 以外，还有一些规范条文也可以用类似的"相关范围"来解读，例如：

（1）《高层建筑混凝土结构技术规程》（JGJ 3—2010）第 5.1.14 条规定："对多塔楼结构，宜按整体模型和各塔楼分开的模型分别计算，并采用较不利的结果进行结构设计。当塔楼周边的裙楼超过两跨时，分塔楼模型宜至少附带两跨的裙楼结构。"

用"相关范围"来解读《高层建筑混凝土结构技术规程》（JGJ 3—2010）第 5.1.14 条，就是：对多塔楼结构，分塔楼计算模型宜考虑分塔以外相关部位的裙楼结构，这里"相关范围"指分塔楼周边外延至少两跨的裙房结构。

（2）《建筑地基基础设计规范》（GB 50007—2011）第 8.4.25 条第 1 款和第 4 款规定："上部结构为框架、框剪或框架-核心筒结构，当地下一层结构顶板作为上部结构嵌固部位时，应符合下列规定：1）地下一层的结构侧向刚度大于或等于与其相连的上部结构底层楼层侧向刚度的 1.5 倍；……4）当地下室内、外墙与主体结构墙体之间的距离符合表 8.4.25

的要求时（抗震设防烈度 7 度、8 度时 $d \leqslant 30m$，抗震设防烈度 9 度时 $d \leqslant 20m$），该范围内的地下室内、外墙可计入地下一层的结构侧向刚度，但此范围内的侧向刚度不能重叠使用于相邻建筑。当不符合上述要求时，建筑物的嵌固部位可设在筏形基础的顶面，此时宜考虑基侧土和基底土对地下室的抗力。"

用"相关范围"来解读《建筑地基基础设计规范》（GB 50007—2011）第 8.4.25 条规范，则条文第 4 款中的"该范围内"即"相关范围"，指地上结构周边外延不大于 30m（抗震设防烈度 7 度、8 度）或 20m（抗震设防烈度 9 度）。

### 8.7.2　对结构设计规范中"相关范围"规定的思辨

虽然表 8-4 中各个结构设计规范中"相关范围"规定纷繁复杂、各不相同，但总体而言规范的这些规定无非反映了塔楼上部结构与裙房结构、地下室结构的相互牵连，主要体现以下两个层面：

（1）地下室结构、裙房结构对塔楼上部结构底部转动的约束，即"上部结构嵌固部位"的条文，包括《高层建筑混凝土结构技术规程》（JGJ 3—2010）第 5.1.14 条、第 5.3.7 条；《建筑抗震设计标准》（GB/T 50011—2010，2024 年版）第 6.1.14 条；《建筑地基基础设计规范》（GB 50007—2011）第 8.4.25 条第 1 款和第 4 款等。

（2）塔楼上部结构的底部倾覆力矩对裙房、地下室结构构件承载力的影响，主要体现在提高裙房、地下室结构"相关范围"抗震等级的规定，包括《高层建筑混凝土结构技术规程》（JGJ 3—2010）第 3.9.5 条、第 3.9.6 条；《建筑抗震设计标准》（GB/T 50011—2010，2024 年版）第 6.1.3 条第 2 款等。

上面提及的两个层面其实是一体两面，既然希望相关范围的地下室结构、裙房结构能约束住塔楼底部结构的转动，自然需要其自身足够强大，其抗震等级与塔楼相同也是必然的。

事实上，塔楼上部结构与裙房结构、地下室结构的相互牵连作用在空间上是连续渐变的。假设塔楼带一个无限大的地下室，那即使是离塔楼十万八千里远的地下室侧壁，可能也对塔楼上部结构底部转动的约束有帮助，但其作用也许十万分之一都不到。对于裙房结构、地下室结构"相关范围"的抗震等级，同理。

由于"相关范围"涉及地下室结构和裙房抗震等级等强制性条文的执行，必须明确划定界限、确定"相关范围"，超出这个范围就完全不考虑相互牵连作用了。这个界限是人为划定的，难免出现有人定的范围大一点（如"三跨""30m"等）、有人定的范围小一点（如"外延 1～2 跨""20m"等）的情况；也难免有人会从这个层面去规定（如"多少跨"），另一些人从另一个角度去规定（如"多少米"）。

### 8.7.3 建议

1. 对规范修编的建议

目前各个结构设计规范中"相关范围"规定纷繁复杂、各不相同，宜在修编时各个规范之间进行必要的协调。鉴于"相关范围"只是从工程实用的角度人为的划条界限，反映塔楼上部结构与裙房结构、地下室结构的相互牵连作用，对规范修编建议：

（1）当塔楼上部结构体量对比裙房、地下室结构大很多的时候，塔楼底部倾覆力矩对裙房、地下室结构的牵连范围肯定较大，可以用较大"相关范围"，即 3 跨 20m。笔者个人认为，《建筑地基基础设计规范》（GB 50007—2011）要求"7度、8度30m""9度20m"有点偏大了。

（2）对塔楼上部结构体量不是特别大的情况，塔楼底部倾覆力矩对裙房、地下室结构的牵连范围不大，可以用较小"相关范围"，即 2 跨。

2. 对规范使用者的建议

因"相关范围"涉及裙房、地下室结构的抗震等级等强制性条文，为避免触及违反强制性规范条文的红线，在各规范没有协调一致"相关范围"的规定前，对规范使用者建议按包络原则考虑，即

（1）考虑地下室结构对塔楼上部结构底部转动的约束（即确定"上部结构嵌固部位"）时，取较小的相关范围。

（2）考虑塔楼上部结构的底部倾覆力矩对裙房结构、地下室结构构件承载力的影响（即确定裙房结构、地下室结构"相关范围"抗震等级）时，取较大的相关范围。

## 8.8 "旧楼原图续建"案例分析

**网友疑问：**

现在有个要加建的工程，2001 年当时正规设计出图，设计的技术资料齐全，三层楼当时只盖了一层，预留了续建的柱插筋。现在想把二层和三层按原图也建起来，不改变原始设计的使用功能。2001 年建第一层时，该有的报审、工程验收等手续都齐全。

如果现在（注：指 2023 年）重新出图，比起 2001 年，系数、规范都变化了，可不可以通过用原图复核的形式去出图？

**答复：**

《既有建筑鉴定与加固通用规范》（GB 55021—2021）在"前言"中"关于规范实施"的段落中说明"……对于既有建筑改造项目（指不改变现有使用功能），当条件不具备、执行现行规范确有困难时，应不低于原建造时的标准。"

《既有建筑鉴定与加固通用规范》（GB 55021—2021）第 4.2.2 条第 1 款规定："当为鉴

定原结构、构件在剩余设计工作年限内的安全性时，应按不低于原建造时的荷载规范和设计规范进行验算……"。

《既有建筑鉴定与加固通用规范》（GB 55021—2021）这样的规定，其底层逻辑是很清晰的，即不会仅仅因为规范的升级改版，就导致量大面广的按原规范正常设计、施工、正常使用和维护的既有建筑要进行加固补强。

现行鉴定规范也有类似的、基于"满意的历史性能（satisfactory past performance）"进行评价的条文，例如：

（1）《民用建筑可靠性鉴定标准》（GB 50292—2015）第 5.1.4 条规定："当建筑物中的构件同时符合下列条件时，可不参与鉴定。当有必要给出该构件的安全性等级时，可根据其实际完好程度定为 $a_u$ 级或 $b_u$ 级：1）该构件未受结构性改变、修复、修理或用途、或使用条件改变的影响；2）该构件未遭明显的损坏；3）该构件工作正常，且不怀疑其可靠性不足；4）在下一目标工作年限内，该构件所承受的作用和所处的环境，与过去相比不会发生显著变化。"

（2）《工业建筑可靠性鉴定标准》（GB 50144—2019）第 6.1.4 条规定："当同时符合下列条件时，构件的使用性等级可根据实际使用状况评定为 a 级或 b 级：1）经详细检查未发现构件有明显的变形、缺陷、损伤、腐蚀、裂缝、老化，也没有累积损伤问题，构件状态良好或基本良好；2）在目标工作年限内，构件上的作用和环境条件与过去相比不会发生明显变化；构件有足够的耐久性，能够满足正常使用要求。"

回到这个网友的这个工程，如果纯从技术和规范层面探讨，完全按原图续建，而且没有改变原设计的使用功能（使用活荷载没变），则完全可以套《既有建筑鉴定与加固通用规范》（GB 55021—2021）上面提及的两个条文，即按剩余设计工作年限（50－22＝28 年）来处理，直接按原图来续建二层、三层。当然，对于建成 20 多年的旧房子，如果项目所在位置整体规划有变（如准备整体旧改），就算技术层面没问题，原图续建也不具备可行性。

#### 🔍 网友疑问（续）：

现在准备原图续建，把原设计的二层和三层也建起来，会要求现状的鉴定报告吗？原来手续齐全的话，是不是就不用去找鉴定机构出报告了呢？

#### 💬 答复（续）：

旧楼原图续建是否需要做结构安全性和抗震鉴定，需要看当地住建主管部门的具体要求。不过换位思维，当地住建管理部门大概率会要求先做鉴定，理由如下：

（1）在这已建的一层楼投入使用的 22 年期间，当地住建主管部门的监管职能是缺位的。其无法确定在 22 年期间里这一层楼是否有改变用途、增加荷载，导致主体结构损伤；或者有擅自拆改主体结构等行为。当地住建主管部门需要通过要求续建前进行鉴定这个动作，由鉴定单位这个第三方对上述潜在的技术风险进行排查，以便撇除其管理责任。

（2）《既有建筑鉴定与加固通用规范》（GB 55021—2021）第 4.2.2 条第 1 款还有后面一句"如原结构、构件出现过与永久荷载和可变荷载相关的较大变形或损伤，则相关性能指标应按现行规范与标准的规定进行验算"。这是直接按原图续建的前提技术条件，也需要通过鉴定来排查确认。

（3）已建成的一层楼已经用了 22 年这么久，一般也需要对已建部分实体检测，确认是否有材料强度退化、因使用维护不当而出现的耐久性问题（如保护层碳化严重、局部钢筋锈蚀等）。

（4）只有通过鉴定才能排除各种潜在的技术风险，才能确定"按原图续建"的前提条件是否成立。

## 8.9　加固改造过程中鉴定机构与设计院职责划分

**网友疑问：**

（1）建筑加固改造前的鉴定需要对改造后增加的荷载进行计算吗？比如消防水箱。

（2）建筑加固改造过程中鉴定机构与设计院的职责如何划分？

**答复：**

（1）《既有建筑鉴定与加固通用规范》（GB 55021—2021）第 1.0.3 规定："既有建筑的鉴定与加固，应遵循先检测、鉴定，后加固设计、施工与验收的原则"。《既有建筑维护与改造通用规范》（GB 55022—2021）第 5.3.2 条第 2 款规定："既有建筑结构改造应进行抗震鉴定和设计，且应按照结构改造后的状态建立计算模型，进行结构分析和抗震鉴定。"

加固改造的第一个步骤就是检测、鉴定，即通过检测手段探明结构现状（结构布置、构件截面规格及强度、损伤情况等），然后按后续使用条件（包括荷载等）进行复核，评估现有结构存在哪些不符合后续使用要求的环节（构件层面的、构造层面的甚至是结构布置、结构体系的层面），并基于已掌握的项目信息提出加固处理的意见和建议。所以，改造前的鉴定需要按改造后增加的荷载进行计算复核。

（2）《既有建筑鉴定与加固通用规范》（GB 55021—2021）第 2.0.6 条规定："既有建筑的加固必须按规定的程序进行加固设计；不得将鉴定报告直接用于施工。"对应条文说明指出："因在实际工程中将鉴定报告直接用于施工导致了许多工程事故，故特别强调不得将鉴定报告直接用于施工。"

建筑加固改造过程中鉴定机构与设计院职责划分，笔者个人理解：

1）鉴定机构的主要职责首先是探明结构现状，如因检测数量不足，甚至弄虚作假而导致加固工程事故，肯定是鉴定机构的责任；其次按后续使用条件（包括荷载等）进行复核，评估现有结构存在哪些不符合后续使用要求的环节，这个评估结论是供加固设计单位参考的。鉴定报告提供的加固处理的意见和建议，一般只是方向性的（比如建议采用加大截面法），不能直接指导施工（一般不会具体到用多高强度的混凝土、包大多少截面、配多少钢筋等）。

2）加固设计单位以鉴定报告为依据，进行加固改造设计，设计成果需要满足设计深度要求，能指导施工。如因加固设计不当（如选用了不合适的加固方法、加固计算错误等）而导致加固工程事故，肯定是加固设计单位的责任。

3）鉴定机构与设计院的职责划分，有点类似于地勘单位与设计单位的职责划分。例如，地勘报告也会提出基础方案建议，但不一定合适，需要设计单位进行研判。同理，某些鉴定机构的结构分析能力可能还不如设计单位，其鉴定分析过程也许会出现参数取值不准、引用规范不当等情况，设计单位对鉴定报告的结构计算过程及结论建议等也需要进行必要的检查判断。

## 8.10　土内摩擦角地震修正的由来与用途

### 8.10.1　规范条文引起的思考

1. 规范条文引述

（1）《建筑抗震设计标准》（GB/T 50011—2010，2024 年版）第 3.3.5 条第 2 款规定："边坡设计应符合现行国家标准《建筑边坡工程技术规范》GB 50330 的要求，其稳定性验算时，有关的摩擦角应按设防烈度的高低相应修正。"

对应的规范条文说明指出："挡土结构抗震设计稳定验算时有关摩擦角的修正，指地震主动土压力按库伦理论计算时：土的重度除以地震角的余弦，填土的内摩擦角减去地震角，土对墙背的摩擦角增加地震角。地震角的范围取 $1.5°\sim10°$，取决于地下水位以上和以下，以及设防烈度的高低。可参见《建筑抗震鉴定标准》GB 50023—2009 第 4.2.9 条"。

（2）《建筑抗震鉴定标准》（GB 50023—2009）第 4.2.9 条规定："7～9 度时山区建筑的挡土结构、地下室或半地下室外墙的稳定性验算……验算时土的重度应除以地震角的余弦，墙背填土的内摩擦角和墙背摩擦角应分别减去地震角和增加地震角"。地震角可按表 8-5 采用。

《建筑抗震鉴定标准》（GB 50023—2009）第 4.2.9 条并无对应的条文说明。

表 8-5　　　　　　　　　　　　挡土结构的地震角 $\theta_s$

| 地震基本烈度 | 7 度 | | 8 度 | | 9 度 |
| --- | --- | --- | --- | --- | --- |
| 设计基本地震加速度 $K_h(g)$ | 0.1 | 0.15 | 0.2 | 0.3 | 0.4 |
| 水上（°） | 1.5 | 2.3 | 3 | 4.5 | 6 |
| 水下（°） | 2.5 | 3.8 | 5 | 7.5 | 10 |

2. 由规范条文引起的疑问

（1）为什么挡土结构抗震设计稳定验算要用地震角调整土的摩擦角？

（2）表 8-5 中地震角的数据是怎么得来的？

（3）除挡土结构外，边坡顶部附近建筑的基础抗震稳定性验算是否也要用地震角调整土的摩擦角？

### 8.10.2　地震角的由来

为搞清上述问题，笔者查阅了其他行业的规范，发现水利、公路、铁路等规范也有类似条文，但没有条文说明。

再查阅了几本公路、铁路等行业的挡土墙设计手册，在《公路挡土墙设计》[12] P53～55 对地震角的由来有说明，摘录如下：

地震对挡土墙的破坏主要是由水平地震力引起的。因此在分析地震作用下的土压力时，只考虑水平方向地震力的影响。求地震土压力通常采用静力法，又称惯性力法。这种方法与计算一般土压力的区别在于多考虑一个由破裂棱体自重 $W$ 所引起的水平地震力 $P_h$。$P_h$ 作用于棱体重心，其方向水平，并朝向墙后土体滑动方向，它的大小为：

$$P_h = C_s K_h W \tag{8-4}$$

式中：$C_s$ 为综合影响系数，$C_s = 0.25$；$K_h$ 为设计基本地震加速度，见表 8-5。

地震力 $P_h$ 与破裂棱体自重 $W$ 的合力 $W_s$ 为：

$$W_s = W / \cos\theta_s \tag{8-5}$$

式中：$\theta_s$ 为地震角（即合力 $W_s$ 与垂直方向的夹角），按式（8-6）计算，实际应用可按表 8-5 取值：

$$\theta_s = \arctan(C_s K_h) \tag{8-6}$$

已知地震力与破裂棱体自重的合力 $W_s$ 的大小与方向，并且假定在地震条件下土的重度 $\gamma$、内摩擦角 $\varphi$ 与墙背摩擦角 $\delta$ 不变。若保持挡土墙和墙后棱体位置不变，将计算一般土压力的整个平衡力系转动 $\theta_s$ 角，使 $W_s$ 位于竖直方向。由于没有改变平衡力系中三力间的相互关系，这种改变并不影响对土压力 $E_a$ 的求算。只要用式（8-7）进行转换：

$$\gamma_s = \gamma / \cos\theta_s \tag{8-7a}$$

$$\delta_s = \delta + \theta_s \tag{8-7b}$$

$$\varphi_s = \varphi - \theta_s \tag{8-7c}$$

采用式（8-7）经地震角 $\theta_s$ 修正后的土重度 $\gamma_s$、内摩擦角 $\varphi_s$ 与墙背摩擦角 $\delta_s$，取代非地震工况下平衡力系中的 $\gamma$、$\delta$、$\varphi$ 值时，地震作用下的平衡力系与非地震工况下的平衡力系完全相似，因此可直接采用一般库伦土压力公式来计算地震土压力。

### 8.10.3 对"地震角"的思辨

根据《公路挡土墙设计》[12] 上述推导，地震角这个概念是在验算挡土墙地震时通过坐标换算，将求解土压力的整个平衡力系旋转一个地震角 $\theta_s$，就可以用非地震时的解答处理挡墙的抗震稳定验算。

土内摩擦角地震修正只是为了方便验算地震工况下挡土墙稳定，求解时土的重度 $\gamma$、内摩擦角 $\varphi$ 与墙背摩擦角 $\delta$ 与非地震工况保持一致。"地震角"这个概念并不是用来体现地基土在动力作用下强度比静强度提高的特性。

挡墙结构验算抗震稳定性与筏形基础验算地基抗震整体稳定性可能存在以下不同：

（1）前者的研究对象是挡墙，荷载是主动土压力，地震惯性力会降低挡墙的稳定性。

（2）后者的研究对象是地基，其荷载是上部结构通过拟静法确定的地震作用（也包括竖向荷载），由于现行设计规范采用总安全系数法验算地基整体稳定性，上部结构的地震效应宜采用弹性中震工况，故地基不宜再考虑地震的惯性力。

（3）前者墙后考虑的土体为楔形，后者是圆弧滑动面包围的土体。

综合上面，土内摩擦角地震修正仅适合用挡土墙抗震稳定验算，对筏形基础地基抗震整体稳定验算不适用。土内摩擦角地震修正也不适用于边坡顶的建筑基础抗震稳定性验算。

## 8.11 抗震措施是否包括关于房屋最大高度的规定

**网友疑问：**

商住楼，抗震类别下部为乙类，上部为丙类。房屋的最大高度是否应该按提高一度的限值取呢？

比如，一个6度区的商住楼，下面五层为商铺，乙类建筑。上面为住宅，丙类建筑。结构为部分框支剪力墙结构，在六层楼面转换，房屋最大高度是取120m还是100m以内才不算超限呢？

**答复：**

（1）《建筑抗震设计标准》（GB/T 50011—2010，2024年版）表6.1.1的表注6规定："乙类建筑可按本地区抗震设防烈度确定其适用的最大高度"。

（2）《高层建筑混凝土结构技术规程》（JGJ 3—2010）表3.3.1-1的表注3规定："甲级建筑，6、7、8度时宜按本地区抗震设防烈度提高1度后符合本表的要求，9度应专门研究"。

（3）对照以上规范条文，从房屋最大高度的角度来看，这位网友的工程房屋最大高度取120m以内就不算超限。

（4）按《超限高层建筑工程抗震设防专项审查技术要点》（建质〔2015〕67号）的表4，7度转换构件位置超过5层才属于超限审查的范围，这位网友的工程在6度区，所以从"高位转换"的角度来看，其工程也不属于超限审查的范围。

（5）这位网友的工程毕竟属于"高位转换"，应执行《高层建筑混凝土结构技术规程》（JGJ 3—2010）第10.2.6条的规定，即"对部分框支剪力墙结构，当转换层的位置设置在3层及3层以上时，其框支柱、剪力墙底部加强部位的抗震等级宜按本规程表3.9.3和表3.9.4的规定提高一级采用，已为特一级时可不提高"。

## 8.12 高度大于60m的高层建筑，幕墙设计的基本风压值是否应提高

**网友疑问：**

武汉市某在建超高层，建筑物总高211m，结构设计时基本风压取0.40 [50年一遇$w_0$=0.35，根据《高层建筑混凝土结构技术规程》（JGJ 3—2002）第3.2.2条提高到100年一遇的$w_0$=0.40，该工程的设计遵照JGJ 3—2002、GB 50009—2001]。现在正在进行幕墙设计，幕墙设计单位取$w_0$=0.35，他们说幕墙规范有相关规定仍取50年一遇。我是设计院的，认为应该取$w_0$=0.40或0.385（按JGJ 3—2010第4.2.2条取1.1×0.35=0.385）。因为幕墙虽属附属结构，但也应该采用与主结构相同的设计参数。但幕墙方坚持取0.35，说如果取0.40，玻璃挠度算不够，需要加厚，这样甲方成本会大幅上升。

现在争议的核心就是，幕墙这样的附属结构是否应该采用与主结构相同的设计参数，请问有没有相关规定或规范条文？

这个问题是主体结构规范与幕墙规范之间存在的争议问题，在这请教大家当然是想搞清楚，以后再碰到类似问题更加可以分析得更准确客观，幕墙构件最终要通过它的预埋件或后锚固件传力到主体结构上，传力的大小就直接关系到基本风压的取值。

**答复：**

《建筑结构荷载规范》（GB 50009—2012）第8.1.2条条文说明指出："对于此类结构物（对风荷载比较敏感的高层建筑和高耸结构）中的围护结构，其重要性与主体结构相比要低些，可仍取50年重现期的基本风压"。

幕墙是属于"易于替换的结构构件"，其设计工作年限可以低于主体结构的设计工作年限50年，参照《玻璃幕墙工程技术规范》（JGJ 102—2003）第5.1.6条的条文说明"设计工作年限一般可考虑为不低于25年"，相应幕墙所考虑的风载重现期也可以低于主体结构，即这位网友的工程幕墙基本风压不一定需要与主体结构一样，在50年基本风压的基础上放大1.1倍。

那是否幕墙风载就低了呢？也不一定，因为幕墙最终风载的取值还与体型系数有关的，幕

墙是围护构件，按《建筑结构荷载规范》（GB 50009—2012）第 8.3.3 条，应采用局部体型系数，参照《玻璃幕墙工程技术规范》（JGJ 102—2003）第 5.3.2 条的条文说明，具体来说就是墙角区取 −2.0、墙面区取 −1.2（已考虑了室内压 −0.2）。同时，按《建筑结构荷载规范》（GB 50009—2012）第 8.6.1 条，计算围护结构风荷载要用阵风系数，阵风系数也比主结构的高度影响系数大。综合考虑体型系数和阵风系数后，幕墙的最终风载取值应该能保证其结构安全。

另外，现行《建筑结构荷载规范》（GB 50009—2012）第 8.3.3 条与现已废止的旧版《建筑结构荷载规范》（GB 50009—2001，2006 年版）第 7.3.3 条相比有一定的修改和细化，现阶段幕墙设计的局部体型系数取值时除了参照《玻璃幕墙工程技术规范》（JGJ 102—2003）第 5.3.2 条的条文说明以外，也可在现行《建筑结构荷载规范》（GB 50009—2012）第 8.3.3 条的数值基础上加入室内压 −0.2 后确定。《广东省建筑结构荷载规范》（DBJ/T 15—101—2022）第 7.5 节在《建筑结构荷载规范》（GB 50009—2012）的基础上提供了更细致的围护结构风荷载的计算指引，读者可在实际工作中参考。

## 8.13 设计单位自己做的数值风洞试验，是否可以作为结构施工图设计依据

### 🔍 网友疑问：

有个工业园区项目，根据 4 个厂房的摆放位置，受风情况比较复杂，按常规单独厂房计算墙面围护结构较为浪费。设计单位自己用 Dlubal Rwind 2 软件做了一个数值风洞试验，其结果显示见图 8-12，向内侧的墙面的风荷载体型系数低于规范值：仓库的中间区域软件取值为 0.2～0.4，而边跨区域在三层以下的体型系数软件取值为 0.6。

这个设计单位自己做的数值风洞试验结果（低于规范值），可以作为该项目的墙面围护结构施工图设计依据吗？

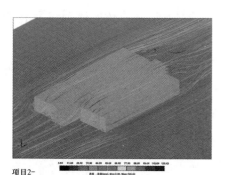

项目2-
自由流速：84.87m/s
结果，流线

(a) 风速计算结果

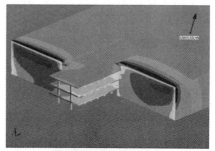

项目2-
自由流速：84.87m/s
结果，表面Cp系数

(b) 围护结构体型系数计算结果

图 8-12 数值风洞试验结果

💬 **答复：**

（1）从底层逻辑的层面来思考。

1）遇到弄不清的疑难问题，不妨把它放到自己熟悉的场景，只要是底层逻辑是一样的，其道理不就清楚了吗？

2）比如这位网友的这个问题，就好比在工地施工单位自己做了个混凝土强度回弹自检，其结果只能是参考；必须由有资质的检测单位进行检测，并且盖上 CMA 章才能作为验收的依据。

3）回到这位网友的问题，如果是由有资质的风洞试验单位在实体风洞试验的基础上补充这个数值风洞分析，而且数值风洞分析结果更大，证明采用规范方法的风荷载取值偏小、不安全，在这种情况下数值风洞分析结果是可以作为设计依据的。设计单位自己做的数值风洞试验肯定是不能作为结构施工图设计依据的。

（2）从技术规范的层面来判断。

1）《建筑工程风洞试验方法标准》（JGJ/T 338—2014）第 3.4.8 条和第 3.4.9 条对实体风洞试验结果用作设计依据的取值下限作出了具体规定。

其中第 3.4.8 条规定："结构设计时，根据风洞试验报告确定高层建筑或高耸结构主要受力结构的风荷载，应符合下列规定：①无独立的对比试验结果时，由取定的风荷载得出的主轴方向基底弯矩不应低于现行国家标准《建筑结构荷载规范》GB 50009 规定计算值的 80%；②有独立的对比试验结果时，应按两次试验结果中的较高值取用，且由取定的风荷载得出的主轴方向基底弯矩不应低于现行国家标准《建筑结构荷载规范》GB 50009 规定计算值的 70%"。

第 3.4.9 条规定："结构设计时，根据风洞试验报告确定围护结构的风荷载，应符合下列规定：①无独立的对比试验结果时，风荷载取值不应低于现行国家标准《建筑结构荷载规范》GB 50009 规定值的 90%；②有独立的对比试验结果时，应按两次试验结果中的较高值取用，且不应低于现行国家标准《建筑结构荷载规范》GB 50009 规定值的 80%"。

2）对应的条文说明对此做出了详细的说明："荷载规范给出的计算方法和参数取值是根据风工程基本理论和大量试验研究得出的，并经受了大量工程的抗风实践检验。

"根据风洞试验确定风荷载的方法，目前还存在一些不确定因素，有必要规定结构设计时风荷载取值的最低要求，以保证结构安全。本标准第 3.4.8 条和第 3.4.9 条即对此作出规定。

"对于体型及周边干扰等条件与规范规定一致的实际工程，若严格按照本标准的规定进行风洞试验，则试验结果与规范取值相比不应有太大偏差。因此，当高层建筑或高耸结构的基本参数符合规范计算公式的适用要求时，由取定的风荷载得出的主轴方向基底弯矩不应低于规范规定计算值的 80%。而除了高层建筑和高耸结构之外的其他建筑结构，其结构设计时的控制目标多种多样，因此，未对其主要受力结构设计时风荷载取值的最低要求做明确规定。同样，围护结构的风荷载取值也不应低于规范规定值的90%。当有独立的对比试验时，则风洞试验的可靠度将有所提高，因此，可适当降低风荷载的最低限值要求。

"条文中规定的风荷载取值最低要求，参考了国外先进规范，并充分考虑了工程应用的可行性和安全性"。

3）实体风洞试验结果用作设计依据尚且需要谨慎对待，何况存在更多不确定因素的数值风洞试验呢。

（3）数值风洞试验本身的技术局限。

1）数值风洞就是在计算机上做风洞试验。它基于计算流体动力学（CFD）原理，选择合适的空气湍流数学模型，再结合一定的数值算法和图形显示技术，能够将"风洞"结果形象、直观地显示出来。相比于传统的模型试验方法，数值风洞计算周期短、价格低廉、数据信息丰富，并且可方便模拟各种不同情况。

2）实际工作中，数值风洞试验一般用于风环境舒适度、风致介质输运、风致积雪漂移等，用其结果作为结构设计依据并不常见。

3）数值模拟宜符合《建筑工程风洞试验方法标准》（JGJ/T 338—2014）附录 A 的规定。

4）《建筑工程风洞试验方法标准》（JGJ/T 338—2014）附录 A 对应的条文说明详细解释了数值风洞试验的技术要求及潜在局限性，摘录如下："在模拟本标准附录 B 规定的风速来流剖面的前提下，近似计算标准模型的风压系数和周围风速，通过与标准模型相关结果的对比验证数值模拟方法的可靠性。由于问题的复杂性，本条文未具体规定合理范围的具体数值。结果是否合理，主要应根据工程要求和实践经验作出判断。

"数值模拟时必须合理地在计算域的四周施加边界条件，尽可能减少边界条件对数值计算造成的非物理影响。当需要在计算域入口处施加平均风速和湍流度剖面等边界条件时，应保证在无模型的计算域内湍流度等流动特性不随流动方向发生变化。

"几何模型对建筑结构的绕流形态有决定性影响。计算模型应与目标建筑形状一致，且应包含必要的周边环境。在计算资源允许的前提下，对建筑模型的刻画应当尽可能精细，特别是需要重点关注的风敏感区域，以准确反映真实的建筑结构构造和特性。

"基于有限体积（Finite Volume Method）或有限差分（Finite Difference Method）方法的数值模拟结果受网格离散方案的影响很大，网格离散应以不引入过大的数值误差为原则。

"风工程研究的对象多为钝体建筑结构。流动显示试验表明，钝体结构周围的绕流场充满着分离、再附和涡旋等非常复杂的湍流流动结构。由于受到理论流体力学发展水平的限制，在当前阶段，要精确模拟大范围复杂分离流动现象仍非常困难。研究表明，通常适用于飞机、船舶等流线体绕流的湍流模型可能并不适用于钝体建筑结构。另外，湍流模型中一般含有多个模型参数，这些参数的取值往往根据特定或一般流动规律统计得到，不一定适用于分离流动现象的模拟。

"另外湍流模型中的参数取值对数值模拟结果的影响同样不容忽视。研究显示，相同湍流模型、不同模型参数取值得出的计算结果差异明显。因此，在数值模拟中，要根据模拟的对象、研究的目的和采用的计算方法，参考有关研究资料，合理选用湍流模型和湍流模型参数"。

（4）结论。

1）数值风洞试验在技术层面有其复杂性，跟模型设置、参数取值很有关系，需要丰富的风工程理论和工程经验作为技术支撑，不是随便拿个软件弄个结果就能用于工程实际，应由有资质的风洞试验单位按《建筑工程风洞试验方法标准》（JGJ/T 338—2014）的各项技术要求，经精细认真分析、得出符合实际的结果方可作为结构施工图设计依据。

2）风洞试验具有不确定性，结果不能低于《建筑工程风洞试验方法标准》（JGJ/T 338—2014）第3.4.8条和第3.4.9条规定的取值下限。数值风洞试验不确定性更大，其结果一般仅用于风环境舒适度、风致介质输运、风致积雪漂移等，用其结果作为结构施工图的设计依据并不常见。

3）在建筑概念方案阶段，设计单位自己做的数值风洞试验可被用于快速评估不同建筑体型的风阻效应，或在不影响整体建筑效果的前提下快速微调优化建筑体型、减少风阻效应。后续初步设计及施工图设计应以有资质试验单位的正式风洞试验结果作为设计依据。

## 8.14 对房屋建筑工程，如何执行《混凝土结构耐久性设计标准》

**网友疑问：**

刚拿到《混凝土结构耐久性设计标准》（GB/T 50476—2019）这本规范，感觉现在对耐久性规定细化了很多，各类环境划分得更细。影响设计的混凝土保护层厚度在不同环境下深化细分，还考虑了施工不利因素，复杂。

**答复：**

我国的技术标准体系纷繁复杂，经常碰到不同规范对同一技术问题有不同的规定，令人无所适从。下面是笔者的个人观点：

（1）松紧程度：对同一条件（如无腐蚀，露天条件），《混凝土结构设计标准》（GB/T 50010—2010，2024年版）要求相对较低，《混凝土结构耐久性设计标准》（GB/T 50476—2019）从水灰比、水泥用量等都相对高些，执行《混凝土结构耐久性设计标准》（GB/T 50476—2019）肯定更能保证耐久性。

（2）规范适用范围：《混凝土结构设计标准》（GB/T 50010—2010，2024年版）主要适用于房屋建筑，构件主要是室内环境，只有局部是埋地或露天，所以规定相对低些；而《混凝土结构耐久性设计标准》（GB/T 50476—2019）除房屋外还针对桥梁、隧道等市政工程，结构的环境条件恶劣得多，所以规定严格些。

（3）规范的性质：虽然最新局部修订后《混凝土结构设计标准》（GB/T 50010—2010，2024 年版）已从原来的强制性标准变成了推荐性标准，但实际执行时还是应尽量执行；《混凝土结构耐久性设计标准》（GB/T 50476—2019）一直是推荐性国家标准，技术人员可根据工程实际情况决定是否采用。

（4）施工现场的实际情况：某些地区混凝土市场竞争激烈，搅拌站通常在满足强度的前提下尽量减少成本，多掺粉煤灰、少加水泥，没有完全按耐久性设计要求配制混凝土。

综合以上几点，笔者认为，对普通房屋建筑而言，《混凝土结构设计标准》（GB/T 50010—2010，2024 年版）是最低要求，必须严格执行，对某些特殊情况则应酌情考虑采用《混凝土结构耐久性设计标准》（GB/T 50476—2019）。

## 8.15　陡坎回填了是否还需要考虑地震作用放大

**❓ 网友疑问：**

一个坡地建筑，地勘报告显示有个陡坎，根据《建筑抗震设计标准》（GB/T 50011—2010，2024 年版）第 4.1.8 条需要考虑不利地形的地震影响系数放大，但从规划图中看到这个陡坎后面是要填土起来，作为室外的绿化场地（见图 8-13）。

请问还需要考虑这个影响系数的放大吗？陡坎回填了是否还需要考虑地震作用的放大？

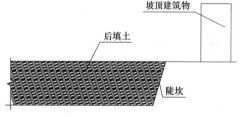

图 8-13　陡坎回填示意

**💬 答复：**

突出屋面的屋顶间、女儿墙、烟囱等存在地震作用放大现象（鞭鞘效应），基于这个情况《建筑抗震设计标准》（GB/T 50011—2010，2024 年版）第 5.2.4 条规定："采用底部剪力法时，突出屋面的屋顶间、女儿墙、烟囱等的地震作用效应，宜乘以增大系数 3"。

突起的陡坎也可看成相对于坡脚大平地的突出结构，其地震反应也存在类似放大效应。一般突出部分越陡峭、土质越松软，地震反应放大越明显。因此《建筑抗震设计标准》（GB/T 50011—2010，2024 年版）第 4.1.8 条提出了"应估计不利地段对设计地震动参数可能产生的放大作用，其水平地震影响系数最大值应乘以增大系数。其值应根据不利地段的具体情况确定，在 1.1～1.6 范围内采用"的规定，对应条文说明进一步提供了不利地形地震作用放大系数的计算方法。

这位网友提供的工程条件不完整，下面区分两种不同的情况进行讨论。

（1）如果陡坎回填范围很大，基本可以回填无出现影响原坡顶建筑的新陡坎，则

1）陡坎刚回填的时候一般回填土的密实度会差点，但也可以一定程度减少地震放大效应。

2）填土的密实度会随时间而增长，通常5年时间会有不同程度改善，10年后会有较大改善；而地震是个小概率事件，工程完工后前5～10年发生地震的概率会小很多。

3）以上分析，可认为这种情况不需要考虑地震作用的放大。

4）如果有读者要较真的话，也可以严谨地按以下步骤进行复核：①采用10年一遇的地震作用，同时考虑原陡坎的地震作用放大；②采用50年一遇的地震作用，但不再考虑原陡坎的地震作用放大；③最后两者取大值包络。10年一遇地震作用的降低，应该基本可以抵消掉"陡坎地震作用放大"。

5）如果坡顶建筑离原坡太近或实在不放心填土的质量，可以把坡附近的土处理一下。

（2）如果陡坎回填范围不是很大，原陡坎回填后填土向外延伸会构成新陡坡。对这种情况，需要对新陡坡按《建筑抗震设计标准》（GB/T 50011—2010，2024年版）第4.1.8条条文说明的方法确定不利地形地震作用放大系数。

最后需要指出，《建筑抗震设计标准》（GB/T 50011—2010，2024年版）提供的是比较粗糙的地震作用计算方法。该专题属于工程师自行量裁的范畴，偏于安全考虑原陡坎地震作用放大也无可厚非。

## 8.16  在台地边坡处打了护坡桩是否还需要考虑地震作用放大

**网友疑问：**

最近有个问题一直困扰着我，就是关于《建筑抗震设计标准》（GB/T 50011—2010，2024年版）4.1.8条的不利地形地震作用放大系数。现在做一个坡地建筑，审图公司提出：在台地边坡处打了护坡桩，就不该有那么大地震放大系数。

对于该放大系数取值，我按《建筑抗震设计标准》（GB/T 50011—2010，2024年版）第4.1.8条条文说明的公式计算，取表格 $H/L \geqslant 1$ 对应的数值。因为打了垂直护坡桩，$H/L$ 为无穷大。

请问边坡处打了护坡桩，建筑物与台地边缘的距离 $L_1$ 可不可以放大？该怎么考虑这个放大系数？

**答复：**

（1）《建筑抗震设计标准》（GB/T 50011—2010，2024年版）第4.1.8条提出："应估计

不利地段对设计地震动参数可能产生的放大作用，其水平地震影响系数最大值应乘以增大系数。其值应根据不利地段的具体情况确定，在 1.1～1.6 范围内采用"。在对应条文说明中提供了具体放大系数的确定方法，其依据是宏观震害经验和二维地震反应分析结果。类似的研究结果很多，例如王丽萍在其博士论文《山地建筑结构设计地震动输入与侧向刚度控制方法》中，以岩质坡地为研究对象，模型物理参数取值分别为弹性模量 $G=2.5\times109N/m^2$，泊松比 $\nu=0.25$，密度 $\rho=2500kg/m^3$，采用有限元时程分析坡地斜坡段设计水平地震动放大系数，分析结果与《建筑抗震设计标准》（GB/T 50011—2010，2024 年版）建议值大体相近。

（2）在台地边坡处采取了有效的支护措施（如打护坡桩），可以保证边坡本身在地震作用下的稳定性，但是否能同时减少不利地形对坡顶建筑物地震动的鞭鞘效应就值得推敲。由于这位网友没有具体交代边坡的具体情况（土质边坡还是岩质边坡、坡高，建筑物到坡边距离等），下面只能提些建议：

1）如是土质边坡，采用重力式挡墙或悬臂式护坡桩，由于支护结构本身的容许水平位移较大，不能有效地改善边坡模型的物理参数，因而不能降低坡顶建筑物地震动的鞭鞘效应，宜直接按规范条文说明的方法确定放大系数。

2）如是土质边坡，采用预应力锚杆（锚索）等护坡方案，相当于对边坡进行了加筋加强，模型的物理参数有所提高，地震放大系数可比规范条文说明略有降低，也可偏于安全执行规范条文说明。

（3）坡顶有重要建筑物时，应综合考虑边坡支护和建筑物的结构设计，边坡支护设计应计入建筑物对坡顶的附加超载，建筑物的结构设计应考虑因地形的鞭鞘效应而导致的地震作用放大。

（4）施工图审查人员应明白本身的职责在于审查是否符合强制性技术标准、地基基础和主体结构的安全性等。这位网友的"地震放大系数的取值问题"属于经办设计工程师自行量裁、自行担责的范畴，审查人员也可以与设计人进行技术探讨，以求得既安全又节省的地震放大系数取值。

## 8.17　建筑抗震地段与不良地质作用是什么关系

🔍 **网友疑问：**

请问建筑抗震地段与不良地质作用是什么关系？如果岩溶较发育，是否一定为建筑抗震不利地段或危险地段？①从《建筑抗震设计标准》（GB/T 50011—2010，2024 年版）表 4.1.1 条看，表中有利、不利、危险地段中均未列出"岩溶"问题；②从《岩土工程勘察规范》（GB 50021—2001，2009 年版）第 3.1.2 条场地等级的划分条款看，二者应该是并列关系的两个问题，作为不良地质作用的岩溶现象与建筑抗震地段没有直接关系；③《住宅建筑规范》（GB 50368—2005）第6.1.3条款说明：条文中所指的"不利地段"既包括抗震不利地段，也包括一般意义上的不利地段（如岩溶、滑坡、崩塌、泥石流、地下采空区等），明显表达了岩溶问题造成的"不利"与地震造成的"不利"是有区别的。

因此，请问：岩溶较发育是否应该按"一般地段"考虑？

**答复：**

这位网友提出了一个有趣的问题，即"建筑抗震地段划分"与"不良地质作用（特殊性岩土）评价"的关系问题，下面是笔者对此的观点。

（1）两者从不同的角度对建设场地进行评价。

1）在地震区，对由于场地条件的原因造成建筑物地震破坏的程度和可能性进行评估，对场地条件进行宏观分类，即进行"建筑抗震地段划分"，对不同的建筑场地地段采取不同的选择策略：对不利地段，应提出避开要求，当无法避开时应采取有效的措施；对危险地段，严禁建造甲、乙类的建筑，不应建造丙类的建筑。

2）"不良地质作用（特殊性岩土）评价"是从岩土勘察的角度，对场地复杂程度、地基复杂程度对工程的影响程度进行研究，提出对策。

（2）不良地质作用较发育（或存在特殊性岩土）的场地，往往也是抗震不利地段。例如，广州地区很多场地有较厚的淤泥，其性质较差（含水量 $w＝60\%\sim100\%$，直接快剪指标 $c＝3\sim5kPa$、$\varphi＝1°\sim3°$），不时听闻因处理不当而发生断桩、基坑支护失效的事故，同时这些场地也属于抗震不利地段，场地类别为Ⅲ类，与条件相同的Ⅱ类场地（抗震有利地段）相比，上部结构的地震作用大约要大25%。

（3）对这位网友关注的"岩溶较发育场地"，笔者认为应根据具体情况来判断，不能一概而论定为"抗震一般地段"：

1）《建筑抗震设计标准》（GB/T 50011—2010，2024年版）第4.1.1条表中所列的"有利""不利""危险地段"情况似属于举例法（特别是"不利地段"的说明中有个"等"字），未列出"岩溶"不能说明一定其属于"抗震一般地段"。

2）当场地岩溶较发育，但埋深较大，上部结构荷载较小（如别墅），可以利用浅层较好的土层解决问题，即使考虑地震作用传到岩溶处的附加应力可以忽略不计，则可按"抗震一般地段"。

3）如不属于第2）的情况，可能按"抗震不利地段"考虑更合适。

4）广州市的白云区、花都区以及广东省韶关市广泛分布有灰岩，经常遇有"岩溶较发育"的问题。按笔者的经验，这些地区许多勘察报告以"岩溶较发育"为由将场地定为"抗震不利地段"。

## 8.18　规范中抗液化措施为何缺少"甲类抗震设防建筑"

**网友疑问：**

《建筑抗震设计标准》（GB/T 50011—2010，2024 年版）表 4.3.6 抗液化措施中为何缺少甲类建筑抗震设防类别？有什么特别的理由吗？

**答复：**

按《建筑工程抗震设防分类标准》（GB 50223—2008）第 3.0.2 条第 1 款："特殊设防类：指使用上有特殊设施，涉及国家公共安全的重大建筑工程和地震时可能发生严重次生灾害等特别重大灾害后果，需要进行特殊设防的建筑。简称甲类"。

《建筑抗震设计标准》（GB/T 50011—2010，2024 年版）表 4.3.6 抗液化措施中缺少甲类建筑抗震设防类别，笔者理解应该有 2 层意思：

（1）甲级建筑重要性大，一旦在地震中发生破坏，将有非常严重的后果。所以有条件的情况下最好不要在有液化土的场地来建甲级建筑。

（2）如果必须在有液化土的场地来建造甲级建筑，应做专门的研究。最好是采取技术措施（如挤密、强夯、换填置换等）达到完全消除液化的效果。

## 8.19　大地下室上多塔楼的地基基础设计等级怎么定

**网友疑问：**

（1）我是勘察方，做一个工程，几栋 10 层以上小高层建筑，桩筏基础，1 层地下室，纯地下室抗拔桩承台—抗水板基础，大地库，建筑地基基础设计等级应为甲级还是乙级？地下室属于裙房吗？

（2）因为审图专家认为地下室属于 0 层裙房，与高层建筑相差 10 层以上，属甲级地基基础设计等级，而勘察时按乙级考虑，达不到《高层建筑混凝土结构技术规程》要求。

（3）主要争议在地下车库是不是属于裙房，实际上就是高层与纯地下室的关系问题。高层建筑体型也不复杂，因为勘察时考虑高层与纯地下室两者基础类型不同，应该设置沉降缝，不属于高低层连体，就按乙级勘察的。

**答复：**

地基基础设计等级不仅影响勘察，对地基基础设计也有很大影响（例如是否需要进行沉降验算等），这个问题值得探讨。

《建筑桩基技术规范》（JGJ 94—2008）表 3.1.2 中"甲级"的第（3）项明确了地下室属

于裙房：体型复杂且层数相差超过 10 层的高低层（含纯地下室）连体建筑。所以从桩基设计等级的角度看，这位网友的工程肯定属于甲级。

《建筑地基基础设计规范》（GB 50007—2011）表 3.0.1（包括条文说明）则没有说明地下室是否属于裙房。至于该工程地基基础设计等级是否属于甲级，可以说是见仁见智。各位读者遇到类似情况时，不妨跟审查专家沟通交流一下。笔者也一直认为几个高层塔楼下面由大地下室底盘连接的，不能算层数相差超过 10 层的高低层连体建筑。

在广州地区，类似的工程不少，其中很多就是由乙级单位做的勘察。由于地下水位高，留永久的缝地下室防水处理很麻烦，所以类似的工程一般都是连成一块的（纯地下室和高层塔楼基础形式有相同，也有不同的），通常采用沉降后浇带来减少不均匀沉降的不利影响。

笔者个人认为，该工程地基基础设计等级为乙级，桩基设计等级是甲级。

参考文献［13］、［14］就地基基础设计等级若干问题进行了比较深入的讨论，读者可以参考。

## 8.20　地下室顶板施工道路等效荷载的复核验算

在微信公众号"非解构"上看到了一篇题为《施工道路的等效荷载计算》[15] 的推文，这篇推文提到的问题在实际工作中不时碰到，值得注意，其分析思路可以参考。不过文［15］中没有交代具体结构布置，车辆荷载的等效计算过程也比较简单，算出 66kPa 的等效荷载只看下就好了，对其他工程未必适用的。

### 8.20.1　施工道路等效荷载的计算参数合理取值

参考文献［15］中等效荷载的计算参数取值存在问题，遗漏了两个关键参数。以下展开讨论一下，供读者今后在类似情况下参考。

1. 动力系数

《建筑结构荷载规范》（GB 50009—2012）第 5.6.2 条规定："搬运和装卸重物以及车辆启动和刹车的动力系数，可采用 1.1～1.3；其动力荷载只传至楼板和梁"。

根据参考文献［16］、［17］，动力系数与车轮下的覆土厚度有关，具体取值见表 8-6。

| 表 8-6 | 汽车轮压荷载传至楼板及梁的动力系数 | | | | | |
| --- | --- | --- | --- | --- | --- | --- |
| 覆土厚度（m） | 0.25 | 0.3 | 0.4 | 0.5 | 0.6 | ≥0.7 |
| 动力系数 | 1.3 | 1.25 | 1.20 | 1.15 | 1.05 | 1.0 |

地下室顶板用作施工道路时，一般还没覆土，施工道路等效荷载的计算应该要乘以动力

系数 1.3。

2. 设计工作年限的调整系数

房屋建筑的可变荷载考虑设计工作年限的调整系数 $\gamma_L$ 需满足《建筑结构荷载规范》（GB 50009—2012）第 3.2.5 条第 1 款和《工程结构通用规范》（GB 55001—2021）第 3.1.16 条第 1 款的要求。$\gamma_L$ 按表 8-7 采用。

表 8-7　　　　　　　　　　楼面和屋面活荷载考虑设计工作年限的调整系数 $\gamma_L$

| 结构设计工作年限（年） | 5 | 50 | 100 |
| --- | --- | --- | --- |
| $\gamma_L$ | 0.9 | 1.0 | 1.1 |

工程项目一般施工周期不长，地下室顶板施工道路等效荷载的持续时间优先，施工道路等效荷载的计算可按规范取"考虑设计工作年限的调整系数"为 0.9。

### 8.20.2　施工道路等效荷载计算复核的其他注意事项

建议：①尽量把较大的临时施工荷载限定在消防车道、消防登高面等设计荷载较大的区域；②将顶板设计的附加恒载（覆土荷重＋顶面找平防水层重量＋预留的机电设备管线吊挂荷重）＋活荷载（消防车荷载应提供考虑覆土折减后的数值；如果是用作堆场，考虑梁承载力的时候还要再乘以荷载规范提供的主次梁车辆荷载折减系数），与预计的施工荷载比较，如果施工荷载小于设计荷载，就肯定满足，就不用再具体复核构件了。

如果顶板的非消防车道、非消防登高面等区域用作施工道路，就需要计算楼面等效均布荷载。对这种情况，就需要获得车辆的类型，掌握轴距、轮压等数据，按不利原则将轮压作用在板跨中，然后参照《建筑结构荷载设计手册（第三版）》[4] 附录四"双向板楼面等效均布荷载计算表"算出楼板的内力，然后按《建筑结构荷载规范》（GB 50009—2012）附录 C 推算出楼板等效均布施工荷载，验算楼板承载力。验算主次梁的时候，一般等效荷载低于楼板的，严格说也要按不利原则重新进行等效计算。如简化验算的工作，也可以采用前面推算出来的楼板等效均布施工荷载，套用《建筑结构荷载规范》（GB 50009—2012）第 5.1.2 条中关于停车库车辆荷载的主次梁折减（换算）系数进行计算。

# 8.21　关于开合屋盖结构的文献综述

## 8.21.1　采用开合屋盖结构的必要性

开合屋盖是一种较为新颖的建筑形式，它打破了传统室内空间与室外空间的界限，可以根据使用功能与天气情况在室内环境与室外环境之间进行转换，能很好地满足全天候的使用需求，有其独特的优点。但在经济效益方面，开合屋盖结构的经济性已有不少争论。与常规建筑不同，开合屋盖结构机械系统的造价占总造价的很大一部分，而且机械系统的造价在初步设计阶段很难估计准确。据美国 HOK 事务所报道，一个开合式棒球场的造价相当于一个室外场与一个室内场造价的总和[18]；据参考文献［19］报道，国家体育场（鸟巢）原初步设计有采用开合屋盖、原用钢量 53875t，后配合"绿色办奥运"的需要，取消开合屋盖，并增大中空区域的面积，调整后用钢量下降为 41875t。可见开合屋盖结构用于建造的费用确实不低。

除了要考虑建设费用外，还要考虑可动屋面的营运费用。移动屋面的开合需要耗费大量的电力，而且机械系统还需要进行定期的维护保养。

相对于常规结构，开合屋盖结构由于有可动屋面，随着屋面的开启与闭合，在结构、驱动系统、防水、采光、通风、音响、空调、防灾等方面都有与众不同的要求，要适应不同使用状态的使用要求，存在着许多技术难题。

在决定一个建筑是否需要采用开合屋盖结构时，要考虑几个问题：一是经济上是否可行；二是这个建筑是否要有多功能的要求；三是各种技术难题是否有可行的解决方案（例如在严寒地区，能否顺利解决开合屋盖接缝处的气密性问题，有可能是开合屋盖是否可行的决定性因素）。

### 8.21.2　开合屋盖独特的设计流程

开合屋盖结构有着特别的机械系统和控制系统，使得开合屋盖结构的设计相对复杂，要综合考虑建筑功能、结构、屋盖驱动机械和控制系统的相互影响。

传统的屋盖形式各工种的设计是串行式的，而开合屋盖结构由于其复杂性，建筑方案、结构形式、屋盖驱动机械牵引和控制系统是相互影响、相互制衡的，导致各工种的设计一定要并行进行，具体就是建筑、结构、屋盖驱动机械专业进行多轮相互提资，不断沟通协调，直到得出建筑、结构、屋盖驱动机械专业均可接受的方案。常规屋盖与开合屋盖结构设计流程对比见图 8-14。

(a) 常规屋盖结构设计流程　　　　　　　　(b) 开合屋盖结构设计流程

图 8-14　常规屋盖结构与开合屋盖结构设计流程对比[18]

在项目方案阶段，就需要有屋盖驱动设备厂家/顾问介入研究工作，以免后续阶段工作出现反复。

参考文献［20］介绍了上海旗忠网球中心活动屋盖的机械结构一体化设计与施工情况，值得借鉴参考。

### 8.21.3　开合屋盖结构的技术规范

在开合屋盖起步发展早期，研究滞后于工程实践，国内外都没有专门针对开合屋盖项目的规范作为技术指引，参考文献［18］对这一阶段开合屋盖的工程开展和技术研究发展做了梳理和总结。

2015 年我国颁布了《开合屋盖结构技术规程》（CECS 417：2015），2016 年起施行。2019 年该规程修订并升级为行业标准《开合屋盖结构技术标准》（JGJ/T 442—2019），2019 年 11 月 1 日实施。相关规范的编制总结了我国前一阶段在开合屋盖结构方面的研究和工程实践，相关规范的颁布实施，将有助我国开合屋盖结构的进一步发展。

### 8.21.4　规范尚未明确的重要技术问题

行业标准《开合屋盖结构技术标准》（JGJ/T 442—2019）为开合屋盖结构的设计和施工提供了技术指引。但由于开合屋盖涉及的技术问题很多，每个具体的工程有其独特的个性，需要结合项目的具体条件研究解决。

1. 防水问题

屋面防水纯属建筑构造问题，在常规项目中结构专业关注度和参与度极低。

对开合屋盖结构而言，屋面由于在结构上进行了分块，所以可动屋面之间、可动屋面与固定屋面之、可动屋面与支承结构之间的防水问题十分突出。漏水会影响正常使用，更可能使开合屋盖结构特有的机械系统生锈腐蚀，从而导致开合功能受损。

屋面单元之间的防水、密封问题是开合屋盖结构特有的建筑构造问题，各屋面单元间的结合点是屋面防水的薄弱环节，也是屋面防水的关键所在。解决这个问题需要建筑、结构、屋盖驱动机械专业的密切配合，对结构方案进行一些调整使之适应建筑构造防水的要求，这主要体现在屋面之间是否需要搭接、搭接长度的确定及不需要搭接时屋面边缘形状的确定，以及屋面之间垂直间距的确定等。

《开合屋盖结构技术标准》（JGJ/T 442—2019）的征求意见稿在附录 D 提供了"开合屋盖结构密封节点构造"，内容详细，图文并茂。由于正式颁布的《开合屋盖结构技术标准》（JGJ/T 442—2019）并没有把这部分内容正式列入，具体工程可结合实际情况酌情参考采用征求意见稿的附录 D。

2. 开合屋盖结构阻尼比

大跨度钢结构地震作用计算中，阻尼比是非常重要的参数。对钢结构与混凝土整体计算模型，地震作用计算时，阻尼比按《建筑抗震设计标准》（GB/T 50011—2010，2024 年版）第 10.2.8 条条文说明的振型阻尼比法确定；如采用统一阻尼比，按该条规范条文正文取 0.025～0.035。

《开合屋盖结构技术标准》（JGJ/T 442—2019）没有关于阻尼比取值的条文。对规模不大、采用常规钢结构的开合屋盖工程，参照《建筑抗震设计标准》（GB/T 50011—2010，2024 年版）的阻尼比取值规定应该问题不大。

对造型/开合方式独特、规模较大或者是采用钢、铝合金混合的开合屋盖工程，应对开合屋盖结构动力特性（包括阻尼比取值）做专门的研究。

参考文献 [21] 和 [22] 报道了国家网球馆开合屋盖工程在这方面的研究过程和结论，值得类似项目参考。

3. 多个相邻开合屋盖场馆的风洞试验工况组合问题

体型复杂的开合屋盖工程宜进行风洞试验，试验工况除屋盖全开和全闭状态以外，也可包括活动屋盖运行过程的中间过程。从已有的工程实例报道来看，采用屋盖全开＋全闭＋1/2 开等工况为主，部分工程还进行了屋盖 1/4 开＋3/4 开等工况的风洞试验。

已有的开合屋盖风洞试验案例均为单个开合屋盖结构。目前有屋盖开合需求的工业与民用建筑（如体育场馆、文化旅游建筑及机库等）逐渐增多。现阶段已经有甲方拟在同一个地块兴建 2 个或以上有开合屋盖的建筑，对这种情况必须考虑多个相邻开合屋盖场馆的风洞试验工况组合问题。如果相邻 2 个开合屋盖场馆之间的距离较远时，可忽略风力相互干扰的群体效应，以单体模型分别进行风洞试验，各自考虑试验工况。

当多个开合屋盖场馆相互距离较近时，为考虑各个单体之间的相互影响，需进行建筑群整体模型风洞试验。当屋盖开合方式对相邻场馆风力相互干扰有较大影响时，除"所有场馆屋盖全开"＋"所有场馆屋盖全闭"两种风洞试验基本工况以外，在兼顾"结构安全"与"风洞试验成本和工期"等需求的前提下，需要研究相邻场馆屋盖不同开合状态的风洞试验工况组合问题。例如，增加考虑"左场馆屋盖开、右场馆屋盖闭"＋"左场馆屋盖闭、右场馆屋盖开"等风洞试验工况。

4. 开启屋盖台车的合理模拟

开合屋盖主要由固定屋盖、活动屋盖、机械调节系统等部分组成。机械调节系统是活动屋盖和固定屋盖的中间连接体，也是实现屋盖开合动作的主要装置。为适应开合屋盖行走特点，机械调节系统须设有调节装置，包括线性位移调整和角度调整装置，以避免机械调节系统出现竖向过载受损和纵向卡轨现象。

参考文献 [23] 基于国家网球馆开合屋盖的研究分析，认为台车水平刚度的变化对结构固定屋盖及活动屋盖杆件的轴力均会造成影响，且对固定屋盖杆件轴向力影响较为明显。因此在对此类结构进行设计及施工过程中应该充分考虑台车水平刚度的影响。

参考文献［24］、［25］基于南通市体育会展中心主体育场曲面开闭钢屋盖结构，对活动屋盖和固定屋盖进行一体化建模，合理模拟台车，对活动屋盖和固定屋盖的刚度匹配进行了专项研究，以台车反力基本均衡为主要目标进行了参数分析。

在开合屋盖结构的概念设计阶段，由于屋盖驱动方式未明确，通常将基本状态下固定屋盖与活动屋盖之间简化假定为固定铰接，进行初步分析计算。国内以往的实际开合屋盖工程项目中，碟形弹簧被较多地应用于行走台车的纵向调整机构，固定屋盖与活动屋盖之间连接并非为固定铰接。在后期初步设计和施工图设计阶段，应根据屋盖驱动设备专业的提资，选取合理的台车水平刚度，合理模拟台车。

5. 围护材料局部小范围破损对开合屋盖结构风荷载特性的影响

根据风工程的有关研究[26]，在迎风面幕墙突然开洞时，内压时程有明显的突变，但开洞位置处于侧风向墙体时变化较小。

参考文献［27］对我国某海滨城市的某一大跨度可开合屋盖结构进行了刚性模型同步测压风洞实验，详细分析了该屋盖结构在屋盖开启、屋盖闭合以及屋盖闭合但局部小面积窗户损坏等三种工况下的风荷载特性，认为小面积的局部窗户损坏对大跨度可开合屋盖的风荷载特性影响不大。参考文献［27］的结论不一定具备普遍性。活动屋盖如采用脆性围护材料（如玻璃），在反复移动/风/温度作用等因素影响下存在局部小范围破损、进而影响局部风荷载的风险。需要结合具体项目的情况进行研究。

### 8.21.5 个人体会及建议

在 2019 年笔者因工作需要，收集并认真阅读了超过 40 份关于开合屋盖结构的参考资料，本节内容为针对这些参考资料的学习笔记。

现阶段虽然已经有了《开合屋盖结构技术标准》（JGJ/T 442—2019）作为开展开合屋盖结构设计和施工的技术指引，但每个具体的开合屋盖工程有其独特的个性，对应项目的具体条件（项目规模、体量、屋盖具体的开合方式、基本风压、基本雪压）会遭遇不同的技术难题，需要具体问题具体分析。

在开合屋盖项目概念方案阶段，结构和设备专业（特别是屋盖驱动机械专业）宜尽早介入，共同探讨可能面对的技术难题。具体开展设计前，除认真学习《开合屋盖结构技术标准》（JGJ/T 442—2019）以外，更需要尽可能多地收集开合屋盖结构的相关资料，特别是项目案例、专题技术研究成果（如风工程特性、地震响应、积雪效应等），尽量吸取前人已有的经验教训。

# 参 考 文 献

［1］　《混凝土结构设计规范算例》编委会. 混凝土结构设计规范算例［M］. 北京：中国建筑工业出版社，2003.

［2］　龚思礼. 建筑抗震设计手册［M］. 2版. 北京：中国建筑工业出版社，2002.

［3］　古今强. 多层工业厂房可变荷载地震组合值系数的取值［J］. 广东土木与建筑，2010，17(4)：13-15.

［4］　沙志国，沙安，陈基发. 建筑结构荷载设计手册［M］. 3版. 北京：中国建筑工业出版社，2017.

［5］　DBJ/T 15-101-2022 广东省建筑结构荷载规范［S］. 北京：中国建筑工业出版社，2022.

［6］　李广信. 岩土工程50讲——岩坛漫话［M］. 2版. 北京：人民交通出版社，2010.

［7］　中国建筑设计研究院有限公司. 结构设计统一技术措施［M］. 北京：中国建筑工业出版社，2018.

［8］　杨春侠，侯晓辉. 框架填充墙结构刚度计算模型比较［J］. 福建建材，2011(01)：40-41，85.

［9］　谈一评，肖剑飞，张亦静. 填充墙刚度设计分析［J］. 世界地震工程，2010，26(01)：53-56.

［10］　黄华，叶艳霞，等. 填充墙对框架结构抗侧刚度的影响分析［J］工业建筑，2010，40(12)：34-38.

［11］　翁熙. 浅析填充墙对底层架空结构刚度的影响——由台湾维冠大楼坍塌想到的［J］福建建筑，2016(05)：42-45.

［12］　陈忠达. 公路挡土墙设计［M］. 北京：人民交通出版社，1999年.

［13］　李静波. 建筑物地基基础设计等级若干问题的思考（一）［J］. 建筑结构-技术通讯，2009(7)：1-3.

［14］　李静波. 建筑物地基基础设计等级若干问题的思考（二）［J］. 建筑结构-技术通讯，2009(9)：15-17.

［15］　龚晓男. 施工道路的等效荷载计算［R/OL］. 微信公众号"非解构"，(2021-9-27)［2024-5-10］https://mp.weixin.qq.com/s/KZL7FbJmlq1TZbB6DgUw3w

［16］　范重，鞠红梅，彭中华. 消防车等效均布活荷载取值研究［J］. 建筑结构，2011，41(3)：1-6，10.

［17］　朱炳寅. 建筑结构设计问答及分析［M］. 3版. 北京：中国建筑工业出版社，2017.

［18］　余永辉. 开合屋盖结构的设计［D］. 杭州：浙江大学，2004.

［19］　范重，吴学敏，郁银泉，等. 国家体育场大跨度钢结构修改初步设计［J］. 空间结构，2005，11(3)：3-13，21.

［20］　智浩，李同进，龚奎成，等. 上海旗忠网球中心活动屋盖的设计与施工——机械结构一体化技术探索与实践［J］. 建筑结构，2007，37(4)：95-100.

［21］　范重，孟小虎，彭翼. 开合屋盖结构动力特性研究［J］. 建筑钢结构进展，2015，17(4)：3-13，21.

［22］　牟在根，孟小虎，杨雨青，等. 国家网球馆开合屋盖结构阻尼比研究［J］. 建筑结构学报，2016，37(S1)：101-107.

［23］　牟在根，栾海强，刘国跃，等. 台车水平刚度对开合屋盖结构动力性能的影响［J］. 东北大学学报：自然科学版，2013，34(10)：1490-1494.

［24］　陈以一，陈扬骥，刘魁. 南通市体育会展中心主体育场曲面开闭钢屋盖结构设计关键问题研究［J］. 建筑结构学报，2007，28(1)：14-20，27.

［25］　刘魁. 曲面空间移动开闭式屋盖结构刚度配比初步研究［D］. 上海：同济大学，2006.

［26］ 张明亮，李秋胜，陈伏彬. 考虑幕墙开洞的大跨屋盖结构风荷载特性研究［J］. 建筑结构，2018，48（6）：97-103.

［27］ 张建国，雷鹰. 大跨度可开合屋盖结构的风荷载特性［C］//第十四届全国结构风工程学术会议论文集（中册）. 北京：中国土木工程学会，2009.

# 第9章 对部分通用规范条文的思辨

## 9.1 楼盖振动舒适度控制

### 9.1.1 现行技术规范对楼盖振动舒适度的规定

1. 混凝土楼盖

《混凝土结构设计标准》（GB/T 50010—2010，2024年版）第3.4.6条规定："对混凝土楼盖结构应根据使用功能的要求进行竖向自振频率验算，并宜符合下列要求：①住宅和公寓不宜低于5Hz；②办公楼和旅馆不宜低于4Hz；③大跨度公共建筑不宜低于3Hz"。

《高层建筑混凝土结构技术规程》（JGJ 3—2010）第3.7.7条规定："（混凝土）楼盖结构应具有适宜的舒适度。楼盖结构的竖向振动频率不宜小于3Hz，竖向振动加速度峰值不应超过限值（具体限值见表9-1）。楼盖结构竖向振动加速度可按本规程附录A计算"。

表 9-1 混凝土楼盖竖向振动加速度限值

| 人员活动环境 | 峰值加速度限值（m/s²） | |
| --- | --- | --- |
| | 竖向自振频率不大于2Hz | 竖向自振频率不小于4Hz |
| 住宅、公寓 | 0.07 | 0.05 |
| 办公、旅馆 | 0.22 | 0.15 |

注 楼盖竖向自振频率为2~4Hz时，峰值加速度限值可按线性插值选取。

2. 钢-混凝土组合楼盖

《高层民用建筑钢结构技术规程》（JGJ 99—2015）第3.5.7条规定："（钢-混凝土组合楼盖）楼盖结构应具有适宜的舒适度。楼盖结构的竖向振动频率不宜小于3Hz，竖向振动加速度峰值不应大于限值（具体限值见表9-2）。楼盖结构竖向振动加速度可按现行行业标准《高层建筑混凝土结构技术规程》JGJ 3 的有关规定计算"。

表 9-2 混凝土楼盖竖向振动加速度限值

| 人员活动环境 | 峰值加速度限值（m/s²） | |
| --- | --- | --- |
| | 竖向自振频率不大于2Hz | 竖向自振频率不小于4Hz |
| 住宅、公寓 | 0.07 | 0.05 |
| 商场及室内连廊 | 0.22 | 0.15 |

注 楼盖竖向自振频率为2~4Hz时，峰值加速度限值可按线性插值选取。

### 9.1.2    最新结构通用规范对楼盖振动舒适度的新规定

1. 混凝土楼盖

《混凝土结构通用规范》（GB 55008—2021）第 4.2.3 条规定："房屋建筑的混凝土楼盖应满足楼盖竖向振动舒适度要求"。

2. 钢-混凝土组合楼盖

《组合结构通用规范》（GB 55004—2021）第 4.2.5 条规定："正常使用极限状态设计时，对振动舒适度有要求的钢-混凝土组合楼盖结构，应进行竖向动力响应验算，动力响应限值应采用基于人体振感舒适度的控制指标"。

### 9.1.3  对比分析及建议

混凝土楼盖、钢-混凝土组合楼盖的竖向振动舒适度要求上升为强制性条文，应进行必要的验算（YJK、PKPM 等常规软件均有验算功能）。

混凝土楼盖刚度大、其竖向振动舒适度一般不是设计控制因素，常规情况下满足竖向自振频率不小于 3Hz 即可。

钢-混凝土组合楼盖一般为钢梁＋钢筋桁架楼承板（或压型钢板楼承板），刚度相对较小。《组合结构通用规范》（GB 55004—2021）要求必须验算组合楼盖在人行荷载下竖向振动加速度，不能再简单地按照自振频率进行控制，详见《组合结构通用规范》（GB 55004—2021）第 4.2.5 条条文说明。

对于特殊情况，如有人员剧烈活动的楼盖（如舞厅、健身室等），不论是混凝土楼盖还是钢-混凝土组合楼盖，都需要进行竖向振动的时程分析，验证人员剧烈活动下竖向振动加速度是否满足舒适度的要求。

《混凝土结构设计标准》（GB/T 50010—2010，2024 年版）、《高层建筑混凝土结构技术规程》（JGJ 3—2010）、《高层民用建筑钢结构技术规程》（JGJ 99—2015）及《建筑楼盖振动舒适度技术标准》（JGJ/T 441—2019）对楼盖振动舒适度的具体限值及验算方法不完全相同，应根据各个规范适用条件慎重选用。其中《建筑楼盖振动舒适度技术标准》（JGJ/T 441—2019）第 4.2 节非常细致，可按其限值进行控制。

此外，对横向约束较少、横向刚度较小的大跨度钢结构人行桥、连廊等，在人行荷载激励下在容易发生侧向振动过大的问题（例如，伦敦千禧桥 2000 年 6 月开放 2 天后就因侧向振动过大而关闭）。因此对人行天桥、连廊等，除需满足竖向振动舒适度要求外，尚宜进一步验算其横向振动的舒适度。对这种情况，《建筑楼盖振动舒适度技术标准》（JGJ/T 441—2019）第 4.2.4 条规定："连廊和室内天桥的第一阶横向自振频率不宜小于 1.2Hz，振动峰值加速度不应大于限值（具体限值表 9-3）"。

表 9-3 　　　　　　　　　　　　　　连廊和室内天桥的振动加速度限值

| 楼盖使用类型 | 峰值加速度限值（m/s$^2$） | |
| --- | --- | --- |
| | 竖向 | 横向 |
| 封闭连廊和室内天桥 | 0.15 | 0.10 |
| 不封闭连廊 | 0.50 | 0.10 |

## 9.2　游泳池混凝土结构的耐久性设计措施

### 9.2.1　《混凝土结构通用规范》(GB 55008—2021)的规定

《混凝土结构通用规范》（GB 55008—2021）更加强调了混凝土结构耐久性的要求，其第 2.0.10 条规定："混凝土结构应根据结构的用途、结构暴露的环境和结构设计工作年限采取保障混凝土结构耐久性能的措施"；其第 3.1.8 条规定"结构混凝土中水溶性氯离子最大含量不应超过规定值（具体限值见表 9-4）。计算水溶性氯离子最大含量时，辅助胶凝材料的量不应大于硅酸盐水泥的量"。

表 9-4 　　　　　　　　　　　　　　结构混凝土中水溶性氯离子最大含量

| 环境条件 | 水溶性氯离子最大含量（%，按胶凝材料用量的质量百分比计） | |
| --- | --- | --- |
| | 钢筋混凝土 | 预应力混凝土 |
| 干燥环境 | 0.30 | |
| 潮湿但不含氯离子的环境 | 0.20 | |
| 潮湿且含氯离子的环境 | 0.15 | 0.06 |
| 除冰盐等侵蚀性物质的腐蚀环境、盐渍土环境 | 0.10 | |

### 9.2.2　室内游泳池混凝土结构设计中容易被疏忽的侵蚀性物质

按《公共场所卫生指标及限值要求》（GB 37488—2019），人工游泳池水质指标卫生指标为：使用氯气及游离氯制剂消毒时要求游离性余氯 0.3～1.0mg/L、化合性余氯≤0.4mg/L。

对于带游泳池的体育馆等混凝土结构设计项目，需要注意游泳池运营期间会使用含氯消毒剂，属于"潮湿且含氯离子的环境"。游泳池所在楼层和上一层的梁板，以及该层的竖向构件要注意提高环境类别等级，相应确定混凝土强度等级、计算梁板柱构件配筋时的混凝土保护层厚度等设计参数。

### 9.2.3　结构设计中的应对建议

对这类混凝土室内游泳池的结构设计项目，耐久性措施建议如下：①池所在楼层和上一层梁板、以及该层的竖向构件的环境等级取三 a；②混凝土强度等级提高至 C35；③按环境等级三 a 对应的保护层厚度计算相应区域的梁、板柱等混凝土构件的配筋。

### 9.2.4 相关技术规范条文的延伸学习

对于这类混凝土室内游泳池结构的耐久性措施，相关的规范条文还包括：①《混凝土结构设计标准》（GB/T 50010—2010，2024 年版）第 3.5.2 条、3.5.3 条、8.2.1 条；②《混凝土结构耐久性设计标准》（GB/T 50476—2019）第 6.1.3 条第 3 款、第 6.2.5 条；③《建筑与市政工程防水通用规范》第 4.1.6 条等。

### 9.2.5 室外露天混凝土游泳池结构的耐久性设计措施

上文聚焦于"室内游泳池"，因为处于室内，含氯消毒剂挥发出来的含氯物质会积聚，游泳池混凝土结构耐久性的影响肯定大。

对于室外游泳池而言，含氯消毒剂挥发出来的含氯物质有可能会被吹散，其影响可能相对没那么大。笔者认为，室外露天混凝土游泳池结构的环境等级可以取三 a，取二 b 也是可以的。

## 9.3 与地下水、土直接接触的构件是否处于"潮湿且含有氯离子的环境"

### 9.3.1 《混凝土结构通用规范》(GB 55008—2021)的规定

《混凝土结构通用规范》（GB 55008—2021）第 3.1.8 条规定"结构混凝土中水溶性氯离子最大含量不应超过规定值（具体限值见表 9-4）。计算水溶性氯离子最大含量时，辅助胶凝材料的量不应大于硅酸盐水泥的量"。对应条文说明指出："本条规定了混凝土中水溶性氯离子含量限值及计算方法，指标要求与国家现行有关标准、国外先进标准大体相当，对钢筋混凝土个别情况的氯离子限制指标有所加严。以前混凝土氯离子含量采用原材料含量累加，因检验对象不同，不利于质量控制。采用实测混凝土的氯离子含量并加以控制，更容易保证混凝土质量"。

由《混凝土结构通用规范》（GB 55008—2021）第 3.1.8 条引发以下思考：

（1）"潮湿且含有氯离子的环境"怎么判断？

（2）由于地下水、土或多或少含氯离子，那么按照《混凝土结构通用规范》（GB 55008—2021）第 3.1.8 条，是否意味着与地下水、土直接接触的埋地构件（如桩、基础、承台、地下室底板、侧壁以及无地下室时的墙柱埋地段等），其环境条件就一定是"潮湿且含有氯离子的环境"？

### 9.3.2 对《混凝土结构通用规范》(GB 55008—2021)第 3.1.8 条的思辨

上面两个问题，其实是同一个问题：即地下水、土的腐蚀性试验报告中，试验结果指标

（如氯离子含量等）达到什么程度才算"潮湿且含有氯离子的环境"，才对埋地构件的耐久性产生不容忽视的严重影响，需要采取包括限制"混凝土中水溶性氯离子含量"的防护措施。对上面两个问题，《混凝土结构通用规范》（GB 55008—2021）正文及条文说明并没有明确的答案，需要结合其他现行技术规范予以界定。

从工程实践的角度判断，不可能仅仅因为地下水、土中含有极少量的氯离子、对混凝土耐久性完全不构成威胁，就很夸张地把所有的应对严重腐蚀环境的防护措施全部用上。我们作为工程师，首先应该基于本身的专业知识、专业技能，按实际情况解决工程问题，而不是去抠规范的字眼、做迂腐的老学究。

虽然《工业建筑防腐蚀设计标准》（GB 50046—2018）明确了自己的适用范围，但许多技术规范在涉及腐蚀防护措施方面都索引《工业建筑防腐蚀设计标准》（GB 50046—2018），如《岩土工程勘察规范》（GB 50021—2001，2009 年版）第 12.2.6 条、《混凝土结构设计标准》（GB/T 50010—2010，2024 年版）第 3.5.7 条、《建筑桩基技术规范》（JGJ 94—2008）第 3.5.4 条。不妨看下《工业建筑防腐蚀设计标准》（GB 50046—2018）是怎样把握这个界限的：

（1）《工业建筑防腐蚀设计标准》（GB 50046—2018）第 3.1.12 条指出："微腐蚀环境可按正常设计"。

（2）《工业建筑防腐蚀设计标准》（GB 50046—2018）第 3.1.12 条条文说明指出："微腐蚀环境下，材料腐蚀很缓慢，因此构配件可按正常进行设计，设计者根据情况，可不采取本标准所规定的防护措施"。

### 9.3.3　建议

参照《工业建筑防腐蚀设计标准》（GB 50046—2018）第 3.1.12 条，建议以地下水、土的腐蚀等级为界：

（1）地下水、土腐蚀等级为微时，与地下水、土直接接触的埋地构件不属于"潮湿且含有氯离子的环境"，可按正常环境设计。

（2）地下水、土腐蚀等级为弱及以上时，与地下水、土直接接触的埋地构件属于"潮湿且含有氯离子的环境"，采取相应的耐久性设计防护措施。

## 9.4　地下室顶板上的覆土是否需要满足"压实系数不低于 0.94"的要求

### 9.4.1　《建筑与市政工程防水通用规范》(GB 55030—2022)的规定

《建筑与市政工程防水通用规范》（GB 55030—2022）第 4.2.6 条规定："基底至结构底板以上 500mm 范围及结构顶板以上不小于 500mm 范围的回填层压实系数不应小于 0.94"。

#### 9.4.2　对《建筑与市政工程防水通用规范》(GB 55030—2022)第4.2.6条的思辨

刚看到《建筑与市政工程防水通用规范》(GB 55030—2022)第4.2.6条的时候，笔者与大多数人一样，以为其要求仅针对地下室侧壁外的肥槽回填。要求侧壁肥槽回填压实，或者是用素混凝土回填，是有一定道理的，且其他规范也有类似要求，例如《建筑桩基技术规范》(JGJ 94—2008)第4.2.7条。

但《建筑与市政工程防水通用规范》(GB 55030—2022)第4.2.6条对应条文说明明确指出："顶板防水层采用渗透系数小的回填层，有利于阻挡降水对地下工程防水的影响，同时对回填层作一定厚度的密实性要求，有助于对防水层的保护"。按这个说明，地下室顶板上的覆土也需要满足"压实系数0.94"的要求，这是强制要求。

地下室顶板覆土主要是为了园林种植，《建筑与市政工程防水通用规范》(GB 55030—2022)第4.2.6条要求种植用的土压实（部分或全部），可能引发以下问题：

（1）种植土压太密实，植物不容易种活，影响种植的植物成活率；满足种植要求的土，可能不容易被压实。这应该是常识了。

（2）《种植屋面工程技术规范》(JGJ 155—2013)第4.5.3条提出："地下建筑顶板种植宜采用田园土为主，土壤质地要求疏松、不板结、土块易打碎"。对于地下室顶板覆土，有的规范要"压实"，也有规范要求"松散"。

（3）《园林绿化工程项目规范》(GB 55014—2021)第3.3.5条要求："地下空间顶面种植乔木区覆土深度应大于1.5m"。两本全文强条的规范有否协调沟通过，这个1.5m覆土深度是否已顾及了顶板以上500mm覆土需要压实的要求。如果没有那就麻烦了，实操中要么保持全部覆土疏松、满足种植要求，要么为了满足防水通规、把下面的土压得很密实，影响到种植下去乔木的存活率。

（4）为了实现顶板上覆土压实系数不小于0.94，顶板的施工荷载可能需要增加，一旦施工单位不予重视、缺乏相应施工技术措施，就有可能引发类似地下室无梁楼盖的施工安全事故。

按《建筑与市政工程防水通用规范》(GB 55030—2022)第4.2.6条条文说明，顶板以上500mm覆土需要压实，其主要目的是有助于对防水层的保护。顶板覆土主要是为了园林种植，种植的植物能存活了下来，根系会逐渐向下伸展，最终下面500mm厚压实土层无可避免地会被扰动，其防水有利作用实际上是有限。最终顶板的防水效果主要还是靠合理的耐根穿刺防水材料选型及耐根穿刺防水层的精心施工。

#### 9.4.3　建议

通用规范无小事，这不是学术争论，这是法律责任。尽管《建筑与市政工程防水通用规范》（GB 55030—2022）第 4.2.6 条有以上诸多问题，因其具有强制性条文的性质，在结构设计总说明等还是需要相应完整更新，体现这个规范的强制性要求。

至于实际施工如何实现顶板覆土压实系数不应小于 0.94，顶板园林种植如何保证植物的成活率，则是另一个层面的问题了。

## 9.5  地下室顶板乔木种植区域的覆土荷载

### 9.5.1  《园林绿化工程项目规范》(GB 55014—2021)的规定

《园林绿化工程项目规范》（GB 55014—2021）第 3.3.5 条规定："地下空间顶面、建筑屋顶和构筑物顶面的立体绿化应保证植物自然生长，应在不透水层上设置防水排灌系统，并应符合下列规定：①地下空间顶面种植乔木区覆土深度应大于 1.5m；②建筑屋顶树木种植的定植点与屋顶防护围栏的安全距离应大于树木高度"。

### 9.5.2  对《园林绿化工程项目规范》(GB 55014—2021)第 3.3.5 条的思辨

《园林绿化工程项目规范》（GB 55014—2021）并非结构专业的通用规范，可能很多读者对其不熟悉，也不重视，但其第 3.3.5 条对地下室结构设计可能有比较大的影响。

（1）园林设计通常是项目的后期才介入，项目早期阶段结构设计时并不清楚地下室顶板哪个区域需要种植乔木。

（2）如果园林专业只是在地下室顶板零散地种几棵乔木还好，局部抬高覆土厚度，结构按区域平均覆土厚度设计计算，影响可能不大；如果是种植的乔木数量比较多，且比较集中，那对地下室结构设计的影响就不容忽视了。

（3）假如其余区域只需要覆土 1.2m，那甲方肯定不会同意为了满足这个强制性条文而整个地下室区域的顶板按 1.5m 覆土厚度进行结构设计计算，只能后期定了乔木种植区域后复核加固。

### 9.5.3  建议

在项目早期跟甲方商定结构设计提资条件的时候，最好能敲定地下室顶板种植乔木的大致范围，避免项目后期工作被动。

《种植屋面工程技术规程》（JGJ 155—2013）第 4.5 节提供了改良土、无机种植土、田园土等轻质种植土的饱和水密度数据，现摘录汇总于表 9-5。

| 表 9-5 | | | 轻质种植土的饱和水密度 | | （kg/m³） |
|---|---|---|---|---|---|
| 种植土种类 | 田园土 | 改良土 | 腐叶土 | 无机种植土 | 轻砂壤土 |
| 饱和水密度 | ≤1200 | 750~1300 | 780~1000 | 450~650 | 1100~1300 |

到项目后期园林方案定后，如果顶板预留的常规覆土荷载确实不能包络乔木种植区的实际覆土荷载，不妨试试用《种植屋面工程技术规程》（JGJ 155—2013）建议的轻质种植土，作为乔木种植区地下室结构加固之外的另一个选项。建议：

（1）具体调研工程所在地的实际情况，例如市场上有没有这种轻质种植土，其价格如何，这类轻质种植土是否适合种植乔木等。

（2）在施工监管力度普遍较低的地区，采用轻质种植土要慎重。因为轻质种植土与常规覆土材料存在价格差，有被偷换容重较大的常规覆土材料而遗留结构安全隐患的风险。

（3）即使在施工监管力度较高的地区，也要对轻质土容重提出检测要求，在设计交底时明确要求监理见证送检，要有轻质土容重的第三方 CMA 检测报告才验收。

## 9.6 场地特征周期如何进行插值

### 9.6.1 规范要求的变化

1. 旧版《建筑抗震设计规范》（GB 50011—2010，2016 年版）

第 4.1.6 条规定："建筑的场地类别，应根据土层等效剪切波速和场地覆盖层厚度按表 4.1.6 划分为四类，其中 I 类分为 $I_0$、$I_1$ 两个亚类。当有可靠的剪切波速和覆盖层厚度且其值处于表 4.1.6 所列场地类别的分界线附近时，应允许按插值方法确定地震作用计算所用的特征周期"（规范表 4.1.6 略）。

2. 《建筑与市政工程抗震通用规范》（GB 55002—2021）

第 3.1.3 条条文说明指出："计算等效剪切波速时，土层的分界处应有波速测试值，波速测试孔的土层剖面应能代表整个场地；覆盖层厚度和等效剪切波速都不是严格的数值，有 ±15% 的误差属正常范围，当上述两个因素距相邻两类场地的分界处属于上述误差范围时，允许勘察报告说明该场地界于两类场地之间，以便设计人员通过插入法确定设计特征周期"。

第 4.2.2 条第 3 款规定："特征周期应根据场地类别和设计地震分组按表 4.2.2-2 采用。当有可靠的剪切波速和覆盖层厚度且其值处于本规范表 3.1.3 所列场地类别的分界线 ±15% 范围内时，应按插值方法确定特征周期"（规范表 4.2.2-2 略）。

3. 对规范条文变化的理解

旧版《建筑抗震设计规范》（GB 50011—2010，2016 年版）第 4.1.6 条原来也是强制性条文，也提及插值法确定特征周期，但用的字眼是"应允许"采用插值法，就是给了工程师根据实际情况自行量裁的权利，直接查表或用插值法都可以。

《建筑与市政工程抗震通用规范》（GB 55002—2021）把插值法确定特征周期的要求并到其他条文，并将要求从原来的"应允许"变成了"应"。剪切波速和覆盖层厚度在场地类别的分界线±15%范围内必须对场地特征周期进行插值，这是强制性要求。

### 9.6.2　场地设计特征周期的插值方法

1. 对插值法本质的理解

当剪切波速和覆盖层厚度位在分界线附近，场地特征周期会发生突变，例如 $v_{se}=151m/s$，覆盖层厚度 50m 和 51m，分别属于Ⅱ类和Ⅲ类场地，取设计地震分组第一组情况考虑，场地特征周期分别为 0.35s 和 0.45s，特征周期差 0.1s，显然不合理。

为避免此类产生突变、影响地震作用取值准确性的情况，《建筑与市政工程抗震通用规范》（GB 55002—2021）要求在场地类别分界线附近，必须按插值方法确定特征周期，相当于做了一个连续化处理，由原来的垂直台阶变为由斜坡（或曲面）过渡的台阶（见图 9-1），就不再有突变问题。

2. 设计地震第一组的内插方法

对于设计地震第一组，《建筑抗震设计标准》（GB/T 50011—2010，2024 年版）第 4.1.6 条条文说明提供了特征周期 $T_g$ 相差 0.01s 的插值示意图（见图 9-2）。在分界附近（覆盖层厚度或等效剪切波速与分界值相差±15%范围）的插值是：在不同的区段分别采用等间距或线性递增间距的方法确定。

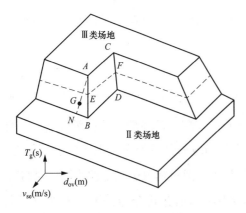

图 9-1　插值处理后分界线附近场地
特征周期 $T_g$ 连续化处理示意[1]

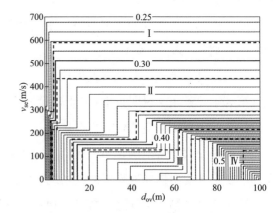

图 9-2　适用于设计特征周期第一组的
$T_g$（s）等值线图[2]

3. 设计地震第二组、第三组的内插方法

参考文献［3］按照《建筑抗震设计标准》（GB/T 50011—2010，2024 年版）第 4.1.6

条条文说明插值示意图的编制原则进行推导，最后得到适用于设计特征周期第二组、第三组 $T_g$ 相差 0.01s 的插值等值线图（见图 9-3 和图 9-4）。具体推导过程可参考文献 [3]。

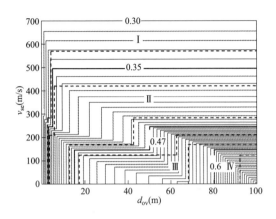

图 9-3 适用于设计特征周期第二组的 $T_g(s)$ 等值线图[3]

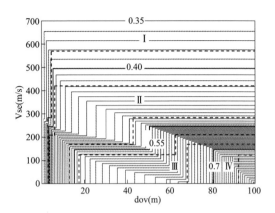

图 9-4 适用于设计特征周期第三组的 $T_g(s)$ 等值线图[3]

### 9.6.3 对两个实操问题的建议

1. 场地特征周期插值由谁负责

笔者个人观点如下：

（1）插值的要求出现在《建筑与市政工程抗震通用规范》（GB 55002—2021）第 4 章 "地震作用和结构抗震验算"，这章貌似是偏向于设计方面的工作。其第 3.1.3 条条文说明也明示了勘察与设计在这个问题上的分工："勘察报告说明该场地介于两类场地之间，以便设计人员通过插入法确定设计特征周期"。

（2）就算是勘察单位的责任，一旦场地特征周期取值不符合规范，有可能导致设计返工，增加设计工作量。

因此设计人员有必要对勘察报告提供的场地特征周期进行适当的研读、判断，当剪切波速和覆盖层厚度位在场地类别分界线±15%范围内时，需进行插值。

2. 场地有多个钻孔的剪切波速检测数据，如何高效进行插值

建议区分不同情况，采取以下不同的处理方式：

（1）逐孔插值——适合项目规模体量不大、剪切波速检测数据不多的情况。

（2）用整个场地所有测剪切波速孔的平均测剪切波速和平均覆盖层厚度进行插值——只插值一次。在场地地质情况以及检测数据差异不大时这也许是合适的方式。

（3）按各楼栋、各单体的平均测剪切波速和平均覆盖层厚度进行插值——这是中庸之道，可能适合大多数常规情况。

（4）对于住宅小区或规模较大的工程，且场地土存在明显软硬不均或覆盖层厚度变化很

大时，可分区域分别进行插值。

（5）对于单体建（构）筑物且场地土存在明显软硬不均或覆盖层厚度变化很大时，可偏于安全按最不利的钻孔检测数据进行插值。

## 9.7  地震作用的近场效应系数

### 9.7.1  考虑"地震作用近场效应系数"的背景

目前，对于近断层地震动的认识还十分有限。对于近断层地震动的速度脉冲和永久位移等特性的产生机理尚不明确。近断层地震动特性对建筑结构的影响研究也不充分。而且，在大多数近断层地震动中，并没有速度脉冲和永久位移特性，只有非常少量的地震动具有速度脉冲和永久位移特性（2007 年，Jack W. Baker 对 3500 条正断层的强震记录进行研究，仅得到了 91 条含有速度脉冲的强震记录）。

绝大多数国家的标准中，没有考虑近断层地震动对隔震结构和传统抗震结构的增大系数。美国《Uniform Building Code 1997》中，对近断层增大系数进行了较为详细的规定，但是在《International Bullding Code》到目前为止的各个版本中并没有相关规定。我国国家标准《建筑抗震设计规范》GB 50011 从 2001 年版开始，参照"UBC97"规定，要求隔震结构需考虑近场系数。

《Uniform Building Code 1997》中，只有 $Z \geqslant 0.40$ 区（相当于我国基本烈度 9 度区），考虑近场效应对反应谱等效峰值加速度的影响，同时将发震断层按活动强烈程度划分为 A、B、C 三个等级，不同等级发震断层增大系数不同。其中 A 级发震断层（最大发震震级不小于 7 级，滑动速率大于每年 5mm）10km 范围的场地要考虑近场系数，B、C 级发震断层5km 外不考虑近场系数。由于我国对发震断层的研究不充分，目前尚不可能对所有发震断层的活动性给出较明确的结论并进行分级[4]。

### 9.7.2  现行技术规范对"地震作用近场效应系数"的规定

1. 高层钢结构

《高层民用建筑钢结构技术规程》（JGJ 99—2015）第 5.3.5 条规定："……对处于发震断裂带两侧 10km 以内的建筑，尚应乘以近场效应系数。近场效应系数，5km 以内取 1.5，5～10km 取 1.25"。

2. 结构抗震性能化设计

《建筑抗震设计标准》（GB/T 50011—2010，2024 年版）第 3.10.3 条第 1 款规定：

"……对处于发震断裂两侧 10km 以内的建筑，地震动参数应计入近场影响，5km 及以内宜乘以增大系数 1.5，5km 以外宜乘以不小于 1.25 的增大系数"。

3. 隔震结构

《建筑抗震设计标准》（GB/T 50011—2010，2024 年版）第 12.2.2 条第 2 款规定："……当处于发震断层 10km 以内时，输入地震波应考虑近场影响系数，5km 以内宜取 1.5，5km 以外可取不小于 1.25"。

《建筑隔震设计标准》（GB/T 51408—2021）第 4.1.4 条规定："当处于发震断层 10km 以内时，隔震结构地震作用计算应考虑近场影响，乘以增大系数，5km 及以内宜取 1.25，5km 以外可取不小于 1.15"。

4. 现行技术规范规定小结

（1）现行技术规范对仅对高层钢结构、抗震性能化设计和隔震结构有要求考虑"地震作用近场效应系数"。

（2）对于隔震结构，《建筑隔震设计标准》（GB/T 51408—2021）和《建筑抗震设计标准》（GB/T 50011—2010，2024 年版）所要求的"地震作用近场效应系数"数值并不相同，前者要求低一些。

### 9.7.3　《建筑与市政工程抗震通用规范》(GB 55002—2021)的相关规定

《建筑与市政工程抗震通用规范》（GB 55002—2021）第 4.1.1 条第 1 款规定："当工程结构处于发震断裂两侧 10km 以内时，应计入近场效应对设计地震动参数的影响"。

《建筑与市政工程抗震通用规范》（GB 55002—2021）第 4.1.1 条条文说明指出："所谓的发震断裂，指的是全新世活动断裂中，近 500 年来发生过 M≥5 级地震的断裂或今后 100 年内可能发生 M5 级地震的断裂"。

### 9.7.4　对比及建议

《建筑与市政工程抗震通用规范》（GB 55002—2021）正式实施后，所有处于发震断层 10km 以内的结构均需考虑地震作用的近场效应系数，而不仅仅是高层钢结构、抗震性能化设计和隔震结构有要求考虑。

《建筑与市政工程抗震通用规范》（GB 55002—2021）第 4.1.1 条没有提出地震作用的近场效应系数的具体取值，可参照等相关规范：①在除隔震结构以外，其余可按：5km 以内宜取 1.5，5km 以外可取不小于 1.25；②对隔震结构，《建筑隔震设计标准》（GB/T 51408—2021）和《建筑抗震设计标准》（GB/T 50011—2010，2024 年版）所要求的"地震作用近场效应系数"数值并不相同，前者要求低一些。建议在开展设计前，先与工程所在地施工图审查机构沟通确认，避免不必要的设计返工。

应对岩土勘察报告进行必要的研读和判读，如其中反映场地附近存在断裂带，应与勘察单位沟通确认其是否属于发震断裂带，检查复核与发震断裂带之间的距离。如项目处于发震断裂两侧10km以内，需按规范的强制性条文要求考虑地震作用的近场效应系数。

如结构与发震断裂带之间的距离非常近（场地内存在发震断裂），除了要考虑地震作用的近场效应系数，更重要的是注意复核对发震断裂的避让距离，以及采取必要的加强措施。

《建筑抗震设计标准》（GB/T 50011—2010，2024年版）第4.1.7条对上述情况规定如下："场地内存在发震断裂时，应对断裂的工程影响进行评价，并应符合下列要求：1）对符合下列规定之一的情况，可忽略发震断裂错动对地面建筑的影响：a）抗震设防烈度小于8度；b）非全新世活动断裂；c）抗震设防烈度为8度和9度时，隐伏断裂的土层覆盖厚度分别大于60m和90m。对不符合本条1款规定的情况，应避开主断裂带。其避让距离不宜小于对发震断裂最小避让距离的规定（具体最小避让距离限值见表9-6）。在避让距离的范围内确有需要建造分散的、低于三层的丙、丁类建筑时，应按提高一度采取抗震措施，并提高基础和上部结构的整体性，且不得跨越断层线"。

表9-6 发震断裂带的最小避让距离 （m）

| 烈度 | 建筑抗震设防类别 | | | |
|---|---|---|---|---|
| | 甲 | 乙 | 丙 | 丁 |
| 8 | 专门研究 | 200 | 100 | — |
| 9 | 专门研究 | 400 | 200 | — |

# 9.8　高层建筑风振舒适度

## 9.8.1　混凝土高层建筑的风振舒适度

1. 现有规范对混凝土高层建筑风振舒适度的规定

《高层建筑混凝土结构技术规程》（JGJ 3—2010）第3.7.6条规定："房屋高度不小于150m的高层混凝土建筑结构应满足风振舒适度要求。在现行国家标准《建筑结构荷载规范》GB 50009规定的10年一遇的风荷载标准值作用下，结构顶点的顺风向和横风向振动最大加速度计算值不应超过表3.7.6的限值。结构顶点的顺风向和横风向振动最大加速度可按现行行业标准《高层民用建筑钢结构技术规程》JGJ 99的有关规定计算，也可通过风洞试验结果判断确定，计算时结构阻尼比宜取0.01～0.02"（规范表3.7.6略）。

2. 《混凝土结构通用规范》（GB 55008—2021）对混凝土高层建筑风振舒适度的规定

《混凝土结构通用规范》（GB 55008—2021）第4.2.3条规定："房屋建筑的混凝土楼盖

应满足楼盖竖向振动舒适度要求；混凝土结构高层建筑应满足 10 年重现期水平风荷载作用的振动舒适度要求"。

3. 对比与分析

（1）混凝土高层建筑的风振舒适度要求上升为强制性条文，必须进行验算并满足限值要求。

（2）《混凝土结构通用规范》（GB 55008—2021）没有提供具体风振舒适度限值及验算方法，按现行《高层建筑混凝土结构技术规程》（JGJ 3—2010）规定执行。

### 9.8.2　钢结构/组合结构高层建筑的风振舒适度

1. 现有规范对高层钢结构建筑风振舒适度的规定

《高层民用建筑钢结构技术规程》（JGJ 99—2015）第 3.5.5 条规定："房屋高度不小于 150m 的高层民用建筑钢结构应满足风振舒适度要求。在现行国家标准《建筑结构荷载规范》GB 50009 规定的 10 年一遇的风荷载标准值作用下，结构顶点的顺风向和横风向振动最大加速度计算值不应大于表 3.5.5 的限值。结构顶点的顺风向和横风向振动最大加速度，可按现行国家标准《建筑结构荷载规范》GB 50009 的有关规定计算，也可通过风洞试验结果判断确定。计算时钢结构阻尼比宜取 0.01～0.015"（规范表 3.5.5 略）。

2.《组合结构通用规范》（GB 55004—2021）对组合结构高层建筑风振舒适度的规定

《组合结构通用规范》（GB 55004—2021）第 4.2.4 条规定："对于高度大于 150m 的组合结构高层建筑应满足风振舒适度要求。在 10 年一遇的风荷载标准值作用下，结构顶点的顺风向和横风向振动最大加速度限值应符合表 4.2.4 的规定"（规范表 4.2.4 略）。

3. 对比与分析

（1）高度超过 150m 的组合结构高层建筑的风振舒适度要求上升为强制性条文，必须进行验算并满足限值要求。

（2）《组合结构通用规范》（GB 55004—2021）的风振舒适度限值与《高层民用建筑钢结构技术规程》（JGJ 99—2015）相同，比《高层建筑混凝土结构技术规程》（JGJ 3—2010）宽松。

《组合结构通用规范》（GB 55004—2021）没有提供具体风振舒适度验算方法，按现行《高层建筑混凝土结构技术规程》（JGJ 3—2010）、《高层民用建筑钢结构技术规程》（JGJ 99—2015）执行。

### 9.8.3　高层建筑风振舒适度指标超限的对策

在基本风压较大的地区，高宽比较大的高层建筑（如高层公寓等），容易出现风振舒适度超限、成为设计控制因素。出现这情况时，对策包括：

（1）当风振舒适度指标超出限值不多时，可以采用增加结构侧向刚度的方法。

（2）如超出限值较多，增加结构侧向刚度的代价过大且效果不一定理想，则可采用增加结构阻尼进行减振设计。

参考文献［5］结合具体方法进行了实际案例对风振舒适度超限的两种处理进行了详细比选（摘录于表9-7），类似工程可以参考借鉴。

**表 9-7　　　　　　　参考文献［5］控制风致加速度方案比选**

| 候选方案 | | 概述 | 用于该案例的优缺点 |
|---|---|---|---|
| 增加刚度 | 加伸臂加墙厚 | 增设3道伸臂桁架；主要层墙厚增大至1000～1800mm | （1）层间位移角满足小于限值（1/500）要求，顶点最大加速度为0.21m/s²，不满足舒适度的要求；<br>（2）加强层会引起结构刚度及内力突变，施工较难且造价高 |
| | 改混凝土结构、加墙厚 | 钢梁改为钢筋混凝土梁；设置3道单向腰桁架，主要层墙厚增大至1000～1700mm | （1）层间位移角满足小于限值1/500要求，顶点最大加速度为0.21m/s²，不满足舒适度的要求；<br>（2）施工速度慢，型钢梁柱节点施工困难 |
| 增加阻尼 | VFD减振 | 在30～49层（利用隔墙位置）增设黏滞流体阻尼器 | 满足舒适要求所需的VFD出力很大，对应阻尼器的筒径大，支架要求高 |
| | TMD减振 | 利用顶层消防水箱做成TMD，池底隔离层设支座、阻尼器 | （1）支撑式TMD灵敏度较低减振效果难达到预期；<br>（2）悬挂式TMD灵敏度较高、性能稳定，但该案例不具备应用条件 |
| | TSD减振 | 利用顶层消防水箱做成TSD | （1）节省空间、构造简单、减振灵敏度高、造价低；<br>（2）相同质量下其减振效率约为TMD的70％ |

# 9.9　关于错层结构的新强制性条文

### 9.9.1　错层结构、错层构件的界定

《高层建筑混凝土结构技术规程》（JGJ 3—2010）第10.4.1条条文说明："相邻楼盖结构高差超过梁高范围的，宜按错层结构考虑。结构中仅局部存在错层构件的不属于错层结构，但这些错层构件宜参考本节的规定进行设计"。

### 9.9.2　现行技术规范对"错层处的剪力墙"的规定

《高层建筑混凝土结构技术规程》（JGJ 3—2010）第10.4.6条规定："错层处平面外受力的剪力墙的截面厚度，非抗震设计时不应小于200mm，抗震设计时不应小于250mm，并均应设置与之垂直的墙肢或扶壁柱；抗震设计时，其抗震等级应提高一级采用。错层处剪力墙的混凝土强度等级不应低于C30，水平和竖向分布钢筋的配筋率，非抗震设计时不应小于0.3％，抗震设计时不应小于0.5％"。

### 9.9.3 《混凝土结构通用规范》(GB 55008—2021)关于"错层处的剪力墙"的规定

《混凝土结构通用规范》（GB 55008—2021）第4.4.13条第2款："错层处平面外受力的剪力墙的承载力应适当提高，剪力墙截面厚度不应小于250mm，混凝土强度等级不应低于C30，水平和竖向分布钢筋的配筋率不应小于0.50%"。

### 9.9.4 对《混凝土结构通用规范》(GB 55008—2021)第4.4.13条的思辨

在《混凝土结构通用规范》（GB 55008—2021）中，大多数混凝土构件的抗震构造措施要求基本沿用了现行技术规范、基本不变，如梁柱最小配筋率、箍筋加密等读者熟悉的细部构造要求；少数发生变化的包括：《混凝土结构通用规范》（GB 55008—2021）将抗震等级四级柱箍筋直径由6mm调整为8mm。

现行技术规范中，仅《高层建筑混凝土结构技术规程》（JGJ 3—2010）有明确提出错层处剪力墙和框架柱加强措施。《混凝土结构通用规范》（GB 55008—2021）不区分多层建筑和高层建筑，均强制要求对错层处剪力墙和框架柱采取加强措施。

《混凝土结构通用规范》（GB 55008—2021）"错层处的剪力墙"的构件抗震构造要求与现行《高层建筑混凝土结构技术规程》（JGJ 3—2010）基本相同，但上升为强制性条文，必须严格执行。

笔者理解其底层逻辑如下：①按参考文献［6］、［7］，面外受力的剪力墙类似于扁柱；②在《高层建筑混凝土结构技术规程》（JGJ 3—2010）第10.4.4条中"错层处框架柱"的构件抗震构造要求原已是强制性条文，现《混凝土结构通用规范》（GB 55008—2021）第4.4.13条第1款继续沿用；③"错层处的剪力墙"作为一种特殊的"错层处框架柱"，把其抗震构造要求列为强制性条文，貌似也是顺理成章的。

由于地震作用和风荷载的方向是随机的，"错层处的剪力墙"必然存在平面外受力的情况，需注意其墙身分布筋配筋率0.5%的强制性条文要求。

对带地下室的塔楼，需特别注意塔楼首层室内外高差是否会导致错层或局部错层；必要时需提前与工程所在地施工图审查机构沟通核实，以免出现不必要的设计返工或被判违反强制性条文。

## 9.10 地下室混凝土抗渗等级是否要不低于 P8

### 9.10.1 《建筑与市政工程防水通用规范》(GB 55030—2022)的规定

《建筑与市政工程防水通用规范》（GB 55030—022）第4.2.3条规定："明挖法地下工程

防水混凝土的最低抗渗等级应符合规定（具体最低要求见表 9-8）"。

**表 9-8**                 **明挖法地下工程防水混凝土最低抗渗等级**

| 防水等级 | 市政工程现浇混凝土结构 | 建筑工程现浇混凝土结构 | 装配式衬砌 |
|---|---|---|---|
| 一级 | P8 | P8 | P10 |
| 二级 | P6 | P8 | P10 |
| 三级 | P6 | P6 | P8 |

有网友反馈，其负责的项目地下水土腐蚀等级仅为"微腐蚀"，但仍被审图师判定违反《建筑与市政工程防水通用规范》（GB 55030—2022）第 4.2.3 条的强制性条文。因为该项目的结构设计总说明、地下室结构图的说明没有因应《建筑与市政工程防水通用规范》（GB 55030—2022）的颁布实施而相应更新，还是写"地下室混凝土抗渗等级为 P6"。

### 9.10.2　对《建筑与市政工程防水通用规范》(GB 55030—2022)第 4.2.3 条的思辨

工业与民用建筑的地下室一般都是先做基坑支护，再从地面向下开挖土方，是典型的明挖法施工的地下建筑工程现浇混凝土结构。对照表 9-8，对于防水等级三级的地下建筑工程现浇混凝土结构，混凝土抗渗等级是可以用 P6 的。

不妨再看下《建筑与市政工程防水通用规范》（GB 55030—2022）对防水等级的界定：

（1）《建筑与市政工程防水通用规范》（GB 55030—2022）第 2.0.6 条规定："工程防水等级应依据工程类别和工程防水使用环境类别分为一级、二级、三级。暗挖法地下工程防水等级应根据工程类别、工程地质条件和施工条件等因素确定，其他工程防水等级不应低于下列规定：①一级防水：Ⅰ类、Ⅱ类防水使用环境下的甲类工程；Ⅰ类防水使用环境下的乙类工程。②二级防水：Ⅲ类防水使用环境下的甲类工程；Ⅱ类防水使用环境下的乙类工程；Ⅰ类防水使用环境下的丙类工程。③三级防水：Ⅲ类防水使用环境下的乙类工程；Ⅱ类、Ⅲ类防水使用环境下的丙类工程"。

（2）再对照《建筑与市政工程防水通用规范》（GB 55030—2022）第 2.0.3 条、第 2.04 条关于"防水使用环境"和"工程防水类别"（即"甲类""乙类"还是"丙类"）的界定，很快可以得出结论：不用研究了，基本都是一级防水，除非是露天水池之类的、渗漏对使用和外观影响很小的次要部位。

所以，按照《建筑与市政工程防水通用规范》（GB 55030—2022）第 4.2.3 条，工业与民用建筑地下室的混凝土最低抗渗等级确实为 P8。

### 9.10.3　个人体会及建议

每有新的规范落地，要做好适当提高设计要求的心理预期。对于设计人来说，需及时按

《建筑与市政工程防水通用规范》（GB 55030—2022）第4.2.3条的要求，更新结构设计总说明、地下室结构图的说明要求，地下室混凝土抗渗等级要从P8起步。

据笔者了解，广州地区2023年初的时候抗渗等级P6与P8的混凝土（强度相同）基本同价，P10与P12基本同价。在图纸中地下室混凝土抗渗等级从P6改为P8，对成本影响不大。此外，在2023年年初，广州地区有抗渗等级要求与无抗渗等级要求的混凝土（强度相同）单价大概相差30多元（大概5%），对成本还是有一定的影响。所以，设计图纸还是要区分有抗渗要求和无抗渗要求的部位，对无抗渗需要的部位不应标注混凝土抗渗等级设计要求。

## 9.11　水池结构的防水混凝土要求

### 9.11.1　《建筑与市政工程防水通用规范》(GB 55030—2022)的规定

《建筑与市政工程防水通用规范》（GB 55030—2022）第4.8.1条第1款规定："处于非侵蚀性介质环境的混凝土结构蓄水类工程，防水混凝土的强度等级不应低于C25，防水混凝土的设计抗渗等级、最小厚度、允许裂缝宽度、最小钢筋保护层厚度应符合规定（具体要求见表9-9）。当蓄水类工程为地下结构时，其顶板厚度不应小于250mm"。

表 9-9　　　　　　　　　　混凝土结构蓄水类工程防水混凝土要求

| 防水等级 | 设计抗渗等级 | 顶板最小厚度（mm） | 底板及侧墙最小厚度（mm） | 最大允许裂缝宽度（mm） | 最小钢筋保护层厚度（mm） |
|---|---|---|---|---|---|
| 一级 | ≥P8 | 250 | 300 | 0.20 | 35 |
| 二级、三级 | ≥P6 | 200 | 250 | 0.20 | 30 |

### 9.11.2　关于水池顶板最小厚度的灰色地带

《建筑与市政工程防水通用规范》（GB 55030—2022）第4.8.1条第1款，从水池的防水混凝土的强度等级抗渗等级、顶板底板和侧壁最小厚度、允许裂缝宽度、最小钢筋保护层厚度等都做了非常具体而清晰的规定（具体要求见表9-9），比起之前常规做法有所提高。

《建筑与市政工程防水通用规范》（GB 55030—2022）第4.8.1条第1款正文确实写得滴水不漏，可是对应的条文说明却指出：当水池结构顶板承受水压时，顶板厚度应执行表9-9中的规定。这留下很大的灰色地带，可以被解读为"当水池结构顶板不承受水压时，顶板厚度可不执行表9-9中的规定"。

水池接近顶部一般会设置泄水口，顶板一般确实不会承受水压的。当水池顶板厚度经受力验算，确认不需要达到表 9-9 所要求的最小厚度时，读者可尝试拿这个条文说明跟审图师沟通。

### 9.11.3　讨论及建议

对照表 9-9，对于防水等级二级、三级的水池，混凝土抗渗等级可以用 P6、顶板底板和侧壁厚度薄一点。但按照《建筑与市政工程防水通用规范》（GB 55030—2022）第 2.0.3 条、第 2.04 条、第 2.0.6 条，很快可以得出结论：不用研究了，绝大多数情况下水池的防水等级都是一级，除非是露天水池之类的、渗漏对使用和外观影响很小的次要部位。所以实际工作中对于水池的防水等级还是从严为宜。

工业与民用建筑通常有消防水池、生活水池等。水池虽小，却不容疏忽大意，其结构施工图及计算书需全面响应《建筑与市政工程防水通用规范》（GB 55030—2022）第 4.8.1 条第 1 款的强制性要求，包括构件厚度、验算裂缝宽度、标注钢筋保护层厚度等。

## 参 考 文 献

[1]　以思. 特征周期插入法（一）——放坡法［R/OL］."注册结构工程师微课堂"微信公众号，（2019-11-26）［2024-5-20］https://mp. weixin. qq. com/s/Seilao-8CvPRTJXDvSEszQ

[2]　GB/T 50011—2010 建筑抗震设计标准（2024 年版）［S］. 北京：中国建筑工业出版社，2024.

[3]　罗开海，李孟青，等. 场地设计特征周期的插值方法［J］. 工程抗震与加固改造，2023，44(2)：65-70.

[4]　GB/T 51408—2021 建筑隔震设计标准［S］. 北京：中国建筑工业出版社，2021.

[5]　罗赤宇，林景华. 如何对粤港澳地区的超高层建筑进行抗风设计［R/OL］."建筑结构"微信公众号，（2019-12-19）［2024-5-25］https://mp. weixin. qq. com/s/bjvr_4pW2PlMsnv4DKOiNw

[6]　魏琏，王森，曾庆立. 一向少墙高层剪力墙结构抗震设计计算方法［J］. 建筑结构，2020，50(7)：1-8.

[7]　关于印发《一向少墙剪力墙结构抗震设计技术指引》《高层建筑平面凹凸不规则弱连接楼盖抗震设计方法技术指引》技术性指导文件的通知［EB/OL］. 深圳市住房和建设局官方网站，（2019-5-28）［2024-5-26］http://zjj. sz. gov. cn/gcjs/tzgg/content/post_8264280. html

# 第 10 章　工程质量安全事故的经验教训

工程实践成功的谓之"经验"，失败者乃"教训"是也。本章收录三起质量安全事故的资料，供读者参考借鉴。这三起质量安全事故虽距今已近 20～30 年，但时至今日仍有很大警示意义。

## 10.1　对某新建 18 层住宅楼桩基整体失稳、被爆破拆除的感悟

### 10.1.1　工程概况

某在建的 18 层钢筋混凝土剪力墙结构住宅楼，建设面积 1.46 万 $m^2$，总高度 56.6m。1995 年 1 月开始进行桩基施工，4 月初开挖基坑土方，9 月中旬主体工程封顶，11 月底完成室外装饰和室内部分装饰及地面工程。

1995 年 12 月 3 日凌晨，发现该楼向东北方向倾斜，顶端水平位移 470mm。为了控制该工程因不均匀沉降而继续倾斜，在倾斜一侧迅速采取了减载与对应侧加载、注浆、高压粉喷、增加锚杆静压桩等抢救措施，倾斜曾一度得到控制。但自 12 月 21 日起，该楼又突然转向西北方向倾斜。当地组织专家进行论证并开始进行纠偏，但倾斜速度加快，使纠偏无济于事。

1995 年 12 月 25 日，顶端水平位移为 2884mm，整座楼重心偏移了 1442mm。为彻底根除工程质量隐患，决定将楼地面以上部分的 5～18 层进行控爆炸毁。

### 10.1.2　文献资料记载的项目信息

1. 事故原因简述

该工程控爆后，隐患是彻底消除了，相邻建筑的安全也保证了，但一栋 18 层的高楼却成了一堆废墟。这是一起罕见的工程质量事故，在控爆该楼后，当地即组织有关专家对这起事故进行调查和分析，结论是："引起该楼严重倾斜是群桩整体失稳"，而造成群桩失稳与一些设计、施工措施不当或错误有关。

2. 地基基础设计、施工、检测等方面的情况[1~6]

报道这个案例的文献资料相当丰富，参考文献［1］比较详细地记载了爆破拆除的设计

施工的情况以及该文作者的思考。参考文献［2］～［6］从不同的层面记录这个工程的细节，从不同的角度剖析该事故当中设计、施工措施的不当或错误。

（1）场地地质情况及基础选型。该楼的地基勘察报告提出：最上层是人工回填杂土（厚1.5～6m），往下依次是高压缩性淤泥（厚8.8～15m）、淤泥质黏土（厚1.2～3.4m）、稍密-中密细砂（厚5～9.6m）、中密粉细砂（厚12.4～18m）、砂卵石（厚1.3～3.2m）、基岩。勘察报告按土质情况提出以下建议：对建筑物多层（7层）部分，建议采用复合沉管灌注桩或夯扩桩，可选择层面埋深13.4～19m的稍密-中密粉细砂作为桩尖持力层，该层层面在局部地段有较大起伏，设计与施工应予注意。对18层高层部分（即涉事部分），因建筑物荷载较大，若上述桩型不能满足设计要求时，建议选用大口径钻孔灌注桩，桩尖持力层可选用层面埋深40.0～42.6m、强度较好的砂卵石层作为桩尖的持力层。

工程地质勘察报告特别提醒，在设计该工程基础时应引起注意的事项，但在该工程的基础设计中却没有认真对待。由于地基土质的复杂，最后选用336根夯扩桩的方案是不当的，夯扩型桩端在砂层中可自由转动，基坑处理不当、基坑内淤泥层移动，致使大量工程桩倾斜。加上施工拔管时，桩周的淤泥、粉细砂和超静水压力极易引起混凝土桩的缩颈甚至断桩，从后来的验桩也证明了约有1/5桩（63根中的13根）有严重缺陷。如果选用大直径钻孔灌注桩或预制桩（施工环境允许时）等合理方案，就不会发生这种严重后果。

（2）基坑开挖设计施工情况。在地质勘察报告中曾强调指出："基坑开挖时，应采取坑壁支护及封底补强施工"。1995年2月，在进行基坑开挖时，针对坑壁土层的剪切试验指标值可否提高，勘察单位再次进行了补充勘察。补勘报告中指出："高压缩性淤泥层含水量最高达78.1%（平均值58.0%），天然容重仅15.1kN/m³（平均值16.8kN/m³），孔隙比最高为2.30（平均1.63），压缩模量最小值1.2MPa（平均值2.0MPa）。"由此可以看出，该淤泥层的性质甚差，施工时应将坑壁进行封闭支护。但实际仅在基坑南侧和东南侧段打了5排粉喷桩，在西侧段打了2排粉喷桩，其余侧段坑边均采取放坡处理。

由于基坑坑壁未封闭，加上盲目追求项目进度、基坑开挖一次到底，致使基坑内淤泥层移动，对工程桩桩体产生水平推力，使许多桩头倾斜，严重影响桩体稳定，产生了严重后果。

（3）桩基检测情况。在336根工程桩施工完成后，即对所完成的桩进行动测检验，检验结果中有不少桩是有严重质量问题。有172根桩是歪桩，其倾斜度超出规范规定的允许偏差值，而其中最大偏位竟达1700mm；从336根桩中抽检了63根桩进行完整性检验，有13根桩的桩体存在严重缺陷，质量为Ⅲ类桩。

前述桩基选型及基坑开挖不当，是导致出现如此大比例的歪桩和严重缺陷桩的重要原因。

（4）对斜桩和有严重缺陷桩体的处理。施工单位在发现所施工的夯扩桩中存有严重质量问题时，即向设计单位提出对该工程的桩基进行加固补强，提出了增加160根锚杆静压桩。

建设单位在收到加固补强方案后，怕耽误工期，即邀请有关工程技术人员进行咨询，希望能提出一个少延误或不延误工期的加固补强方案。咨询结果提出了以下方案：①沿底板四周预留 40 个 350mm×350mm 洞口，以备一旦出现不均匀沉降时采取加固补强的措施；②在 ±0.000 标高以上施工中，采用信息法施工，每层做沉降观测；③减轻上部主体结构荷载。

上述方案提出后，建设单位、设计人员认可了咨询方案，而忽略了施工单位提出的加固补强方案，尽管实施了咨询方案的一些措施，但未能根本解决桩体倾斜而使单桩承载力降低的问题。未能及时对斜桩和有严重缺陷桩体进行加固，从而失去了早期治理和补救的时机。

（5）桩基施工中提高桩顶标高的情况。该工程原设计桩顶标高为 −5.50m。当 336 根夯扩桩已施工完 190 根时，设计人员竟然同意建设单位将地下室底板标高提升 2m，使该工程埋置深度由 −5m 变为 −3m。按规范规定桩基础最小埋置深度不应小于建筑物高度的 1/15。埋置深度改为 3m，仅是建筑物高度的 1/18.9，削弱了建筑物的整体稳定性。

与此同时，由于地下室底板标高往上提高 2m，使已完成的 190 根桩均要接长 2m，灌注桩的接桩处是桩体的最薄弱处，通常个别桩体接桩是有的，但如此大量的桩要在同一水平高度接桩，具有较大的危险性，特别是已完成的 190 根桩体中已发现有不少桩是倾斜的，如垂直地面接桩，就使接桩后在桩体形成折线形。如此桩体不仅会产生附加内力，严重降低单桩承载力，而且在水平推动力作用下往往使接桩的部位首先发生破坏。

将地下室底板标高往上提高 2m，应该说是一个错误之举，增加了基础的隐患。

3. 经验教训

参考文献［2］及参考文献［3］P64-P68 对该事故进行了分析，认为原因有 7 方面：①基础方案选择不当；②施工时错误地提高了桩顶标高；③没有采取有效的基坑支护措施是造成基础群桩倾斜的重要原因；④基坑开挖一次到底严重违章作业；⑤未能及时对斜桩和有严重缺陷桩进行加固；⑥相邻基坑打桩施工影响；⑦忽视信息化施工，出现问题没有及时采取措施。

参考文献［4］总结出 4 点经验教训：①要重视勘察工作，尊重勘察成果；②设计施工中应按照科学的态度，严格遵循规范、标准；③加强施工管理是确保工程质量和工程顺利进行的重要保证；④重视与加强工程质量检测和工程验收工作。

参考文献［5］P1086 对该事故原因总结为：①桩基选型，远非优化，夯扩型桩端在砂层中可自由转动；②基坑支护不力，甚至大部分坑侧无支护；③施工速度超常规（从打桩到发生倾斜事故仅 11 个月）；④基坑开挖无序，边打桩边开挖，边开挖边产生桩倾斜；⑤应急处理不当，歪桩正接，受力恶化；⑥无奈决策将坑改浅，埋深改薄，更趋不稳；⑦检测监测不力，无水平位移资料；⑧邻楼打桩，增加不利因素（侧挤位移、振动、扰动土）；⑨抢救无序，病急乱投医，注浆扰动；⑩运行机制不健全，内部无约束。

### 10.1.3　几点感悟

土力学的奠基人太沙基曾说："一个记录完善的工程实录等价于十个有创造性的理论"。失败的案例往往比成功的案例更加有借鉴性，因为在其中往往能总结出值得吸取的教训。

该案例留下了丰富的文献资料。其中据参考文献［1］报道，为了防止爆破人员正在作业时该楼突然发生倾侧倒塌，对其进行倾斜实测。图 10-1 为该楼爆破前四天的偏移进展情况：该楼在爆破前四天已偏移 1.3m，大规律基本是匀速倾斜；由于前期试图为挽救该楼而做了一些补强，所以还能撑了几天直到被爆破拆除。图 10-1 是极为罕见而珍贵的工程资料，从中可见桩基整体失稳是一个逐步发展的过程。正是这样非常有价值的案例，有助于广大结构工程师从中理解一栋高层建筑在最后阶段是怎样倒下来的。

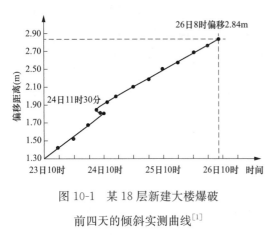

图 10-1　某 18 层新建大楼爆破
前四天的倾斜实测曲线[1]

参考文献［1］～［6］几乎都认为该案例是当时国内工程建筑史上罕见的重大质量事故。2009 年在上海又发生了与之类似的莲花河畔景苑 7 号楼整体倾覆事件，由于上海倒楼事件所见报道都只涉及倒楼后的情况，该楼整体倾覆之前的情况完全不为外人所知，这对正确分析其倾覆原因、吸取经验教训、避免重蹈覆辙不利。由此引发部分业界同行不认同上海倒楼事件专家组关于"土体压力差"的调查结论：①有同行认为如果是"土体压力差"造成的，应该是背向基坑的管桩更先破坏、破坏得更严重，那 7 号楼上部结构应该往背向基坑的方向倒下才合理；而从网络上流传的事故现场图片反映，7 号楼是往基坑的方向倒下的。②参考文献［7］分析后认为，受旁边基坑开挖影响，上海莲花河畔景苑 7 号楼发生了偏向基坑的不均匀沉降，造成高层建筑上部结构重心偏向基坑，又进一步增加偏向基坑方向的不均匀沉降，重力二阶效应、恶性循环最终导致了桩基整体失稳。上海倒楼事件由于信息不全，也许今后也很难能看到关于其完整而且符合情理的经验教训总结。

这些年来断桥、倒楼、塌基坑等社会影响较大的工程事故时有所闻。工程师们期盼能有工程事故总结方面的资料、书籍，作为反面教材，通过总结可以提高水平，减少再犯错误的概率，使后人避免重走弯路。《岩土工程 50 讲——岩坛漫话（第二版）》[8] 收录了 11 个工程事故案例，有国外的也有国内的，其中包括了杭州地铁和上海地铁等事故案例，写这样书籍需要丰富的相关资料，更需要非凡的勇气。可惜这样的书籍实在是太少。

同济大学的高大钊教授曾指出："①当事人具有最合适的条件来总结，但除了承担责任、检讨错误之外，可能很少有人作技术上的深刻分析与思考。因为当事人最不愿意再去想这些令人心碎的事，这也可以理解；②旁观者应当是比较客观和冷静的，具有分析的客观基础。但他们对事故的全过程不了解，不熟悉，也缺乏数据和资料，要做深入的分析有相当的难度；③如果主管部门能从大局出发，从全社会的公共利益出发，从技术发展的需要出发，组织这类事故的技术总结是最合适和最有效果的"[9]。令人遗憾的是，主管部门主导的故事调查报告往往仅偏重于对事故责任的认定、局限于具体项目层面的表面技术原因分析，缺乏对各类工程事故中共性技术问题的深度分析及对其中深层次经验教训的系统总结。

最近几年间发生的一些社会影响较大工程事故呈现出与以往不同的特点，涉及自建房（如 2022 年长沙自建房坍塌）、钢结构（如 2020 年泉州欣佳酒店倒塌、2021 年金华"湖畔里"局部钢结构屋面坍塌）、大跨度场馆（如 2023 年齐齐哈尔市第三十四中体育馆屋顶坍塌）及不规范装修作业（如 2023 年哈尔滨私拆承重墙事件）等。前事不忘，后事之师，如高大钊教授所呼吁"需要有社会的呼吁和政府的响应，也要有热心的技术群体来担当这些任务"[9]。今后还有赖热心的业界人士深入、系统地分析各类工程事故中共性的技术问题，提炼、总结出其中深层次的经验教训，供广大工程师借鉴、共同提高专业水平。

## 10.2　某在建厂房坍塌事故的经验教训

### 10.2.1　事故的概况

2005 年 4 月 9 日下午 4 时 20 分左右，某在建厂房部分砖砌填充墙突然发生倒塌事故，倒塌墙体面积约 1500m²，造成 5 名民工死亡，22 人受伤。建设单位是港商投资的企业，主要生产汽车充填塑料产品。为了扩大生产规模，这家企业于 2004 年底向有关部门申请办理了扩建厂房手续，并于 2005 年 1 月与施工单位签订建设工程施工合同。总投资约 500 万元，工程开工日期是 2005 年 1 月 15 日，合同约定竣工日期是 2005 年 5 月 20 日，合同工期总日历天数 125 天。事发时工程共完成总工程量的 60% 左右。

对这类事故，普遍的态度是"家丑不可外传"，故笔者未能得到图纸等具体技术资料，只获悉其结构类型为单层门式刚架，项目总建筑约 2600m²，180mm 厚砖砌体填充墙高约 10m。

### 10.2.2　事故的现场情况

事发后 2 天（即 2005 年 4 月 11 日）上午，当地建设局组织了业界同行实地参观了事故现场，并作简要情况通报。图 10-2～图 10-6 是当年参观事故现场的部分图片。

(a) 当时正在浇捣砖墙顶部圈梁，构造柱还没拆模

(b) 厂房其中一侧倒塌的墙体和散落一地的脚手架

图 10-2　事故现场照片（一）

(a) 墙体倒塌后一片狼藉

(b) 满地散落的圈梁、构造柱

图 10-3　事故现场照片（二）

(a) 折断掉落的构造柱

(b) 被连根拔起的构造柱

图 10-4　事故现场照片（三）

### 10.2.3　事故的主要原因

据当地建设局在参观现场的情况通报，经初步调查分析此次事故的主要原因是：①施工单位没有按照正常施工顺序进行施工。按照设计图纸，厂房的主体结构是个单层门式刚架钢结构，砖墙只是围护结构；②如果先施工安装钢柱后砌砖，墙体与钢柱有效连接后形成了可

靠的支撑，墙体稳定性有保证就不会倒塌的；③如果先砌墙，采用了另外的专门支撑系统，也无问题；④该工程实际施工却是既没有先安装钢柱，也没有另外加墙体支撑系统，直接砌起了一面长达 140m、高 10.8m 的砌体墙，而墙体（包括构造柱和圈梁）厚度仅 180mm，墙体自身稳定性明显不满足要求（见图 10-5）。

(a) 既没有先安装钢柱，也没有另加墙体支撑系统　　　　(b) 既没有先安装钢柱，也没有另加墙体支撑系统

图 10-5　事故现场照片（四）

另外，事故其他原因还包括：①工程监理单位的监理工作不到位，没有在现场严格把控好施工顺序，也没有及时制止违反程序的施工；②事发当天上午，在涉事厂房旁边曾进行了打桩〔见图 10-6(a)〕，涉事厂房的墙体可能受到了打桩振动的影响；③事发时正在进行墙体顶部圈梁混凝土浇筑，泵送和振实圈梁混凝土而产生振动和冲击，最终导致长 140m、高 10.8m 的砌体填充墙发生大面积倒塌，酿成 5 人死亡、22 人受伤的惨剧。

(a) 倒塌墙体不远处的打桩机　　　　　　　　(b) 折断后堆放一边的圈梁、构造柱

图 10-6　事故现场照片（五）

### 10.2.4　对涉事相关单位和责任人的处罚

这起事故是当地自新中国成立以来伤亡人数最多的一次建筑工程安全事故，在社会上引起强烈反响，引起各级领导的高度重视。事故发生后，这次事故的 4 名责任人因涉嫌犯重大责任事故罪，被依法逮捕。他们分别是承包该工程的具体负责人黎某，施工单位负责该厂房建设工程施工质量、安全管理的施工员林某，与黎某签订挂靠协议使其承包了该工程的施工单位总经理助理张某，监理单位的监理员练某。

此外还对其他相关单位和责任人进行了处罚：①建设单位、施工单位、监理单位和设计单位及有关责任人员均被处以罚款；②建议注册管理部门注销施工单位项目经理的执业资格证书，5 年内不予注册；施工员的施工员证书被收缴；③建议注册管理部门注销总监理工程师的监理工程师注册资格；④建议注册管理部门注销本工程注册结构工程师的执业资格证书、5 年内不予注册；责成设计单位开除本工程的具体结构设计人员。

### 10.2.5　结构设计人员应该吸取的教训

该次事故明明是施工和监理单位的责任，为什么设计单位、注册结构工程师和具体设计人员也被处罚？处罚的理由是：工程已开展多时，设计人也多次到现场参加验收，在事发前几天还到过现场并在验收记录上签名，却对工地上明显违反设计意图、存在安全隐患的施工操作熟视无睹！

结构设计人员一般对主体结构重视有加，却容易忽视砌体填充墙等非结构构件的安全性、稳定性，这个事故案例值得借鉴和警醒。对于类似项目，一定要详细核查建筑和结构图纸关于填充墙的稳定构造措施（构造柱与圈梁的设置），重视高大砌体填充墙的稳定性验算，结构设计图纸必须有详细的钢柱与填充墙的连接大样，并注明"必须先安装好钢柱后方可砌筑填充墙"。

这是一个发生于 2005 年的事故案例。现在如果遇到类似情况的设计项目，则需要把高大砌体填充墙列为危险性较大的分部分项工程（简称危大工程），在设计图危大工程设计专篇中提示施工、监理方按危大工程管理流程制定专项施工方案。关于危大工程设计专篇的编制指引详见本书第 11 章。

## 10.3　补偿收缩混凝土的失败案例

### 10.3.1　工程概况

某创意产业园由 3 栋 8 层混凝土框架结构的办公楼组成，依山势而建（见图 10-7）。3 栋楼均设置1层地下室。2007年底该产业园1号楼已结构封顶，2号楼已开挖完基坑，3号楼尚未动工。期间建设单位邀请笔者对该产业园1号楼地下室漏水问题进行咨询。

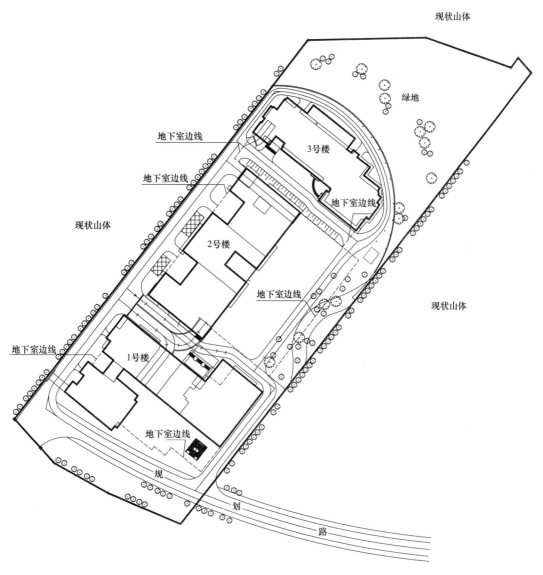

图10-7 某产业园项目总平面图

## 10.3.2 1号楼地下室漏水情况及原因分析

1. 踏勘现场

由建设单位人员陪同，进入了1号楼地下室，全面查看了渗漏的情况。当时该地下室的地面已用砂浆找平。据介绍，找平层为200mm厚耐磨砂浆，以满足停车库车辆行走的要求。

渗漏的点比较多，其中最严重的2个点找平层砂浆已拱起约100mm，肉眼可明显分辨；另有1个点，上面的找平层砂浆已被凿去，形成1个500mm×500mm的小水坑，里面的水冰凉清澈。据现场人员介绍，把这个坑的水抽干后 2～3h 就又渗满了，可见地下水量不算小。

2. 地下室结构设计情况

1 号楼设置 1 层地下室，地下室底板结构面标高为 $-6.500$m，建筑完成面为 $-6.300$m，板厚 600mm。采用天然基础，地基基础设计等级为乙级，持力层为强风化花岗岩，$f_{ak} = 600$kPa，柱下独立基础及地下室底板的混凝土用 C30。主楼采用柱下独立基础＋防水板，纯地下室采用防水板＋抗拔锚杆。抗拔锚杆为非预应力锚杆，锚孔成孔直径为 150mm，锚筋为 4 根直径 25mm 的 HRB400 钢筋，锚入强风化岩层（$f_{rk} = 2$MPa）8.0m 和 6.0m，间隔布置，锚固体水泥砂浆为 M30，锚孔注浆压力为 1.0MPa，采用二次压浆，抗拔力特征值为 400kN，共 182 条。1 号楼基础布置见图 10-8。

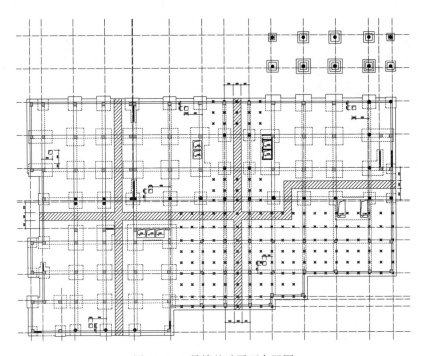

图 10-8　1 号楼基础平面布置图

地下室的平面尺寸为 75.2m×94.5m，属于超长结构。地下室底板、顶板和侧壁采用补偿收缩混凝土，作为应对混凝土收缩开裂的技术措施。图纸中的补偿收缩混凝土设计要求摘录如下："楼板采用补偿收缩混凝土，添加 CMA 系列膨胀剂，水中养护 14d 的混凝土限制膨胀率大于 0.025％，在空气中 28d 干缩率小于 0.03％；楼板普通部位采用内掺 8％CMA，加强带处内掺 12％CMA 膨胀剂。按图示位置设置 2m 宽的膨胀加强带，加强带两侧挂上密孔钢丝网（10mm×10mm），阻止混凝土通过，楼板采用连续施工，不设后浇带，施工过程应特别注意按有关规范规程要求严格执行，并加强养护。（注：本说明要求比《混凝土添加剂规范》规范表 8.3.1 要求高，表 8.3.1 是基本要求，设计及施工时通常要根据工程需要作适当提高，可参考条文说明内容 8.3.1 条）。地下室顶板加强带留置位置参考底板；地下室侧壁加强带每隔 20~25m 设置一条，宽 2m，要求同底板。"

3. 现场查询施工的情况

从设计资料来看问题不大，所以继续从外部天气和施工等环节调查原因，查看现场的施工及监理日记等资料，并向施工管理人员查询相关情况。

建设单位人员比较担心可能是由于塔楼与纯地下室之间的沉降差过大而导致地下室底板开裂渗水。经踏勘现场，没有发现地下室顶板在对应部位有明显的开裂和漏水现象；再查阅沉降观测资料，沉降量不大，均在 10mm 以内。可以判断，不是沉降差过大引起地下室底板开裂漏水。

据施工管理人员介绍，渗漏现象是在砂浆找平层完成后 1~2 个月内陆续出现，而且越发严重；在施工砂浆找平层前曾做基层检查验收，当时已发现在 5~7 轴、10~11 轴和 $E$~$F$ 轴处各有 2 条平行的、通长的水印，但尚无明显渗水。对照图 10-8 可知，这些部位正是膨胀加强带的位置，而且现场发现的 2 个找平层明显拱起的点，正是纵向和横向膨胀加强带的交叉点。这引起了笔者极大的关注，因此进一步查询补偿收缩混凝土的施工情况。

施工管理人员反映，实际施工其实没有按设计要求连续浇筑补偿收缩混凝土，而是采用类似后浇带的做法：先浇筑膨胀加强带以外的补偿收缩混凝土，隔数天后再浇筑膨胀加强带，没有在两者之间的施工缝加止水钢板。至此，漏水原因已昭然若揭。

4. 原因分析

膨胀剂发生膨胀作用主要在 1~7d，通过其膨胀作用对楼盖平面内施加一定的预压应力，用以补偿混凝土早期干缩和中期水化热引起温差收缩，避免开裂的概率。膨胀加强带通常设置在收缩应力最大的部位，相应该处应添加更多的膨胀剂。

混凝土的膨胀只有在限制条件下才能产生预压应力。该工程没有连续浇筑混凝土。先浇筑的大面积楼盖混凝土，由于缺少了相邻单元的约束而在一定程度上可以自由膨胀，预压应力的效果大打折扣，而且留下了施工缝；后浇膨胀加强带时，又麻痹大意、马虎处理，没有按后浇带的做法设置止水钢板，终于留下了渗漏的后患。

从深层次分析，该工程是建设单位自己开发、自己施工，连监理人员也是建设单位工程部的员工，其意图十分明显：只挂靠施工和监理单位，用自己的人，既节省费用又可避免外人对工程开展的制约。然而，凡事有利必有弊，工程开展过程中一旦出现失误，这种组织架构就缺乏了独立的第三方来发现问题，失去了纠错的机会，结果自然是捡了芝麻、丢了西瓜，为补偿收缩混凝土而多花 30 多万元不说，还得再花钱进行补漏处理。

5. 进一步检查和处理

鉴于以上分析，最后决定凿开膨胀加强带上面的砂浆找平层，全面清查渗漏的部位，然后聘请专业补漏单位进行灌浆处理。

### 10.3.3  2号楼补偿收缩混凝土的取消

2号楼地下室的规模与技术措施与1号楼基本相同。1号楼捅了这样的大娄子后，建设单位对即将施工的2号楼地下室补偿收缩混凝土重视了许多，向笔者提供了他们备选的2种膨胀剂，希望笔者提出参考意见：一种是WG-CMA型复合膨胀剂，综合性能较好，2007年当时的价格为1600元/t；另一种是SY-G型传统的硫铝酸钙类膨胀剂，许多工程的实践证明这类膨胀剂在合理使用的情况下也可达到防渗抗裂的效果，2007年当时的价格为1300元/t。

在查阅设计图纸、产品说明书等资料后，笔者的建议为：①应以限制膨胀率为控制目标，设计图纸和产品说明书的膨胀剂掺入量仅可作为参考，必须按工地实际使用的水泥等原材料进行试配，在满足混凝土坍落度、强度、抗渗等级和设计要求的限制膨胀率的前提下，确定实际的掺入量。②施工阶段的监控是膨胀剂能否发挥作用的关键，甚至比膨胀剂的具体类型更重要。膨胀剂应符合《混凝土膨胀剂》（JC 476—2001）才能入库使用；补偿收缩混凝土应充分养护，不少于14d，具体施工要求按《混凝土外加剂应用技术规范》（GB 50119—2003）第8.5节。

建设单位最后决定采用单价较低的SY-G型膨胀剂进行试配，结果在发现完全没有膨胀效果后，决定取消2号楼地下室的补偿收缩混凝土，改用设置后浇带来处理地下室超长的问题。

### 10.3.4  几点感悟

1. 对补偿收缩混凝土，设计要求应该是膨胀剂掺入量还是限制膨胀率

该工程2号楼地下室的案例充分说明了设计要求，应该是后者。关于补偿收缩混凝土的设计要求，可以参考以下表述：

"补偿收缩混凝土施工技术要求：加强带的位置设在后浇带处，施工时先浇带外小膨胀混凝土（参照产品说明书暂定掺入量为8%），浇到加强带时，改用大膨胀混凝土（参照产品说明书暂定掺入量为12%）。该处混凝土强度等级比两侧混凝土高一级，如此连续浇筑下去，实现无缝施工，微膨胀混凝土限制膨胀率：①水中14d应≥0.02%（后浇带膨胀带≥0.03%）、②水中14d转空气中28d≥−0.03%（后浇带≥−0.02%、膨胀带−0.015%）。图纸标注的掺入量仅为便于工程计量的暂定值，膨胀剂品种和具体掺量应根据限制膨胀率经试配试验确定"。

2. 1号楼地下室用了补偿收缩混凝土却严重漏水，应该吸取什么教训

（1）任何先进的技术都要配合正确的施工方法，才能获得成功。

（2）工程建设中，有关各方之间有效的交流沟通是十分重要的。

（3）开挖时基坑没有水，并不等于没有抗浮、抗渗问题。笔者作为专家组成员参加了该工程2号楼基坑支护评审，此前曾踏勘过2号楼的基坑开挖现场。从当时情况来看，2号楼基坑基本没有什么地下水，可相隔不远的1号楼地下室在2～3个月后就发现严重漏水问题。这说明地下水实际压力不小，工程活动会改变地下水的储存、渗流状况。

在花岗岩地基中开挖基坑，恰似形成了一个不漏水的容器，不断积聚地表和周边渗透过来的水，该容器内水位或快或慢逐渐升高，对地下室产生浮力作用，不能因为基坑开挖没发现地下水而忽略了地下室的抗浮、抗渗问题。

3. 后浇带与补偿收缩混凝土的经济技术对比

（1）经济性。C25普通混凝土约230元/m³（2007年广州地区价格，下同），补偿收缩混凝土每立方米增加约40～50元。

（2）施工难易程度。①后浇带容易积聚垃圾、难以清理；需要在封闭前不停抽走在地下室底板、侧壁后浇带留进的水；②顶板后浇带的支撑系统在回浇混凝土前不能拆除；③补偿收缩混凝土需要连续浇筑，对纵横尺寸都比较大的地下室而言难度不小，需要统筹安排混凝土供应、浇筑顺序，以避免浇筑时间超过混凝土初凝时间而形成施工缝。

（3）防渗防裂效果。工程实践表明，只要能按要求正常施工，两者均能减少渗水开裂的风险，同等条件下补偿收缩混凝土效果更好。

# 参 考 文 献

［1］ 朱瑞赓. 一座高层危楼爆破抢险拆除后的思考［C］//建（构）筑物地基基础特殊技术. 北京：人民交通出版社，2004.

［2］ 唐业清. 汉口三眼桥18层住宅楼的事故原因分析［J］. 土工基础. 1997，11(04)：13-15.

［3］ 唐业清，李启民，崔江余. 基坑工程事故分析与处理［M］. 北京：中国建筑工业出版社，1999.

［4］ 姚永华，魏章和，舒福华. 对一起重大工程事故的分析与思考［J］. 岩土工程界，1999，(2)：29-32.

［5］ 史佩栋. 桩基工程手册（桩和桩基础手册）［M］. 北京：人民交通出版社，2008.

［6］ 史佩栋. 实用桩基工程手册［M］. 北京：中国建筑工业出版社，1999.

［7］ 宋洁人. 上海莲花河畔景苑7号楼整体倾覆原因分析［J］. 建筑技术. 2010，41(09)：843-846.

［8］ 李广信. 岩土工程50讲——岩坛漫话［M］. 2版. 北京：人民交通出版社，2010.

［9］ 高大钊，李韬，岳建勇. 岩土工程试验、检测与监测（上）［M］. 北京：人民交通出版社股份有限公司，2018.

# 第11章 危大工程设计专篇与施工配合

## 11.1 设计单位（设计人员）对工程施工安全的责任

在本章所讨论的"危大工程"是危险性较大的分部分项工程的简称，指房屋建筑和市政基础设施工程在施工过程中，容易导致人员群死群伤或造成重大经济损失、不良社会影响的分部分项工程。

许多设计人员会想当然地认为，工程施工安全与自己无关，那是施工单位、监理单位的责任，自己把图纸设计好就可以了。其实不然。随着《危险性较大的分部分项工程安全管理规定》（住房城乡建设部令第 37 号）于 2018 年 6 月 1 日起正式施行，设计单位在施工安全中的相关责任明确了。《危险性较大的分部分项工程安全管理规定》第六条规定："设计单位应当在设计文件中注明涉及危大工程的重点部位和环节，提出保障工程周边环境安全和工程施工安全的意见，必要时进行专项设计"。

依据《危险性较大的分部分项工程安全管理规定》（住房城乡建设部令第 37 号）和《住房城乡建设部办公厅关于实施＜危险性较大的分部分项工程安全管理规定＞有关问题的通知》（建办质〔2018〕31 号），设计人员应结合项目施工图设计中可能存在涉及超过一定规模、危险性较大的分部分项工程情况，依据建办质〔2018〕31 号文附件上所列工程范围的全部内容，编制危大工程设计专篇，在设计文件中注明涉及危大工程的重点部位和环节，提出保障工程周边环境安全及工程施工安全的意见，必要时应进行专项设计，提供安全技术措施设计文件，并要求施工单位针对危险性较大的分部分项工程，单独编制安全技术措施文件。

结构施工图中的危大工程设计专篇是设计单位履行对工程施工安全责任的体现，内容完整、准确的危大工程设计专篇相当于设计单位对施工安全的尽责声明，其作用显得尤为重要。

## 11.2 对危大工程设计专篇出现缺项的处罚

### 11.2.1 处罚的法律法规依据

《危险性较大的分部分项工程安全管理规定》第三十条规定："设计单位未在设计文件中

注明涉及危大工程的重点部位和环节，未提出保障工程周边环境安全和工程施工安全的意见的，责令限期改正，并处 1 万元以上 3 万元以下的罚款；对直接负责的主管人员和其他直接责任人员处 1000 元以上 5000 元以下的罚款"。

《建设工程安全生产管理条例》（国务院令第 393 号）第五十六条规定："对于采用新结构、新材料、新工艺的建设工程和特殊结构的建设工程，设计单位未在设计中提出保障施工作业人员安全和预防生产安全事故的措施建议的，责令限期改正，处 10 万元以上 30 万元以下的罚款；情节严重的，责令停业整顿，降低资质等级，直至吊销资质证书；造成重大安全事故，构成犯罪的，对直接责任人员，依照刑法有关规定追究刑事责任；造成损失的，依法承担赔偿责任。"

### 11.2.2　设计质量检查

现在各地的建设行政主管部门在定期组织的勘察设计质量检查中，都会把危大工程设计专篇作为其中一项重点检查的内容；对属于危大工程的，检查勘察单位是否在勘察文件中说明地质条件造成的工程风险，设计单位是否在设计文件中注明重点部位和环节，提出保障工程周边环境安全和工程施工安全的相关意见。

在勘察设计质量检查中发现危大工程设计专篇存在缺项的，一般会对设计单位及相关责任人责令限期整改，同时予以通报，并按不规范行为计入诚信手册扣分处理。

### 11.2.3　发生施工安全事故

实际工作中，相当部分的结构设计人员对危大工程设计专篇不够重视，表现为：危大工程设计专篇内容不全面，甚至对转换梁等明显属于危大工程的部位都没予以提示。

以下列举两起重大建筑施工安全事故。在这两起事故中设计单位均因未正确注明出事部位施工涉及危大工程，而被认定对事故负有责任，设计单位和相关人员受到行政处罚。希望读者从这两起案例中吸取经验教训，对危大工程设计专篇予以足够的重视。

**【例 11-1】**[1] 2020 年某高新区西部启动区 D-XB-10-03-A-04-2 地块项目，8 号楼在浇筑屋面构架梁混凝土过程中发生一起坍塌事故。涉事 8 号楼分南北两座，中间通过二层平台连接，建筑面积为 51219.37m$^2$，总高 41.4m，共 8 层，首层高 6.45m，二层至七层高 4.5m，八层高 4.55m。涉事坍塌的屋面构架梁柱总高 3.6m，框架结构类型，施工时设一条后浇带。

该楼栋北楼四周搭设有外脚手架，涉事坍塌的屋面构架梁面距地面 41.1m，该梁在浇筑 (8-7) 轴×(8-J)～(8-N) 轴混凝土施工过程中模板支架失稳（模板支架约 28m），向外侧翻倒塌，倒塌的模板支架、外脚手架及 4 名操作工人跌落二层平台，造成 3 人死亡、1 人受伤，并导致二层平台钢筋混凝土结构破损约 40m$^2$，平台多处被击穿。

经调查认定，该次坍塌事故是一起生产安全责任事故。事故调查报告认定事故直接原因为：施工单位搭设的8号楼屋面构架梁柱模板支架不合理，屋面构架梁存在偏心现象而未采取有效防范措施；当屋面构架梁柱浇筑混凝土时，随着荷载越来越大，产生的偏心力矩也越来越大，引起斜立杆失稳导致模架向外倾覆倒塌。

关于设计单位和审图单位的事故间接原因有：

（1）设计单位工作存在重大疏漏。未在设计文件中注明8号楼屋面构架梁施工涉及危大工程，没有提出保障工程施工安全的意见；未进行设计交底，未针对8号楼屋面构架梁向建设单位、施工单位、监理单位作出特别说明。调查组聘请有关设计专家对屋面构架梁、柱进行复核计算，判定屋面构架柱配筋设计不满足正常使用及抗震设计受力要求。

（2）审图单位把关不严。对设计文件没有认真进行审查，对施工图纸未标明涉及危大工程部位和环节的情况没有提出审查意见；审图过程中也没有发现屋面构架梁施工涉及危大工程，没有发现屋面构架柱配筋设计不满足正常使用及抗震设计受力要求。

对设计单位和审图单位及有关责任人员的处罚如下：

（1）设计单位对事故发生负有责任，依据《中华人民共和国安全生产法》《生产安全事故报告和调查处理条例》（国务院令第493号）等法律法规有关规定，对设计单位及其主要负责人实施行政处罚（罚款处理），并按有关规定将该公司及其主要负责人纳入全国安全生产失信联合惩戒管理。

（2）根据《房屋建筑和市政基础设施工程施工图设计文件审查管理办法》（中华人民共和国住房和城乡建设部令第46号）对审图单位审图把关不严的情况作出处理。

**【例11-2】**[2] 2020年某看守所迁建工程业务楼的天面构架浇筑混凝土时模板支撑发生坍塌事故。涉事业务楼4层，建筑面积3675.26m²。事故发生时，业务楼主体结构已封顶。

涉事坍塌的天面构架位于业务楼东侧，长25.3m，宽1.6m，构架顶最高点距地面高度19.6m。该天面构架浇筑混凝土时模板支撑发生坍塌（见图11-1），导致7人抢救无效死亡，2人受伤。事故直接经济损失共约1163万元。

事故调查报告认定此次事故的直接原因：违规直接利用外脚手架作为模板支撑体系，且该支撑体系未增设加固立杆，也没有与已经完成施工的建筑结构形成有效的拉结；天面构架混凝土施工工序不当，未按要求先浇

图11-1　屋面新浇混凝土框架柱向外倾覆[2]

筑结构柱，待其强度达到75%及以上后再浇筑屋面构架及挂板混凝土，且未设置防止天面构架模板支撑侧翻的可靠拉撑。

关于设计单位和审图单位的事故间接原因有：

（1）设计单位未在设计文件中注明业务楼天面构架施工涉及危大工程，没有提出保障工程施工安全的意见，未进行图纸会审和设计技术交底。在设计中首层已经列入危大工程清单，但却不将业务楼天面构架列入危大工程。该项目开工后未对重点部位进行设计技术交底，也未提出进行图纸会审的要求。

（2）审图单位对施工图审查工作不够认真负责，没有对设计文件中未注明业务楼天面构架涉及危大工程的情况提出审查意见。

对设计单位和审图单位及有关责任人员的处罚如下：

（1）设计单位在设计中存在没将天面构架超过一定规模的危大工程列入危大工程清单，且未对重点部位进行设计技术交底、未进行图纸会审等问题，对事故负有责任。依据《中华人民共和国安全生产法》《生产安全事故报告和调查处理条例》等法律法规的有关规定，对设计单位及其相关责任人依法实施行政处罚（罚款处理）。

（2）审图单位在审图中没有对设计单位未将看守所业务楼天面超过一定规模的危大工程列入危大工程清单的情况提出修改意见，对事故负有责任。依据《中华人民共和国安全生产法》《生产安全事故报告和调查处理条例》等法律法规有关规定，对审图单位及其相关责任人依法实施行政处罚（罚款处理）。

## 11.3　危大工程设计专篇的内容要点

广东省佛山市住房和城乡建设局于2021年编制并发布了《危险性较大分部分项工程审查深度技术指南》[3]，用于房屋建筑和市政基础设施工程中的施工图设计文件中危大工程设计专篇的技术审查，其内容直接对应于建办质〔2018〕31号文附件上所列全部危大工程的范畴。该审查指南的内容非常详细，也非常适合结构设计人员作为编制危大工程设计专篇的技术指引。现将其摘录于表11-1和表11-2，供读者参考。

表 11-1　　　　　　　　　危险性较大分部分项工程的设计图纸内容要点[3]

| 序号 | 危大工程内容 | 危大工程设计专篇内容要点及说明 |
|---|---|---|
| 1 | 基坑工程。开挖深度超过3m（含3m）的基坑（槽）的土方开挖、支护、降水工程 | （1）设计单位应列出开挖深度、所在楼栋部位，提出保障工程周边环境安全和工程施工安全的意见，必要时进行专项设计。<br>（2）基坑开挖深度为原有地面或者经整平后的地面标高到最深的开挖深度如承台垫层底或者消防水池、集水井等坑中坑垫层底 |

续表

| 序号 | 危大工程内容 | 危大工程设计专篇内容要点及说明 |
|---|---|---|
| 2 | 基坑工程。开挖深度虽未超过3m，但地质条件、周围环境和地下管线复杂，或影响毗邻建（构）筑物安全的基坑（槽）的土方开挖、支护、降水工程 | 设计单位应列出开挖深度、所在楼栋部位，提出保障工程周边环境安全和工程施工安全的意见。周边环境情况需予以提示，如基坑边线外10m范围以内建（构）筑物及其基础形式、供水管、供气管等，对生产、储存易燃易爆危险品的建筑物，用地红线外50m范围以内高压电杆（塔）及其位置、电压、电线走向 |
| 3 | 模板工程及支撑体系。各类工具式模板工程：包括滑模、爬模、飞模、隧道模等工程 | 一般建筑工程较少使用，但筒仓、烟囱等结构较多使用滑模施工 |
| 4 | 模板工程及支撑体系。混凝土模板支撑工程：搭设高度5m及以上，或搭设跨度10m及以上，或施工总荷载（荷载效应基本组合的设计值，以下简称设计值）10kN/m² 及以上，或集中线荷载（设计值）15kN/m 及以上，或高度大于支撑水平投影宽度且相对独立无联系构件的混凝土模板支撑工程 | （1）设计单位应判断是否存在该危大工程，如存在，应列出所在部位，提出保障工程周边环境安全和工程施工安全的意见，必要时进行专项设计。<br>（2）关于施工荷载计算，现行施工技术类规范给出的计算模型均大同小异，可参考《建筑施工模板安全技术规范》（JGJ 162—2008）中的荷载计算内容。<br>（3）关于集中线荷载（设计值）15kN/m，经初步计算，凡是梁截面大于或等于 0.4m² 的独立梁或者有板梁均属于超规梁。如 400mm×1000mm、300mm×1400mm、600mm×700mm、500mm×800mm 等。对于非独立梁（梁两侧有楼板的情况），应考虑梁两侧的楼板传来的荷载，则梁截面大于 0.3m² 的梁也可以列入。如 300mm×1000mm、400mm×800mm 等。设计有加腋梁的需予以提示。<br>（4）关于施工总荷载（设计值）10kN/m²，经初步计算及行业要求，一般楼板厚度达到300mm厚的，即可列入。设计有加腋板的需予以提示。<br>（5）关于搭设高度5m及以上模板支撑体系，搭设高度为层高，包括外立面有悬挑结构（雨、阳台等）及空中悬挑结构、构架梁施工等情况。<br>（6）此项内容设计单位应列表明确各超规梁板的轴线区域范围、所在楼层、楼板厚度、梁板面标高、模板支架支撑层所在楼层、楼板厚度、梁板面标高等 |
| 5 | 模板工程及支撑体系。承重支撑体系：用于钢结构安装等满堂支撑体系 | 设计有钢结构屋面且难于整体吊装需要分段吊装的，或者散件吊装安装的一般需搭设满堂支撑体系 |
| 6 | 起重吊装及起重机械安装拆卸工程。采用非常规起重设备、方法，且单件起吊重量在10kN及以上的起重吊装工程 | 有此类内容的工程需予以提示。如设计有钢结构、预制构件等需要吊装的工程，周边环境或者建筑物体量较大不利于常规方法吊装的需予以提示 |
| 7 | 起重吊装及起重机械安装拆卸工程。采用起重机械进行安装的工程 | 设计有钢结构屋面、钢结构天桥、预制混凝土结构（含桥面板等）等且需要整体吊装的需予以提示 |
| 8 | 起重吊装及起重机械安装拆卸工程。起重机械安装和拆卸工程 | 有此类内容的工程需予以提示，如大多建筑工程施工需要安装塔吊等设备 |
| 9 | 起重吊装及起重机械安装拆卸工程。起重机械的基础和附着工程 | （1）设计单位应提示，当起重机械的基础和附着工程可能对结构产生影响时，施工单位应提交相关资料给设计单位复核。<br>（2）有此类内容的工程需予以提示，如大多建筑工程施工需要安装塔吊、施工电梯等设备，这些设备需要考虑基础及附着 |
| 10 | 脚手架工程。搭设高度24m及以上的落地式钢管脚手架工程（包括采光井、电梯井脚手架） | 脚手架高度应为室外回填土地面或者室外地下室顶板结构面标高至建筑物外围施工需防护的最高点标高如电梯井、楼梯间等加上1.5m防护高度的总高度 |
| 11 | 脚手架工程。附着式升降脚手架工程 | 设有此类内容的工程需予以提示。例如现阶段，一般100m高度左右的商住楼只有一部分采用附着式升降脚手架，但采用全现浇外墙的高层商住楼、高层酒店类、办公类建筑多使用附着式升降脚手架施工，应予以提示 |

| 序号 | 危大工程内容 | 危大工程设计专篇内容要点及说明 |
|---|---|---|
| 12 | 脚手架工程。悬挑式脚手架工程 | 有此类内容的工程需予以提示。如多数商住楼及少数商品厂房在样板间之上设置悬挑脚手架 |
| 13 | 脚手架工程。高处作业吊篮 | 有此类内容的工程需予以提示。如使用全现浇外墙的高层商住楼、高层酒店类、办公类建筑及外立面设计为幕墙的多使用高处作业吊篮施工，应予以提示 |
| 14 | 脚手架工程。卸料平台、操作平台工程 | 有此类内容的工程需予以提示，如外立面设计有悬挑钢结构的，需要设置施工操作平台 |
| 15 | 脚手架工程。异形脚手架工程 | 有此类内容的工程需予以提示，如外立面设计异形难于搭设垂直脚手架等情况下需予以提示 |
| 16 | 拆除工程。可能影响行人、交通、电力设施、通信设施或其他建（构）筑物安全的拆除工程 | 新设计建筑工程不存在此项内容。<br>凡是采用内支撑结构的基坑支护工程，支撑拆除属于此范围 |
| 17 | 暗挖工程。采用矿山法、盾构法、顶管法施工的隧道、洞室等工程 | 给水管线、污水管线等工程有沉井及顶管的应予以提示 |
| 18 | 结建式人防工程。结构工程的模板工程（支撑）；孔口防护工程的门框墙制作（门框采用起重机械进行吊装）、防护门（防护密闭门、密闭门）吊装 | 凡结建式人防工程均应予以提示 |
| 19 | 建筑幕墙安装工程 | 设计有幕墙的均应提示 |
| 20 | 钢结构、网架和索膜结构安装工程 | 有此类设计的均应提示 |
| 21 | 人工挖孔桩工程 | 有此类设计的均应提示 |
| 22 | 水下作业工程 | 有此类内容的工程需予以提示 |
| 23 | 装配式建筑混凝土预制构件安装工程 | 有此类设计的均应提示 |
| 24 | 采用新技术、新工艺、新材料、新设备可能影响工程施工安全，尚无国家、行业及地方技术标准的分部分项工程 | 与施工有关，超常规工程设计需予以提示 |

**表 11-2　超过一定规模的危险性较大分部分项工程的设计图纸内容要点**[3]

| 序号 | 超过一定规模的危大工程内容 | 危大工程设计专篇内容要点及说明 |
|---|---|---|
| 1 | 深基坑工程。开挖深度超过 5m（含5m）的基坑（槽）的土方开挖、支护、降水工程 | （1）设计单位应列出开挖深度、所在楼栋部位，提出保障工程周边环境安全和工程施工安全的意见，必要时进行专项设计。<br>（2）地质条件复杂需予以提示，如开挖深度内地下水位以下有厚度3m以上中等或强透水层、流塑土层；勘探深度以内有承压水层的应列明水头高度。<br>（3）基坑开挖深度为原有地面或者经整平后的地面标高到最深的开挖深度如承台垫层底或者消防水池、集水井等坑中坑垫层底 |
| 2 | 深基坑工程。开挖深度虽未超过5m，但地质条件、周围环境和地下管线复杂，或影响毗邻建（构筑物）安全基坑（槽）的土方开挖、高边坡、支护、降水工程 | （1）周边环境情况需予以提示，如基坑边线外20m范围以内建（构）筑物及其基础形式，供水管、供气管及其位置、管径、压力、埋深、走向，高压电缆位置、埋深、电压、走向等；对生产、储存易燃易爆危险品的建筑物，用地红线外50m范围以内高压电杆（塔）及其位置、电压、电线走向。<br>（2）地质条件复杂需予以提示，如开挖深度内地下水位以下有厚度3m以上中等或强透水层、流塑土层；勘探深度以内有承压水层的应列明水头高度 |

| 序号 | 超过一定规模的危大工程内容 | 危大工程设计专篇内容要点及说明 |
|---|---|---|
| 3 | 模板工程及支撑体系。各类工具式模板工程：包括滑模、爬模、飞模、隧道模等工程 | 一般建筑工程较少使用，但筒仓、烟囱等结构较多使用滑模施工 |
| 4 | 模板工程及支撑体系。混凝土模板支撑工程：搭设高度 8m 及以上，或搭设跨度 18m 及以上，或施工总荷载（设计值）15kN/m² 及以上，或集中线荷载（设计值）20kN/m 及以上 | （1）设计单位应判断是否存在该危大工程，如存在，应列出所在部位，提出保障工程周边环境安全和工程施工安全的意见，必要时进行专项设计。<br>（2）关于施工荷载计算，现行施工技术类规范给出的计算模型均大同小异，可参考《建筑施工模板安全技术规范》（JGJ 162—2008）中的荷载计算内容。<br>（3）关于集中线荷载（设计值）20kN/m，经初步计算，凡是梁截面大于或等于 0.6m² 的独立梁或者有板梁均属于超规梁。如 450mm×1350mm、500mm×1200mm、600mm×1000mm、800mm×900mm 等。<br>（4）对于非独立梁（梁两侧有楼板的情况），应考虑梁两侧的楼板传来的荷载，则梁截面大于 0.5 m² 的梁也应列为超大梁。如 500mm×1000mm、400mm×1300mm、300mm×1700mm、600mm×900mm 等。设计有加腋梁的需予以提示。<br>（5）关于施工总荷载（设计值）15kN/m²，经初步计算及行业要求，一般楼板厚度达到 450mm 厚度的，即可列入，包括柱帽、加腋板等。<br>（6）关于搭设高度 8m 及以上模板支撑体系，搭设高度为层高，包括外立面有悬挑结构（雨篷、阳台等）、空中悬挑结构、构架梁等情况。<br>（7）此项内容设计单位应列表明确各超规梁板的轴线区域范围、所在楼层、楼板厚度、梁板面标高、模板支架支撑层所在楼层、楼板厚度、梁板面标高等 |
| 5 | 模板工程及支撑体系。承重支撑体系：用于钢结构安装等满堂支撑体系，承受单点集中荷载 7kN 及以上 | （1）设计单位应判断是否存在该危大工程，提出保障工程周边环境安全和工程施工安全的意见，必要时进行专项设计。如从设计角度不能确定，应注明要求施工单位进行判断。<br>（2）设计有钢结构屋面且难于整体吊装需要分段吊装，或者散件吊装安装的一般需搭设满堂支撑体系 |
| 6 | 起重吊装及起重机械安装拆卸工程。采用非常规起重设备、方法，且单件起吊重量在 100kN 及以上的起重吊装工程 | 有此类内容的工程需予以提示，如设计有钢结构、预制构件等需要吊装的工程，周边环境或者建筑物体量较大不利于常规方法吊装的需予以提示 |
| 7 | 起重吊装及起重机械安装拆卸工程。起重量 300kN 及以上，或搭设总高度 200m 及以上，或搭设基础标高在 200m 及以上的起重机械安装和拆卸工程 | 设计有钢结构屋面、钢结构天桥、预制混凝土结构（含桥面板等）等且需要整体吊装的需予以提示 |
| 8 | 起重吊装及起重机械安装拆卸工程。发生严重变形或事故的起重机械的拆除工程 | 有此类内容的工程需予以提示 |
| 9 | 起重吊装及起重机械安装拆卸工程。采用高承台、钢结构平台、利用原有建筑结构的特殊基础工程；附着距离达 1.5 倍制造商的设计最大值、附着杆数量少于制造商的设计数量、附着杆均位于垂直附着面中心线的同一侧的起重机械附着工程，以及附着杆与垂直附着面中心线之间的夹角小于 15°或大于 65°的塔式起重机附着工程 | 有此类内容的工程需予以提示，如少数工程需要设计复核的需予以配合 |

| 序号 | 超过一定规模的危大工程内容 | 危大工程设计专篇内容要点及说明 |
|---|---|---|
| 10 | 脚手架工程。搭设高度 50m 及以上的落地式钢管脚手架工程 | （1）设计单位应判断是否存在该危大工程，提出保障工程周边环境安全和工程施工安全的意见，必要时进行专项设计。<br>（2）脚手架高度应为室外回填土地面或者室外地下室顶板结构面标高至建筑物外围施工需防护的最高点标高如电梯井、楼梯间等加上 1.5m 防护高度的总高度 |
| 11 | 脚手架工程。提升高度在 150m 及以上的附着式升降脚手架工程或附着式升降操作平台工程 | 一般 150m 高度及以上的商住楼、高层酒店类、办公类建筑多使用附着式升降脚手架施工，应予以提示 |
| 12 | 脚手架工程。分段架体搭设高度 20m 及以上的悬挑式脚手架工程 | 多数商住楼及少数商品厂房在样板间之上设置悬挑脚手架。架体总体搭设高度超过 75m 的脚手架 |
| 13 | 脚手架工程。作业面异形、复杂的或无法按产品说明书要求安装的高处作业吊篮工程 | 外立面设计为异形的需予以提示 |
| 14 | 拆除工程。码头、桥梁、高架、烟囱、水塔或拆除中容易引起有毒有害气（液）体或粉尘扩散、易燃易爆事故发生的特殊建（构）筑物，以及周边环境复杂的拆除工程 | 改扩建、拆除工程与此有关的应予以提示 |
| 15 | 拆除工程。文物保护建筑、优秀历史建筑或历史文化风貌区影响范围内的拆除工程 | 此项内容与新建工程无关。改扩建工程与此有关的应予以提示 |
| 16 | 暗挖工程。采用矿山法、盾构法、顶管法施工的隧道、洞室等工程 | 给水管线、污水管线等工程有沉井及顶管的应予以提示 |
| 17 | 施工高度 50m 及以上的建筑幕墙安装工程 | 施工高度超过 50m，设计有幕墙的工程应予以提示 |
| 18 | 跨度 36m 及以上的钢结构安装工程，或跨度 60m 及以上的网架和索膜结构安装工程 | 有此类内容的工程需予以提示 |
| 19 | 开挖深度 16m 及以上的人工挖孔桩工程 | 有此类内容的工程需予以提示 |
| 20 | 水下作业工程 | 有此类内容的工程需予以提示 |
| 21 | 重量 1000kN 及以上的大型结构整体顶升、平移、转体等施工工艺 | 有此类内容的工程需予以提示 |
| 22 | 采用新技术、新工艺、新材料、新设备可能影响工程施工安全，尚无国家、行业及地方技术标准的分部分项工程 | 与施工有关，超常规工程设计需予以提示 |

## 11.4　危大工程设计专篇中容易遗漏的常规环节

本节列举一些危大工程设计专篇中容易遗漏的常规环节，望读者在实际工作中予以留意。

### 11.4.1 基坑工程——坑中坑

所谓坑中坑，是指在设有地下室的建设工程施工过程中，地下室大基坑施工开挖至设计坑底标高（一般为地下室底板垫层底）后，在基础/桩承台、电梯底坑、集水井等局部位置继续向下超挖，形成局部的小深坑，是为坑中坑。

有的项目危大工程设计专篇只标注了到地下室底板垫层底的基坑开挖深度，忽视了坑中坑的存在。也曾有网友向笔者表达其观点，认为远离基坑边的坑中坑算不上危大工程。

笔者认为，需要视乎坑中坑的体量以及具体位置对大基坑是否有影响。如无显著影响、坑中坑本身也没达到危大工程的标准（如单桩承台、小的集水井等），从纯技术层面应可不考虑。下列两种较大规模的坑中坑对大基坑的影响是不容忽视的，应在危大工程设计专篇中予以体现：

（1）电梯底坑。高层建筑的电梯一般设置在核心筒内，核心筒的基础荷载大、一般需要较大基础或者是桩数较多，基础/承台平面尺寸和厚度都较大，再加上电梯底坑下沉，往往导致其与地下室底板的相对开挖深度有 4m 多甚至接近 5m。应在危大工程设计专篇中标注电梯底坑垫层底的标高。

（2）临近基坑边有较大的基础/桩承台。一般在塔楼离地下室边线较近时会有这种情况。在受较大的基础/桩承台局部范围超挖影响的区域，基坑支护设计开挖深度需算至承台垫层底，应在危大工程设计专篇中标注这种坑中坑的底标高。

### 11.4.2 模板工程及支撑体系——跨度 10m 或以上的混凝土梁

笔者参与专家评审的高支模专项施工方案当中，绝大多数都有采取所谓"抱柱"的构造措施。即高大支模搭设前，为加强模板支架的整体抗倾覆能力，先浇筑结构柱混凝土，待其混凝土强度达到设计要求的 75％以上，在支架钢管立柱周圈外侧和中间有结构柱的部位，按水平间距 6～9m、竖向每隔 2～3m 与周边结构墙柱、梁采取抱箍、顶紧等措施，利用抱柱措施加强支撑体系稳定性后才能浇筑梁板。模板支架抱柱构造示意见图 11-2 和图 11-3。

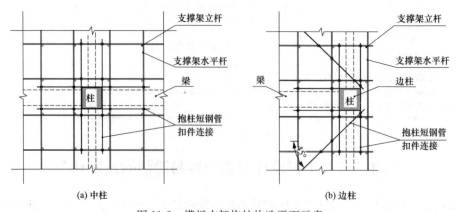

图 11-2 模板支架抱柱构造平面示意

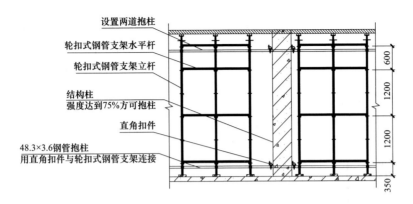

图 11-3　模板支架抱柱构造立面示意

高支模专项施工方案普遍采取"抱柱"构造措施，主要有以下原因：①支架钢管配套的扣件螺栓的材质差异大，经常遇到螺栓拧紧力矩达 70N·m 时大部分螺栓已滑丝不能使用，而规范[4] 规定拧紧力矩达 65N·m 不得发生破坏；扣件的质量特别是租赁的扣件质量在急剧下降；工地上钢管多数为 φ48×（2.8～3.0），与规范[4] 标准规格 φ48.3×3.6 相差甚远，因此需要采取"抱柱"构造措施以降低上述支架材质不确定性的风险；②对于架体的高宽比大于 3 和高度 8m 及以上的模板支撑架，规范[4~6] 要求在架体的四周和内部与建筑结构进行刚性连接（即抱柱），连接构件的水平间距宜为 6～9m，竖向间距宜为 3～4m。

当结构柱距（梁跨度）在 10m 或以上时，模板支架"抱柱"的间距就会超出规范[4~6] 的要求，危险性有所增加；当结构柱距（梁跨度）在 18m 或以上时，模板支架"抱柱"的有利作用就会被大大削弱，其倾覆坍塌的风险大增。因此，建办质〔2018〕31 号文附件把"搭设跨度 10m 及以上的混凝土模板支撑工程"列为危大工程，"搭设跨度 18m 及以上的混凝土模板支撑工程"列为超过一定规模的危大工程。

在结构设计中，大跨度混凝土梁的截面通常比较大，其施工集中线荷载设计值往往也已经达到了 15kN/m 及以上（危大工程）、20kN/m 及以上（超过一定规模的危大工程）的界限。有的危大工程设计专篇没另外提示其模板支架搭设跨度也达到危大工程（超过一定规模的危大工程），这是不妥的。

对于施工集中线荷载设计值和模板支架搭设跨度都达到危大工程（超过一定规模的危大工程）的混凝土梁，应在危大工程设计专篇中全面标注清楚其危大工程的所有特征，以便提醒施工单位在无建筑结构构件进行连接时采取其他额外的技术措施，例如：①在模板支架架体四周采用钢丝绳张拉固定；②在无结构柱部位预埋钢管与建筑结构进行刚性连接。

### 11.4.3　模板工程及支撑体系——混凝土独立梁

依据建办质〔2018〕31 号文附件，"高度大于支撑水平投影宽度且相对独立无联系构件的混凝土模板支撑工程"属于危大工程之一。也就是说，没有楼板与之相连的混凝土独立梁的模板支撑体系属于危大工程。以下场景会遇到这个危大工程项：①屋面构架梁；②层高较大时设置的层间梁。

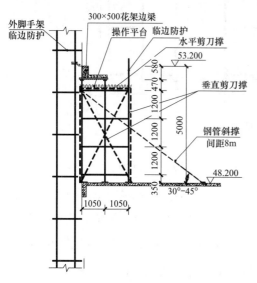

图 11-4　某屋面构架梁模板支架方案示意图

独立梁的模板支撑体系有其独特性，危险性较大。下面以某屋面构架梁模板支架方案示意图（图 11-4）为例简单分析一下：屋面构架梁支架位置靠近结构楼面边缘，沿横向只能在梁下设置单根钢管立杆支撑，与常规楼面混凝土梁下支模可布置两根钢管相比，其钢管立杆负荷大，整个支撑体系的容错能力低，抗倾覆稳定性差；加上浇筑混凝土时的侧向冲击、振动，处理不慎很容易发生坍塌，且极有可能向外倾覆，引发施工人员从楼面高处坠落地面，从而造成重大伤亡。

【例 11-1】和【例 11-2】就是两起屋面构架梁浇筑混凝土坍塌事故。在这两起事故中，危大工程设计专篇中均未提示屋面构架梁为危大工程，设计院在事发后因此被处罚。【例 11-2】中施工单位未按要求先浇筑结构柱，待其强度达到 75% 及以上后再浇筑屋面构架及挂板混凝土，未采取"抱柱"措施，是该起事故的直接原因之一。

因此，必须注意在危大工程设计专篇中全面标注屋面构架梁、层间梁等混凝土独立梁，以便提醒施工单位采取有效的构造措施保证支撑体系的稳定性。包括：①合理地布置竖向、水平剪刀撑以及斜撑；②"抱柱"：屋面花架部位先浇筑竖向构件，保证抱柱措施的实现；③尽量采取天泵进行混凝土泵送，避免设置水平泵送管、消除对支撑体系的泵送横向冲击荷载；④在混凝土浇筑过程中，合理控制混凝土的堆料高度、合理分层等措施减少混凝土料对支撑体系的冲击荷载。

### 11.4.4　模板工程及支撑体系——局部超重的混凝土构件

【例 11-3】图 11-5 为某次设计检查其中一个受检项目的标准层结构平面图，该项目采用密肋楼盖，局部有 3m×2.5m 的实心柱帽，厚度 400mm，柱帽区域的施工总荷载（设计值）超过 10kPa，属于危大工程。其危大工程设计专篇未有体现。

由于面临被扣诚信分的处罚，设计单位提出申诉认为：该楼柱网 10m×10m，实心柱帽仅位于柱周边 3m×2.5m 局部范围，扣除梁柱所占面积，实心柱帽仅占柱网范围楼板模板的

4%，且分散位于 4 个柱位处，与整块楼板厚度 400mm 的情况不同，柱边局部的实心柱帽不应认为属于危险性较大的分部分项内容。

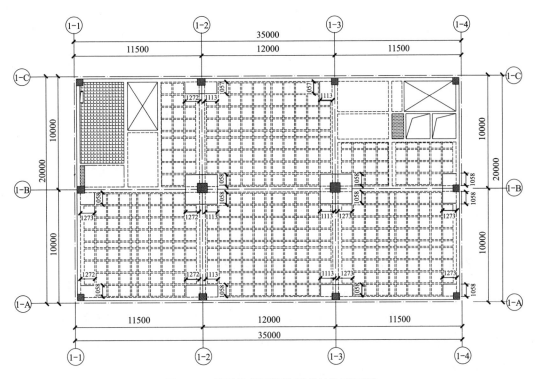

图 11-5　某受检项目密肋楼盖结构平面图

设计院的申诉理由是不成立的：①不能按柱网 10m×10m 平均考虑施工荷载，因为模板支撑体系的整体性差，个别支撑的钢管立柱失稳会引起连锁反应，导致整体支架大范围垮塌；②实心柱帽 3m×2.5m 范围不小，如施工、监理单位对该区域不按危大工程流程单独编制有针对性的安全技术措施文件，有可能造成严重模板支架倒塌事故。因此应将柱帽区域列为危大工程，在危大工程设计说明中体现，以便提醒施工和监理单位注意。

除了楼盖的柱帽范围之外，加腋大板的根部、加腋梁的根部可能超重，立面边梁带有飘板和下挂板上翻板也可能超重。对这些潜在的局部超重部位，设计时应重点关注，对符合危大工程条件者需在危大工程设计说明中体现。

### 11.4.5　模板工程及支撑体系——型钢混凝土梁柱构件

型钢混凝土梁柱构件中的型钢需要在现场吊装就位，这个施工环节属于钢结构安装工程。依据建办质〔2018〕31 号文附件，钢结构、网架和索膜结构安装工程属于危大工程之一。此外，采用型钢混凝土梁的部位一般跨度、荷载都比较大，型钢混凝土梁截面通常也不小、可能属于超重梁（内置的型钢可能重量比较大）。

因此采用型钢混凝土梁柱构件时，应将其列为危大工程，在危大工程设计说明中体现。

### 11.4.6　模板工程及支撑体系——局部超高的部位

要注意大堂、中庭、中空跃层等局部位置可能超高；汽车出入口坡道面、梯段梯平台面标高至上空梁板底标高可能超高。如这些局部区域高度达到或超过 5m，其模板工程及支撑体系已属于危大工程；如这些局部区域高度达到或超过 8m，其模板工程及支撑体系已属于超过一定规模的危大工程。这些情况均需反映在危大工程设计专篇中。

### 11.4.7　起重吊装及起重机械安装拆卸工程——厂房大型生产工艺设备的吊装

对于有明确生产工艺、设备的工业厂房，大型生产工艺设备的吊装属于危大工程（超过一定规模的危大工程），应在危大工程设计说明中提示。

### 11.4.8　对涉及具体施工方案的潜在危大工程的图纸表达

建办质〔2018〕31 号文附件所规定的危大工程（或超过一定规模的危大工程）项当中，有一部分涉及具体施工方案和施工措施，如起重吊装及起重机械安装拆卸工程、脚手架工程等。部分一线结构设计人员可能对此不熟悉，且在设计阶段、施工单位尚未确定的情况下也无法事先知晓具体的施工方案和施工措施。

为避免危大工程设计专篇出现漏项，建议对这类潜在的危大工程（或超过一定规模的危大工程）项尽量客观描述设计图纸的内容，说明可能涉及危大工程，请施工单位编制施工方案时对照建办质〔2018〕31 号文附件，判断是否属于危大工程。以下列举几个危大设计专篇中表述的例子，供读者参考：

（1）"1 栋高层塔楼建筑总高度为 100m，可能存在搭设高度＞50m 的落地脚手架工程。请施工单位结合具体脚手架搭设方案确定是否存在危大工程，并采取可靠措施确保脚手架工程安全"。

（2）"本项目为高层项目，最高点建筑高度为 $H=36.50m$，施工方可能采用塔吊等起重吊装设备，请施工单位结合具体起重吊装方案确定是否存在危大工程，并采取可靠措施确保施工安全"。

（3）"6 号楼高层塔楼设计有预制混凝土结构等需要整体吊装；当起重机械的基础和附着工程可能对结构产生影响时，施工单位应提交相关资料给设计单位复核"。

（4）"3 号厂房建筑屋面最大高度为 49.40m，电梯机房层最大高度为 59.10m，由施工单位根据施工方案自行核查是否属于超过一定规模的危大工程（可能部位：落地脚手架）"。

（5）"2号教学楼建筑屋面最大高度为23.5m，电梯机房层最大高度为26.5m，由施工单位根据施工方案自行核查是否属于危大工程（可能部位：落地脚手架）"。

## 11.5　从设计层面应该认定为危大工程的特殊环节

根据2017年危大工程较大及以上安全事故的统计分析结果，大约72%的安全事故属于已经明确规定的危大工程（或超过一定规模）范围，还有大约28%的安全事故并不属于建办质〔2018〕31号文附件所明确规定的危大工程（或超过一定规模）范围。

考虑到工程施工的特殊性、复杂性、多变性和危险性，建议一线结构设计人员以结构设计为主导，充分考虑结构施工顺序中的各种因素，在危大工程设计专篇中提示需要认定为危大工程的特殊环节。以下列举一些这样的特殊环节，供读者参考。

### 11.5.1　长悬臂结构

在第11.4.2中分析了"抱柱"构造措施对高支模体系的重要性。对悬臂结构，只有悬臂根部一侧有结构竖向构件可以采取"抱柱"构造措施，另一侧无条件设置"抱柱"，天然地存在劣势。随着悬臂长度增加，单侧"抱柱"构造措施的有利作用在减弱，同时悬臂构件截面在增加，结构自重等施工荷载在增长，其倾覆坍塌的风险相应大增。

虽然建办质〔2018〕31号文附件没有把长悬臂结构列为危大工程，建议当悬臂长度在4m或以上时将其列为危大工程，在危大工程设计专篇中提示。

### 11.5.2　转换构件、空腹桁架等特殊传力结构

【例11-4】在某酒店的工程结构标准层中，3C轴处梁悬挑达3.5m。为了满足建筑的净空要求，在该挑梁的端部增设了连接柱，形成悬臂空腹桁架（图11-6、图11-7），有效地减少了结构高度，增加了刚度。

为避免施工单位误会悬臂空腹桁架区域仅是普通的框架梁柱而疏于控制施工荷载，在设计交底时对此做了针对性说明，并要求"悬臂空腹桁架的支撑体系必须在桁架所在的全部楼层混凝土达到设计强度要求后方可拆除；严格控制悬臂空腹桁架区域施工荷载不得超过设计使用活荷载"，避免该部位施工荷载超出设计荷载而危及结构安全、出现施工安全隐患的风险。

该案例设计于2004年，当时并无明确规定要求设计单位编制危大工程设计专篇。在当今强调危大工程设计专篇重要性的大背景下，当存在转换构件、空腹桁架等特殊传力结构时，应将其列入危大工程设计专篇。

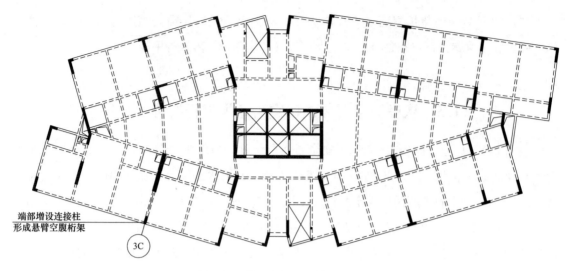

图 11-6　某酒店标准层结构平面图

端部增设连接柱
形成悬臂空腹桁架

3C

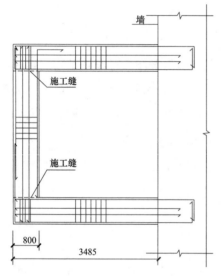

图 11-7　某酒店标准层悬臂空腹桁架大样

### 11.5.3　大跨度钢结构中组合楼板的混凝土浇筑

【例 11-5】某次设计检查中一个受检学校项目的文体中心，1～9 轴交 $A$～$G$ 轴区域为篮球馆，上方屋面采用跨度 43m 的 $Y$ 向大跨度钢桁架＋(间距 4m)＋组合楼板的结构方案，$X$ 向钢次梁间距 8.25m(图 11-8)；4～9 轴交 $H$～$L$ 轴为表演厅的舞台和观众席区域，其上方屋盖采用跨度 25.2m 的 $Y$ 向大跨度钢梁（间距 4m)＋组合楼板的结构方案，$X$ 向无设置钢次梁（图 11-9）。组合楼板均采用钢筋桁架楼承板。

该项目的危大工程设计说明未包含大跨度钢结构中组合楼板的混凝土浇筑；图纸对其混凝土浇筑阶段的危险源的应对措施及分析计算存在不足：①浇筑混凝土时钢筋桁架楼承板下一般不再设置施工支顶；②虽然组合楼板在正常使用阶段能有效地消除桁架受压上弦、钢梁受压上翼缘的失稳问题，但在施工阶段，特别是在组合楼板混凝土已浇筑、但尚未凝固时，楼板自重已施加而其刚度尚未形成，不能为钢桁架受压上弦（钢梁受压上翼缘）提供有效的侧向支撑；③结施图中，大跨度钢桁架受压上弦的侧向支撑（钢次梁 GL3）间距较大（8.25m），大跨度钢梁（GL1、GL2）受压上翼缘无侧向支撑（无钢次梁），在板混凝土浇筑施工阶段有潜在的平面外受压失稳的风险。

在遇到类似的大跨度钢结构中设置组合楼板的情况时，建议读者将组合楼板的混凝土浇筑列为危大工程，在危大工程设计专篇中提示，并补充不考虑楼板刚度的施工工况验算，根

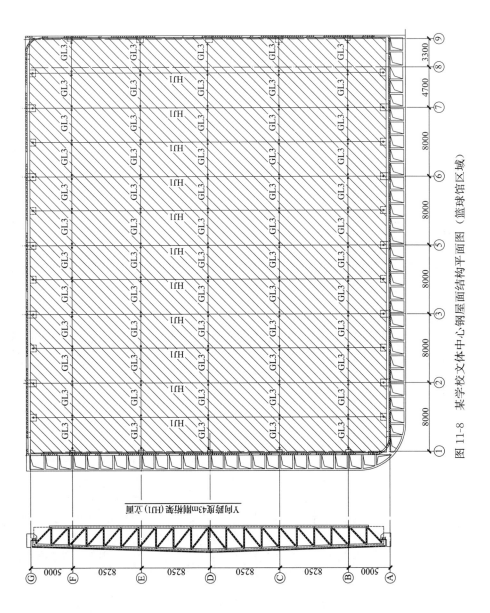

图 11-8 某学校文体中心钢屋面结构平面图（篮球馆区域）

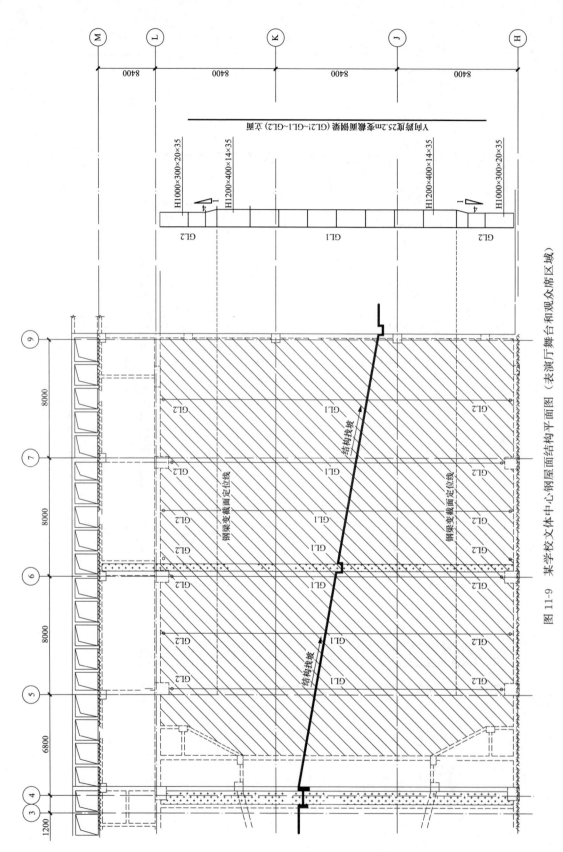

图 11-9　某学校文体中心钢屋面结构平面图（表演厅舞台和观众席区域）

据验算结果在图纸中补充提示施工单位采取在钢桁架受压上弦、钢梁受压上翼缘设置施工临时侧向支撑等保障安全的技术措施。

### 11.5.4　结构拆改

工程实施过程往往会出现一些结构拆改，小的结构拆改包括在楼板后开洞等，有时也难以避免要进行砸梁拆柱之类的结构大拆改，例如因净高不足等而进行结构梁打凿等。

大的结构拆改在实施过程中原结构承载能力会受损，其危险性较大，也属于危大工程，应在危大工程设计专篇中提示。拆改变更图纸宜要求：实施拆除前按危大工程设计专篇的相关要求编制专项拆除施工方案，拆除前按专项施工方案采取支顶等安全技术措施，需待后浇的混凝土达到设计强度后方可拆除支顶等。

### 11.5.5　高大砌体填充墙的砌筑

以往一般只有大型公建项目有可能遇到高大砌体填充墙。现在随着国内各地"工业上楼"政策的落实，产业园的设计项目逐渐增多，这类新型厂房的层高普遍较高，有的楼层层高达12m甚至更高。在结构设计中需要处理高大砌体填充墙的机会增大。

从结构设计的层面来看，需要关注高大砌体填充墙的自身稳定性，合理布置圈梁、构造柱；注意控制砌体填充墙高厚比满足自身稳定性的要求，因使用条件限制而不能增加砌体填充墙厚度时，可设置层间梁（注：层间梁的模板支撑体系属于危大工程，详第11.4.3）、减少填充墙的计算高度，以满足高厚比的要求。

从施工安全的角度看，高大砌体填充墙的砌筑需要搭设脚手架作为操作及材料堆放平台，砌筑过程中墙体自身的稳定性较差，稍微不慎就容易酿成安全事故，其危险性较大。在第10.2节中因高大砌体填充墙施工处理不当，墙体坍塌造成5名民工死亡，22人受伤。

结构设计中遇有高大砌体填充墙，应将其列为危大工程，在危大工程设计专篇中提示施工单位制定并落实专项施工安全方案。

### 11.5.6　基坑支护工程的拆撑、换撑

地下工程采用支撑的基坑支护结构，支撑拆除属于危大工程，应在危大设计专篇提示。此外，在相关的主体结构（包括后浇带或后浇带传力杆）和换撑构件未达到设计规定的强度要求时，且未满足基坑专项设计规定的拆撑、换撑条件时，严禁拆除锚杆或支撑。

### 11.5.7　岩溶、土洞发育场地上的基础施工

岩溶地区往往伴随有土洞发育。当工程场地有未处理的浅层土洞时，基础施工的危险性

图 11-10  桩机锤头埋入土洞

较大。有些施工设备吨位大，如静压预应力管桩机，对地面的压力较大。当这类设备行走或施工遇到未处理的浅层土洞时，会致使土洞塌陷，甚至发生施工设备掉入溶（土）洞的情况（图 11-10）[7]。

因此对岩溶、土洞发育场地，建议将基础施工列入危大工程，并提出相应的施工安全措施要求，例如：①预应力混凝土管桩施工时，应采取必要的保护措施，防止土洞塌陷危及压桩机械设备和人员的安全；②应查明重型设备行走路径及施工位置影响范围内的土洞分布，为确保施工安全，施工前宜对已探明的土洞进行预处理等。

## 11.6  施工配合——案例的启示

按《建设工程勘察设计管理条例》第三十条，设计单位应当及时解决施工中出现的设计问题，设计单位有责任配合施工。在工程项目土建施工阶段，结构工程师是设计单位配合施工的主要实施者。本节收集了结构工程师配合施工的若干案例，以期读者能从中得到启发，从而更好地完成施工配合的工作[8]。

### 11.6.1  结构设计的可施工性

施工配合应该从结构设计阶段就开始。结构设计的成果是结构施工图，结构工程师的设想必须经过施工阶段，通过施工单位来实现。结构设计出来的图纸并不是只供大家观赏的，而是给施工单位指导施工的。目前，我国的建筑市场尚不完全规范，施工单位水平参差不齐，施工现场大量使用不熟练的工人。设计时结构工程师需要顾及这些现实情况，结构方案、选型和构件设计、细部构造都要兼顾施工可行性，越是容易施工，工程质量就越容易保证，越不容易出问题。例如：

（1）曾有同行朋友咨询笔者：地基换填的截面形式应该是图 11-11(a)（上窄下宽的形式），还是图 11-11(b)（上宽下窄的形式）？

从受力的需要可以是图 11-11(a)；但从施工实际操作的角度来考虑，换填需要先在原来的地基土中开挖，开挖就需要放坡做成上宽下窄的截面，才能保证基坑稳定、安全，所以只能是图 11-11(b)。

（2）【例 11-6】某学校项目中综合楼由于顶层大空间使用功能需要，局部抽柱而形成有一榀跨度 22.2m 的大跨度混凝土框架，对应的框架柱 KZ11 在顶层 $X$ 向的纵筋计算结果较大，设计图在柱截面宽度方向单边配置了 7 根直径 40mm 的 HRB400 柱纵筋，见图 11-12。

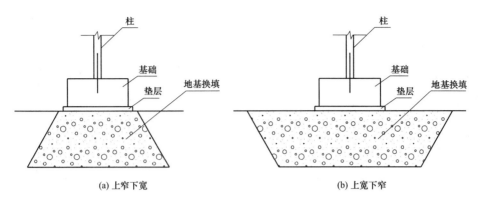

(a) 上窄下宽　　　　　　　　　(b) 上宽下窄

图 11-11　地基换填的截面形式

超大规格钢筋因产品直径大，尺寸效应明显，强度和塑性指标之间的相互制约更加明显，塑性指标保证困难，直径较大的钢筋在轧制生产过程中质量不容易控制，故具备生产能力的厂家比常用规格钢筋的少，同时在工程实际中直径 40mm 的钢筋并不常用，具备生产能力的厂家一般是按需生产，且需要一定的起订吨数。该学校项目的 6 个单体中，其余所有混凝土构件均采用直径 32mm 或以下的钢筋，仅综合楼顶层 2 根 KZ11 采用了 28 根非常用的直径 40mm 钢筋，其用量过小，采购困难，影响施工。

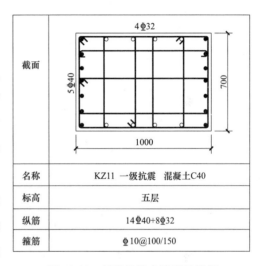

| 截面 |  4⏀32　5⏀40　700　1000 |
| --- | --- |
| 名称 | KZ11　一级抗震　混凝土C40 |
| 标高 | 五层 |
| 纵筋 | 14⏀40+8⏀32 |
| 箍筋 | ⏀10@100/150 |

图 11-12　某学校综合楼顶层局部<br>大跨度框架柱配筋大样图

正确的做法应为：将综合楼顶层 2 根 KZ11 的纵筋全部调整为常用的 32mm 的直径钢筋，可通过并筋或者设置双排钢筋等方式来满足其顶层 X 向的纵筋计算结果要求。

（3）高强度螺栓的施拧均需使用特殊的专用扳手，也相应要求必需的施拧操作空间，设计人员在布置螺栓时应考虑这一施工要求。实际工程中，常有为紧凑布置而净空限制过小的情况，造成施工困难或大部分施拧均采用手工套筒，影响施工质量与效率，这一情况应尽量避免。表 11-3 为常用扳手的数据[9]，可供钢结构设计中高强度螺栓时采用参考，具体设计可根据施工单位的专用扳手尺寸来调整。

（4）在本书【例 11-1】中，屋面的造型梁截面为 400mm×1500mm，施工荷载为 15kN/m，梁顶标高 41.1m，梁外侧边突出墙面 200mm，事故现场照片显示梁的跨度也不小。事故分析报告[1] 指出屋面造型梁模板支架荷载重心偏心，产生向外倾覆力矩，而没有形成抗倾覆的力矩与可靠的技术保障措施，所以施工过程中产生向外坍塌，酿成了重大伤亡。从图 11-13

可见，【例 11-1】梁外侧边突出墙面 200mm 而且是临边，施工不方便、有较大的施工危险性。设计必须树立整体结构设计理念，也就是说设计除了考虑构件之间的连接和构造措施外，还必须考虑施工的可行性（可操作性）安全性。结构设计人员在做每项设计时，都应该仔细考虑：设计的图纸，施工方便吗？施工过程是否有很大的安全技术风险？

表 11-3 高强度螺栓施工扳手可操作空间尺寸[9]

| 扳手种类 | | 参考尺寸（mm） | | 示意图 |
| --- | --- | --- | --- | --- |
| | | $a$ | $b$ | |
| 手动定扭矩扳手 | | $1.5d_0$ 且不小于 45 | $140+c$ | |
| 扭剪型电动扳手 | | 65 | $530+c$ | |
| 大六角电动扳手 | M24 及以下 | 50 | $450+c$ | |
| | M24 以上 | 60 | $500+c$ | |

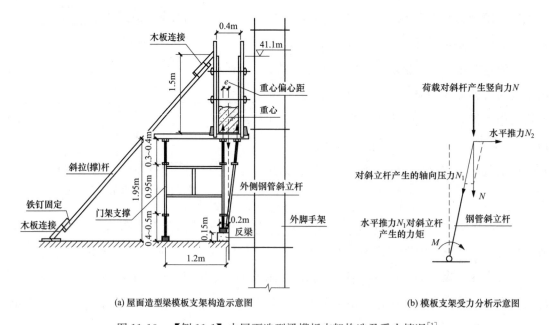

(a) 屋面造型梁模板支架构造示意图　　(b) 模板支架受力分析示意图

图 11-13 【例 11-1】中屋面造型梁模板支架构造及受力情况[1]

### 11.6.2 设计交底

在本书第 10.3 节中，1 号楼地下室采用补偿收缩混凝土应对超长结构开裂，但完工后出现比较严重的渗漏。事故的直接原因是施工方没执行设计要求，间接原因是设计方没有对施工方进行有效的设计交底。其教训十分深刻。

按《建设工程勘察设计管理条例》第三十条，设计单位应当在建设工程施工前，向施工单位和监理单位说明设计意图，解释设计文件。结构设计交底不能只拿着结构总说明照本宣科，应该有针对性地向施工单位重点解释结构关键部位的设计意图及新技术、新材料、新工艺的施工注意事项。

### 11.6.3　试打(压、钻、挖)桩和地基验槽

在本书第1.4节和第2.1节中，某住宅小区21号楼、22号楼和23~24号楼原采用了人工挖孔灌注桩基础、以中风化灰岩为桩端持力层。开工前进行了超前钻补充勘察，发现与详勘报告对地质情况的描述出入很大，原设计单位仍坚持以中风化岩为桩端持力层，经挖孔桩试挖、改冲（钻）孔灌注桩后试钻，均不成功，导致工程被迫停顿下来。

试打（压、钻、挖）桩、地基验槽是为了普遍探明基槽的土层与和特殊土情况，验证勘察报告对场地地质情况评价是否符合实际情况，检查持力层的选择是否合适，检验工程桩施工方法是否可行，判断工程桩收锤、终孔标准是否恰当。在此过程中如遇到特殊情况，应因地制宜、冷静分析，必要时补充施工勘察，甚至是修改基础设计，切忌墨守成规、固执己见。

### 11.6.4　对施工方案的配合

在设计阶段结构工程师注意力往往只集中在如何满足受力需要。到施工阶段施工单位更多的是考虑如何把施工图的设想变成实体。两种不同出发点的思路有时难免会有冲突。对施工单位提出的施工方案，结构工程师需要评估其结构合理性，既不能认为事不关己、一推了之，又不能一味盲目迁就、遗留结构安全隐患。

【例11-7】某工程第5层结构转换层，转换梁最大截面尺寸为1950mm×2200mm，首层至四层的层高较大。施工单位在编制转换层高支模专项施工方案时发现最大施工线荷载设计值达到137.6kN/m，觉得支模系统的施工荷载偏大，存在相当大的施工难度，向设计单位建议转换梁分两次浇筑混凝土：第一次从梁底浇筑至离板面标高800mm，第二次浇筑至板面，以便将高支模系统所需考虑的施工荷载大致减少一半。

为了配合施工，对此进行了专门的分析，用叠合梁的概念复核了施工阶段工况，确认满足要求后同意了施工单位的建议，并提出如下施工要求：①两次浇筑的界面需要作专门处理，清除干净浮渣，用界面剂处理，植竖向短钢筋 $\phi16@200×200$（锚入上下界面各$15d$）；②对转换梁第一次浇筑部分，需要留同条件养护混凝土试块，确认强度达到设计强度70%后方可浇筑第二层；③落实措施控制大体积混凝土内外温差不超过规范要求。

### 11.6.5　如何处理明显违反设计意图、存在严重安全隐患的施工操作

在本书第10.2节中，某厂房在施工过程中突然发生填充墙倒塌事故，倒塌墙体面积

约 1500m²，造成 5 名民工死亡，22 人受伤。事故主要原因是：施工单位没有按照设计要求进行施工，既没有先安装钢柱，也没有另外加墙体支撑系统，砌起了一幅长达 140m，高 10.8m 的大墙，而墙体（包括构造柱和圈梁）厚度仅 180mm，稳定性明显不满足要求。事后设计单位也受到处罚，处罚理由是：施工进行很长一段时间，设计人也多次到现场参加验收并签字，对如此明显违反设计意图的施工方案、存在安全隐患的施工流程未加制止。

在土建施工阶段，结构工程师经常要到施工现场参加隐蔽验收、基础验收、主体验收或处理技术问题等。在此过程，有时难免会遇见野蛮施工或明显违反设计意图、存在严重质量安全隐患的施工操作。此时应向施工单位和监理单位发函要求整改，并留下签收的书面记录，或者将正式函件的电子版用邮件形式发至施工单位和监理单位相关人员的企业邮箱。不要认为这是多管闲事。如遇拒绝签收的，应视乎问题的严重程度酌情考虑向建设行政主管部门（如工程安全监督站等）反映汇报。

### 11.6.6　处理施工质量问题的几个案例

施工中出现的质量问题往往五花八门，很难都用同一种方式来解决，结构工程师要因地制宜，灵活处理，需要扎实的理论基础，充分了解规范条文的背景和意图。

**【例 11-8】** 某厂房为钢筋混凝土框架，二层和天面预应力混凝土框架梁跨度 16.4m，两跨，设计混凝土强度 C40，采用回弹法对二层和天面预应力混凝土框架梁进行抽检，发现有 3 根预应力框架梁混凝土强度实测值低于设计要求，最小值为 36.9MPa。设计单位认为规范要求预应力梁的最低强度为 C40，因实测强度未达到设计值 C40，必须采取补强措施。最后参建各方决定采用粘碳纤维布进行加固。在该案例中，由于抽检存在不合格，必须按规范要求进行扩大检测；但对该 3 根梁而言，设计单位没有很好了解规范条文，造成了不必要的加固工作量。

混凝土强度等级是按标准养护下立方体试件抗压强度标准值（$f_{cuk}$）确定，从 C40 混凝土立方体试件抗压强度 $f_{cuk}=40$MPa 推算出其轴心抗压强度设计值 $f_c=19.1$MPa 的过程中，《混凝土结构设计标准》（GB/T 50010—2010，2024 年版）第 4.1.3 条条文说明指出："考虑到结构中混凝土的实体强度与立方体试件混凝土强度之间的差异，根据以往的经验，结合试验数据分析并参考其他国家的有关规定，对试件混凝土强度的修正系数取为 0.88"。

现场实体抽检得到的是结构中混凝土实体强度，从实测混凝土抗压强度最小值 $f_{cuk}=36.9$MPa 推算其轴心抗压强度设计值时，无须再乘以"标准养护试件混凝土强度修正系数 0.88"，由此可相应推算出该案例中结构实体混凝土强度设计值 $f_c=20$MPa，大于 C40 混凝土抗压强度设计值 19.1MPa，可见结构实际上不存在承载力不足的安全问题。

《混凝土结构工程施工质量验收规范》(GB 50204—2015)附录 D 也有类似条文,其中第 D.0.7 条规定:"对同一强度等级的混凝土,当符合下列规定时,结构实体混凝土强度可判为合格:①三个芯样的抗压强度算术平均值不小于设计要求的混凝土强度等级值的 88%;②三个芯样抗压强度的最小值不小于设计要求的混凝土强度等级值的 80%"。该案例实测混凝土抗压强度最小值 $f_{cuk}=36.9$ MPa,大于 C40 混凝土标准养护立方体试件抗压强度的 0.88 倍 (35.2MPa),从这个层面也可判定结构实际上不存在承载力不足的安全问题。

由此可见,该案例中该 3 根梁虽然实测混凝土强度未达设计强度等级要求,但即使不进行加固,其承载力也已完全满足要求,从耐久性的层面考虑做适当处理即可。

【例 11-9】[10] 折板楼梯在图 11-14(a) 中的内折角 A 点处于受拉区时,为避免内折角 A 点处混凝土开裂,通常需要将钢筋断开,如图 11-14(a) 所示。在实际工程中,若施工现场已按图 11-14(b) 所示把钢筋连起来,结构工程师在隐蔽验收时当然可以要求按图 11-14(a) 返工。但对某些工期非常紧张的项目,死板地要求返工有时会引起施工单位、甲方代表的抵触情绪,甚至激化矛盾。在满足负弯矩承载力要求的情况下其实可以适当地变通,在 11-14 (b) 的上层钢筋与下层钢筋之间加设拉筋,拉筋应能承受纵向受拉钢筋的合力,具体计算可参照《混凝土结构设计标准》(GB/T 50010—2010,2024 年版) 第 9.2.12 条,这样处理对工程进度影响相对小,容易被各方接受。

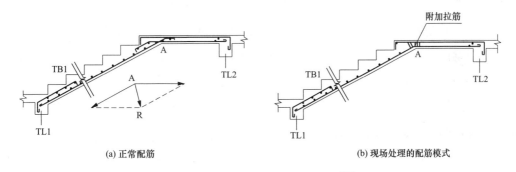

(a) 正常配筋        (b) 现场处理的配筋模式

图 11-14 折板楼梯两种配筋模式[10]

【例 11-10】某工程地表以下 3m 左右是杂填土和粉质黏土,3~30m 左右全部是灰色、流塑状、高压缩性的淤泥质粉质黏土,下一层土是粉质黏土,标贯击数为 10 击/30cm。设计单位采用了勘察报告建议的水泥搅拌桩复合地基,设计桩长 12m、施工采用三轴搅拌机。开始施工后施工单位反映,水泥搅拌桩打到 8m 左右打不下去。通过对比邻近工程的勘察资料,可以断定实际地质情况与该工程勘察报告描述相符。经办的结构工程师按 8m 桩长复核,复合地基的地基承载力不能满足设计要求,但又找不出原因,对如何处理更是一筹莫展。他与笔者交流此事时,笔者提醒他:施工单位声称水泥搅拌桩打不下去,可能不是技术问题,而是因为单价太低,故意给甲方出难题,并建议他静观其变,先跟现场监理或甲方代表沟通摸底。

后来甲方同意现场签证增加工程量，施工单位声称打不下的搅拌桩又可以顺利地打下去了。

在工程项目的实施过程中，有时候某些非技术因素会乔装打扮成技术问题出来搅局。【例11-10】充分说明，处理施工问题时思路要开阔，有时候不能仅在技术的层面钻牛角尖，还需要有一定的情商。

### 11.6.7　结语

设计单位编写危大工程设计专篇，第一步"注明涉入危大工程的重点部位和环节"相对容易做得到，困难的是第二步"提出保障工程周边环境安全和工程施工安全的意见"，要做好必须要有这方面的知识与经验。设计人员要写好危大工程设计专篇，需要认真学习危大工程的相关法律法规，要识别什么是危大工程，它的危险性在哪里，对如何防止发生危险提出处理意见。编写危大工程设计专篇仅仅是起步，还要继续跟进施工，及时处理解决施工过程中出现的问题。

我国实行工程建设的勘察、设计和施工三个阶段的体制，分别由勘察、设计和施工等三种不同类型的单位实施，年轻的结构设计人员多数是直接从学校到设计单位工作，往往缺乏实际施工经验。本节列举的案例只是配合施工环节中的某些侧面，期望让读者能从中吸取成功经验和失败教训，做好配合施工的工作。

结构设计的成果是结构施工图，结构工程师的构想必须经过施工过程、由施工单位建造出来。设计完成并非一个项目的终点，项目建成并投入使用、创造经济和社会效益，才能最大限度体现设计工作的价值。结构设计人员如果仅仅懂得结构计算与设计，充其量只能算是一名结构设计师。一名合格的结构工程师，除了精于结构计算与设计以外，还应具备处理现场施工问题的综合能力。设计人员只有多到施工现场、深入现场，及时解决工程问题，才有机会积累处理施工问题的知识与经验。

结构工程师的核心价值在于以本身过硬专业知识去解决工程实际问题，这个核心价值不仅仅体现在办公室做结构计算与设计，也体现在现场处理施工问题。

## 参 考 文 献

［1］　2020 年顺德区"6·27"较大坍塌事故调查报告［EB/OL］.佛山市应急管理局官方网站，（2020-9-29）［2024-6-1］https://fssyjglj.foshan.gov.cn/ztzl/zdlyxxgkzl/scaqsdcbgxx/content/post_4511409.html.

［2］　陆河县"10.8"较大建筑施工事故调查报告［EB/OL］.陆河县人民政府官方网站，（2020-12-30）［2024-6-1］http://www.luhe.gov.cn/attachment/0/18/18888/696442.pdf.

［3］　关于印发危险性较大分部分项工程设计专篇和审查深度技术指南的通知［EB/OL］.佛山市住房和城乡建设局官方网站，（2021-2-26）［2024-6-5］https://fszj.foshan.gov.cn/zwgk/txgg/content/post_4716092.html? eqid=f92379d300123a5e00000002645252ee.

［4］ JGJ 130—2011 建筑施工扣件式钢管脚手架［S］. 北京：中国建筑工业出版社，2011.

［5］ JGJ/T 231—2021 建筑施工承插型盘扣式钢管支架安全技术规范［S］. 北京：中国建筑工业出版社，2021.

［6］ DBJ 15—98—2019 广东省建筑施工承插型套扣式钢管脚手架安全技术规程［S］. 北京：中国城市出版社，2019.

［7］ DBJ/T 15—136—2018 广东省岩溶地区建筑地基基础技术规范［S］. 北京：中国建筑工业出版社，2019.

［8］ 古今强. 结构工程师配合施工的若干案例［J］. 建筑结构-技术通讯，2013（3）：9-12.

［9］ JGJ 82—2011 钢结构高强度螺栓连接技术规程［S］. 北京：中国建筑工业出版社，2011.

［10］ 周献祥. 结构设计笔记［M］. 北京：中国水利水电出版社，知识产权出版社，2008.